建筑施工特种作业人员培训教材

建 筑 焊 工

建筑施工特种作业人员培训教材编委会　组织编写

中国建筑工业出版社

图书在版编目（CIP）数据

建筑焊工/建筑施工特种作业人员培训教材编委会组织编写. —北京：中国建筑工业出版社，2019.7
建筑施工特种作业人员培训教材
ISBN 978-7-112-23929-0

Ⅰ.①建… Ⅱ.①建… Ⅲ.①建筑工程-焊接-技术培训-教材 Ⅳ.①TU758.11

中国版本图书馆 CIP 数据核字（2019）第 131502 号

　　本书是建筑焊工培训教材，书中详细介绍了建筑焊工应掌握的基本知识与操作规范等内容，书中配图丰富，语言通俗易懂。本书分为两部分，共八章。第一部分为公共基础知识，包括职业道德、建筑施工特种作业人员和管理、建筑施工安全生产相关法规及管理制度、建筑施工安全防护基本知识、施工现场消防基本知识、施工现场应急救援基本知识；第二部分为专业基础知识，包括建筑焊工安全操作基础理论、建筑焊工安全操作技术。本书可作为相关岗位人员培训教材，也可供相关专业技术人员参考。

责任编辑：葛又畅　李　明　李　杰
责任校对：王　瑞

建筑施工特种作业人员培训教材
建筑焊工
建筑施工特种作业人员培训教材编委会　组织编写
＊
中国建筑工业出版社出版、发行（北京海淀三里河路 9 号）
各地新华书店、建筑书店经销
北京红光制版公司制版
天津翔远印刷有限公司印刷
＊
开本：850×1168 毫米　1/32　印张：10⅛　字数：272 千字
2019 年 10 月第一版　2019 年 12 月第二次印刷
定价：**39.00** 元
ISBN 978-7-112-23929-0
（34206）

建筑施工特种作业人员
培训教材编委会

主　　任：高　峰

副 主 任：王宇旻　陈海昌

委　　员：金　强　朱利闽　朱　青　刘钦燕　张丽娟

　　　　　陈晓苏　马　记　曹　俊　杜景鸣　查继明

　　　　　高海明　周保建　樊路军　李朝蓬　王尚龙

　　　　　张鹏程　何红阳

本书编委会

主　　编：马　记

副 主 编：缪小兵　吴　刚

（本系列教材公共基础知识编写成员：金　强　朱利闽
　朱　青　刘　辉）

前　言

《中华人民共和国安全生产法》规定："生产经营单位的特种作业人员必须按照国家有关规定经专门的安全作业培训，取得相应资格，方可上岗作业"。建筑施工特种作业人员是指在房屋建筑和市政工程施工活动中，从事可能对本人、他人及周围设备设施的安全造成重大危害作业的人员。作为建设行业高危工种之一，其从业直接关系建筑施工质量安全，直接关系公民生命、财产安全和公共安全。

为进一步紧贴建筑施工特种作业人员职业素质和适岗能力的实际需要，编写委员会组织编写了《建筑电工》《建筑架子工》《附着式升降脚手架架子工》《建筑起重信号司索工》等24个工种的系列教材。该套教材既是相关工种培训考核的指导用书，又是一线建筑施工特种作业人员的实用工具书。

本套教材在编写过程中，得到了江苏省相关专家和部门的大力支持，在此一并表示感谢！因编者水平有限，难免会存在疏漏和不足之处，真诚希望广大同行和读者给予批评指正。

编者

二〇一九年五月

目　　录

第一部分　公共基础知识

第一部分　公共基础知识

第一章　职业道德

第一节　道德的含义和基本内容

1. 道德的含义

道德是一种社会意识形态，是人们共同生活及其行为的准则与规范。

意识形态除了道德以外，还包括政治、法律、艺术、宗教、哲学和其他社会科学等，是对事物的理解、认知，对事物的感观思想，是观念、观点、概念、思想、价值观等要素的总和。如：对生命的认识和观点，对金钱物质的看法等。

道德往往代表着社会的正面价值取向，起到判断行为正当与否的作用。道德是以善恶为标准，通过社会舆论、内心信念和传统习惯来评价人的行为，调整人与人之间以及个人与社会之间相互关系的行动规范的总和。

2. 道德与法纪的关系

遵守道德是指按照社会道德规范行事，不做损害他人的事。遵守法纪是指遵守纪律和法律，按照规定行事，不违背纪律和法律的规定条文。法纪与道德既有区别也有联系，它们是两种重要的社会调控手段。

（1）法纪属于社会制度范畴，而道德属于社会意识形态范畴。道德侧重于自我约束，是行为主体"应当"的选择，依靠人们的内心信念、传统习惯和社会舆论发挥其作用，不具有强制力；而法纪则侧重于国家或组织的强制手段，是国家或组织制定和颁布，用以调整、约束和规范人们行为的权威性规则。

（2）遵守法纪是遵守道德的最低要求。道德一般又可分为两类：第一类是社会有序化要求的道德，是维系社会稳定所必不可少的最低限度的道德，如不得暴力伤害他人、不得用欺诈手段谋取利益、不得危害公共安全等；第二类是那些有助于提高生活质量、增进人与人之间紧密关系的原则，如博爱、无私、乐于助人、不损人利己等。第一类道德有时也会上升为法纪，通过制裁、处分或奖励的方法得以推行。而第二类道德是对人性较高要求的道德，一般不宜转化为法纪，需要通过教育、宣传和引导等手段来推行。法纪是道德的演化产物，其内容是道德范畴中最基本的要求，因此遵纪守法是遵守道德的最低要求。

（3）遵守道德是遵守法纪的坚强后盾。首先，法纪应包含最低限度的道德，没有道德基础的法纪，是无法获得人们的尊重和自觉遵守的。其次，道德对法纪的实施有保障作用，"徒善不足以为政，徒法不足以自行"，执法者职业道德的提高，守法者的法律意识、道德观念的加强，都对法纪的实施起着推动的作用。再者，道德又对法纪有补充作用，有些不宜由法纪调整的，或本应由法纪调整但因立法的滞后而尚"无法可依"的，道德约束往往就起到了必要的补充作用。

3. 公民道德的基本内容

公民道德主要包括社会公德、职业道德、家庭美德及个人品德四个方面。

（1）社会公德。公德是指与国家、组织、集体、民族、社会等有关的道德，社会公德是社会道德体系的社会层面，是维护社会公共生活正常进行的最基本的道德要求，是全体公民在社会交往和公共生活中应该遵循的行为准则，涵盖了人与人、人与社会、人与自然之间的关系。以文明礼貌、助人为乐、爱护公物、保护环境、遵纪守法为主要内容的社会公德，旨在鼓励人们在社会上做一个好公民。

（2）职业道德。职业道德是人们在职业生活中应当遵循的基本道德，是职业品德、职业纪律、专业能力及职业责任等的总称，它通过公约、守则等对职业生活中的某些方面加以规范。职业道德涵盖了从业人员与服务对象、职业与职工、职业与职业之间的关系；它既是对从业人员在职业活动中的行为要求，又是本行业对社会所承担的道德责任和义务。以爱岗敬业、诚实守信、办事公道、服务群众、奉献社会为主要内容的职业道德，旨在鼓励人们在工作中做一个好的建设者。

（3）家庭美德。家庭美德是调节家庭成员之间、邻里之间以及家庭与国家、社会、集体之间的行为准则，也是评价人们在恋爱、婚姻、家庭、邻里之间交往中的行为是非、善恶的标准。以尊老爱幼、男女平等、夫妻和睦、勤俭持家、邻里团结为主要内容的家庭美德，旨在鼓励人们在家庭生活里做一个好成员。

（4）个人品德。个人品德是一定社会的道德原则和规范在个人思想和行为中的体现，是一个人在其道德行为整体中所表现出来的比较稳定的、一贯的道德特点和倾向。个人品德是每个公民个人修养的体现，现代人应树立关爱、善待和宽厚的理念，对他人、对社会、对自然有关爱之心、善待之举和宽厚情怀。个人品德的内容包括很多，比如正直善良、谦虚谨慎、团结友爱、言行一致等。

社会公德、职业道德、家庭美德、个人品德这四个方面是一个有机的统一体，其外延由大到小，内涵由浅到深，共同构成一个完善的道德体系。在"四德"建设中，人的能动性及个人品德建设是至关重要的，个人品德的修养是树立道德意识、规范言行举止、建设和谐家庭、模范地做好工作、维护社会和谐的基础。只有个人具备优良品德修养才能由己及人，才能由己及家庭、集体和社会。正确处理个人与社会、竞争与协作、经济效益与社会效益等关系，树立尊重人、理解人、关心人的理念，发扬社会主义人道主义精神，提倡为人民为社会多做好事、体现社会主义制度优越性、促进社会主义市场经济健康有序发展的良好道德风尚。

党的"十八大"对未来我国道德建设也作出了重要部署。强调依法治国和以德治国相结合，加强社会公德、职业道德、家庭美德、个人品德教育，弘扬中华传统美德，倡导时代新风，指出了道德修养的"四位一体"性。"十八大"报告中"推进公民道德建设工程，弘扬真善美、贬斥假恶丑，引导人们自觉履行法定义务、社会责任、家庭责任，营造劳动光荣、创造伟大的社会氛围，培育知荣辱、讲正气、作奉献、促和谐的良好风尚"，强调了社会氛围和社会风尚对公民道德品质的塑造；"深入开展道德领域突出问题专项教育和治理，加强政务诚信、商务诚信、社会诚信和司法公信建设"，突出了"诚信"这个道德建设的核心。

第二节　职业道德的基本特征和主要作用

1. 职业道德的概念

职业道德是指所有从业人员在职业活动中应该遵循的行为准则，是一定职业范围内的特殊道德要求，即整个社会对从业人员的职业观念、职业态度、职业技能、职业纪律和职业作风等方面的行为标准和要求。

职业道德是随着社会分工的发展，并出现相对固定的职业集团时产生的，人们的职业生活实践是职业道德产生的基础。特定的职业不但要求人们具备特定的知识和技能，而且要求人们具备特定的道德观念、情感和品质。各种职业集团，为了维护职业利益和信誉，适应社会的需要，从而在职业实践中，根据一般社会道德的基本要求，逐渐形成了职业道德规范。

职业道德是对从事这个职业所有人员的普遍要求，它不仅是所有从业人员在其职业活动中行为的具体表现，同时也是本职业对社会所负的道德责任与义务，是社会公德在职业生活中的具体化。每个从业人员，不论是从事哪种职业，在职业活动中都要遵守职业道德，如现代中国社会中教师要遵守教书育人、为人师表的职业道德，医生要遵守救死扶伤的职业道德，企业经营者要遵守诚实守信、公平竞争、合法经营的职业道德等等。

具体来讲，职业道德的概念主要包括以下八个方面：

（1）职业道德是一种职业规范，受社会普遍的认可。

（2）职业道德是长期以来自然形成的。

（3）职业道德没有确定的形式，通常体现为观念、习惯、信念等。

（4）职业道德依靠文化、内心信念和习惯，通过职工的自律来实现。

（5）职业道德大多没有实质的约束力和强制力。

（6）职业道德的主要内容是对职业人员义务的要求。

（7）职业道德标准多元化，代表了不同企业可能具有不同的价值观。

（8）职业道德承载着企业文化和凝聚力，影响深远。

2. 职业道德的基本特征

职业道德是从业人员在一定的职业活动中应遵循的、具有自身职业特征的道德要求和行为规范。职业道德具有以下几个特点：

（1）普遍性。从业者应当共同遵守基本职业道德行为规范，且在全世界的所有职业者都有着基本相同的职业道德规范。

（2）行业性。职业道德具有适用范围的有限性，每种职业都担负着一定的职业责任和职业义务，由于各种职业的职业责任和义务不同，从而形成各自特定的职业道德的具体规范。职业道德的内容与职业实践活动紧密相连，反映着特定职业活动对从业人员行为的道德要求。

（3）继承性。职业道德具有发展的历史继承性，由于职业具有不断发展和世代延续的特征，不仅其技术世代延续，其管理员工的方法、与服务对象打交道的方式，也有一定历史继承性。在长期实践过程中形成的职业道德内容，会被作为经验和传统继承下来，如"有教无类""学而不厌，诲人不倦"，从古至今都是教师的职业道德。

（4）实践性。一个从业者的职业道德知识、情感、意志、信念、觉悟、良心等都必须通过职业的实践活动，在自己的行为中表现出来，并且接受行业职业道德的评价和自我评价。

（5）多样性。职业道德表达形式多种多样，不同的行业和不同的职业，有不同的职业道德标准，且表现形式灵活。职业道德的表现形式总是从本职业的交流活动实际出发，采用诸如制度、守则、公约、承诺、誓言、条例等形式，以至标语口号之类来加以体现，既易于为从业人员所接受和实行，而且便于形成一种职业的道德习惯。

（6）自律性。从业者通过对职业道德的学习和实践，逐渐培养成较为稳固的职业道德品质，良好的职业道德形成以后，又会在工作中逐渐形成行为上的条件反射，自觉地选择有利于社会、有利于集体的行为，这种自觉就是通过自我内心职业道德意识、觉悟、信念、意志、良心的主观约束控制来实现的。

（7）他律性。道德行为具有受舆论影响的特征，在职业生涯中，从业人员随时都受到所从事职业领域的职业道德舆论的影响。实践证明，创造良好的职业道德社会氛围、职业环境，并通过职业道德舆论的宣传、监督，可以有效地促进人们自觉遵守职业道德，并实现互相监督，共同提升道德境界。

3. 职业道德的主要作用

在现代社会里，人人都是服务对象，人人又都为他人服务。社会对人的关心、社会的安宁和人们之间关系的和谐，是同各个岗位上的服务态度、服务质量密切相关的。在构建和谐社会的新形势下，大力加强社会主义职业道德建设，具有十分重要的作用。

（1）加强职业道德是提高职业人员责任心的重要途径

职业道德要求把个人理想同各行各业、各个单位的发展目标结合起来，同个人的岗位职责结合起来，以增强员工的职业观念、职业事业心和职业责任感。职业道德要求员工在本职工作中不怕艰苦，勤奋工作，既讲团结协作，又争个人贡献，既讲经济效益，又讲社会效益。加强职业道德要求紧密联系本行业本单位的实际，有针对性地解决存在的问题。

（2）加强职业道德是促进企业和谐发展的迫切要求

职业道德的基本职能是调节职能，一方面可以调节从业人员内部的关系，即运用职业道德规范约束职业内部人员的行为，促进职业内部人员的团结与合作，加强职业、行业内部人员的凝聚力；另一方面，职业道德又可以调节从业人员与服务对象之间的关系，用来塑造本职业从业人员的社会形象。

企业是具有社会性的经济组织，在企业内部存在着各种复杂的关系，这些关系既有相互协调的一面，也有矛盾冲突的一面，如果解决不好，将会影响企业的凝聚力。这就要求企业所有的员工具有较高的职业道德觉悟，从大局出发，光明磊落、相互谅解、相互宽容、相互信赖、同舟共济，而不能意气用事、互相拆台。企业内部上下级之间、部门之间、员工之间团结协作，使企业真正成为一个具有社会主义精神风貌的和谐集体。

（3）加强职业道德是提高企业竞争力的必要措施

当前市场竞争激烈，各行各业都讲经济效益，要求企业的经营者在竞争中不断开拓创新。但企业之间为了自身的利益，会产生很多新的矛盾，形成自我力量的抵消，使一些企业的经营者在竞争中单纯追求利润、产值，不求质量，或者以次充好、以假乱真，不顾社会效益，损害国家、人民和消费者的利益，企业得到的只能是短暂的收益，失去的是消费者的信任，也就失去了生存和发展的源泉，难以在竞争的激流中屹立不倒。在企业中加强职业道德使得企业在追求自身利润的同时，又能创造好的社会效益，从而提升企业形象，赢得持久而稳定的市场份额；同时，也使企业内部员工之间相互尊重、相互信任、相互合作，从而提高企业凝聚力，企业方能在竞争中稳步发展。

（4）加强职业道德是个人健康发展的基本保障

市场经济对于职业道德建设有其积极一面，也有消极的一面，它的自发性、自由性、注重经济效益的特性，导致一些人"一切向钱看"，唯利是图，不择手段追求经济效益，从而走入歧途，断送前程。提高从业人员的道德素质，树立职业理想，增强职业责任感，形成良好的职业行为，抵抗物欲诱惑，不被利欲所熏心，才能脚踏实地在本行业中追求进步。在社会主义市场经济条件下，只有具备职业道德精神的从业人员，才能在社会中站稳脚跟，成为社会的栋梁之材，在为社会创造效益的同时，也保障了自身的健康发展。

（5）加强职业道德提高全社会道德水平的重要手段

职业道德是整个社会道德的主要内容，它一方面涉及每个从业者如何对待职业，如何对待工作，同时也是一个从业人员的生活态度、价值观念的表现，是一个人的道德意识和道德行为发展到成熟阶段的体现，具有较强的稳定性和连续性。另一方面，职业道德也是一个职业集体甚至一个行业全体人员的行为表现，如果每个行业、每个职业集体都具备优良的道德，那么对整个社会道德水平的提高就会发挥重要作用。

第三节 建设行业职业道德建设

1. 加强职业道德建设，践行社会主义核心价值观

"国无德不兴，人无德不立。"习近平总书记指出："核心价值观，其实就是一种德，既是个人的德，也是一种大德，就是国家的德、社会的德。"因此，"必须加强全社会的思想道德建设，激发人们形成善良的道德意愿、道德情感，培育正确的道德判断和道德责任，提高道德实践能力尤其是自觉践行能力，引导人们向往和追求讲道德、尊道德、守道德的生活，形成向上的力量、向善的力量。"培育社会主义核心价值观，首先要培植一种有益于国家、社会、他人的道德。

党的"十八大"提出，倡导富强、民主、文明、和谐，倡导自由、平等、公正、法治，倡导爱国、敬业、诚信、友善，积极

培育和践行社会主义核心价值观。富强、民主、文明、和谐是国家层面的价值目标，自由、平等、公正、法治是社会层面的价值取向，爱国、敬业、诚信、友善是公民个人层面的价值准则，"富强、民主、文明、和谐；自由、平等、公正、法治；爱国、敬业、诚信、友善"，这24个字是社会主义核心价值观的基本内容。践行社会主义核心价值观对于道德建设具有重要的指导意义，而加强道德建设又对践行社会主义核心价值观发挥着基础性作用，二者互有联系，相辅相成。

建设行业是社会主义现代化建设中的一个十分重要的行业。工厂、住宅、学校、商店、医院、体育场馆、文化娱乐设施等等的建设，都离不开建设行为，它以满足人民群众日益增长的物质文化生活需要为出发点。建设行业职业道德是社会主义核心价值观、社会主义道德规范，在建设行业的具体体现。

2. 结合建设行业特点和现实，加强职业道德建设

（1）职业道德建设的行业特点

以建设行业中建筑为例，其所涉及专业多、岗位多、从业人员多且普遍文化程度较低、综合素质相对不高；条件艰苦，任务繁重，露天作业、高空作业，常年日晒雨淋，生产生活场所条件艰苦，安全设施落后和不足，作业存在安全隐患，安全事故频发；施工涉及面大，人员流动性强，四海为家，四处奔波，难以接受长期定点的培训教育；工种之间联系紧密，各专业、各工种、各岗位前后延续共同完成工程的建设；具有较强的社会性，一座建筑物，凝聚了多方面的努力，体现了其社会价值和经济价值。同时，随着国民经济的发展，建筑行业地位和作用也越来越重要，行业发展关乎国计民生。因此，对从业人员开展及时地、各类形式灵活多样的教育培训，提高道德素质、文化水平、专业知识和职业技能；结合行业特点，加强团结协作教育、服务意识教育和职业道德教育，一切为了社会广大人民和子孙后代的利益，坚持社会主义、集体主义原则，严谨务实，艰苦奋斗、多出精品优质工程，体现其社会价值和经济价值尤为重要。

（2）职业道德建设的行业现实

一个建筑物的诞生或一项工程的竣工需要有良好的设计、周密的施工、合格的建筑材料和严格的检验与监督。近几年来，出现设计结构不合理、计算偏差，不考虑相关因素，埋下重大隐患；施工过程中秩序混乱；建筑材料伪劣产品层出不穷；金钱、人情关系扰乱工程安全质量监督，质量安全事故屡见不鲜。作为百年大计的工程建设产品，如果质量差，损失和危害将无法估量。例如5.12汶川地震中某些倒塌的问题房屋，杭州地铁坍塌，上海、石家庄在建楼房倒楼事件等。造成这些问题的因素很多，但是道德因素是其中最重要的因素之一。再如，面对激烈的市场竞争，一些建筑企业为了拿到工程项目，使用各种手段，其中手段之一就是盲目压价，用根本无法完成工程的价格去投标。中标后就在设计、施工、材料等方面做文章，启用非法设计人员搞黑设计；施工中偷工减料；材料上买低价伪劣产品，最终，使建筑物的"百年大计"大大打了折扣。因此，大力加强建设行业职业道德建设，营造市场经济良好环境，经济效益和社会效益并重尤为紧迫。

3. 建设行业职业道德要求

根据住房和城乡建设部发布的《建筑业从业人员职业道德规范（试行)》，对建筑从业人员共同职业道德规范要求如下：

（1）热爱事业，尽职尽责

热爱建筑事业，安心本职工作，树立职业责任感和荣誉感，发扬主人翁精神，尽职尽责，在生产中不怕苦，勤勤恳恳，努力完成任务。

（2）努力学习，苦练硬功

努力学文化，学知识，刻苦钻研技术，熟练掌握本工种的基本技能，练就一身过硬本领。努力学习和运用先进的施工方法，钻研建筑新技术、新工艺、新材料。

（3）精心施工，确保质量

树立"百年大计、质量第一"的思想，按设计图纸和技术规范精心操作，确保工程质量，用优良的成绩树立建安工人形象。

（4）安全生产，文明施工

树立安全生产意识，严格安全操作规程，杜绝一切违章作业现象，确保安全生产无事故。维护施工现场整洁，在争创安全文明标准化现场管理中做出贡献。

（5）节约材料，降低成本

发扬勤俭节约优良传统，在操作中珍惜一砖一木，合理使用材料，认真做好落手清、现场清，及时回收材料，努力降低工程成本。

（6）遵章守纪，维护公德

要争做文明员工，模范遵守各项规章制度，发扬团结互助精神，尽力为其他工种提供方便。

4. 特种作业人员职业道德核心内容

（1）安全第一

坚持"生产必须安全，安全为了生产"的意识。严格遵守操作规程。操作人员要强化安全意识，认真执行安全生产的法律、法规、标准和规范，严格执行操作规程和程序，杜绝一切违章作业，不野蛮施工，不乱堆乱扔。

（2）诚实守信

诚实守信作为社会主义职业道德的基本规范，是和谐社会发展的必然要求，它不仅是建设领域职工安身立命的基础，也是企业赖以生存和发展的基石。操作人员要言行一致，表里如一，真实无欺，相互信任，遵守诺言，忠实地履行自己应当承担的责任和义务。

（3）爱岗敬业

爱岗就是热爱自己的工作岗位，敬业就是要用一种恭敬严肃的态度对待自己的工作。操作人员应当热爱本职工作，不怕苦、不怕累，认真负责，集中精力，精心操作，密切配合其他工种施工，确保工程质量，使工程如期完成。这是社会对每个从业者的要求，更应当是每个从业者对自己的自觉约束。

（4）钻研技术

操作人员要努力学习科学文化知识，刻苦钻研专业技术，苦练硬功，扎实工作，熟练掌握本工作的基本技能，努力学习和运用先进的施工方法，精通本岗位业务，不断提高业务能力。

（5）保护环境

文明操作，防止损坏他人和国家财产。讲究施工环境优美，做到优质、高效、低耗。做到不乱排污水，不乱倒垃圾，不影响交通，不扰民施工。

第二章　建筑施工特种作业人员和管理

第一节　建筑施工特种作业

1. 建筑施工特种作业概念

建筑施工特种作业人员是指在房屋建筑和市政工程施工活动中，从事对本人、他人的生命健康及周围设施的安全可能造成重大危害的作业人员。

特种作业有着不同的危险因素，《中华人民共和国安全生产法》规定：生产经营单位的特种作业人员必须按照国家有关规定经专门的安全作业培训，取得相应资格，方可上岗作业。

2. 建筑施工特种作业工种

（1）住房和城乡建设部《建筑施工特种作业人员管理规定》（建质〔2008〕75号）所确定的建筑施工特种作业包括：

1）建筑电工。

2）建筑架子工。

3）建筑起重信号司索工。

4）建筑起重机械司机。

5）建筑起重机械安装拆卸工。

6）高处作业吊篮安装拆卸工。

7）经省级以上人民政府建设主管部门认定的其他特种作业。

（2）《江苏省建筑施工特种作业人员管理暂行办法》（苏建管质〔2009〕5号），规定了江苏省的建筑施工特种作业包括：

1）建筑电工。

2）建筑架子工。

3）建筑起重信号司索工。

4）建筑起重机械司机。

5）建筑起重机械安装拆卸工。

6）高处作业吊篮安装拆卸工。

7）建筑焊工。

8）建筑施工机械安装质量检验工。

9）桩机操作工。

10）建筑混凝土泵操作工。

11）建筑施工现场场内机动车司机。

12）其他特种作业人员。

目前，江苏省又将"建筑施工现场场内机动车司机"细分为："建筑施工现场场内叉车司机""建筑施工现场场内装载机司机""建筑施工现场场内翻斗车司机""建筑施工现场场内推土机司机""建筑施工现场场内挖掘机司机""建筑施工现场场内压路机司机""建筑施工现场场内平地机司机""建筑施工现场场内沥青混凝土摊铺机司机"等。

第二节　建筑施工特种作业人员

按照住房和城乡建设部与江苏省建设行政主管部门的规定，从事建筑施工特种作业的人员应当取得建筑施工特种作业人员操作资格证书，方可上岗从事相应作业。

1. 年龄及身体要求

年满 18 周岁且符合相应特种作业规定的年龄要求。

近 3 个月内经二级乙等以上医院体检合格且无听觉障碍、无色盲，无妨碍从事本工种的疾病（如癫痫病、高血压、心脏病、眩晕症、精神病和突发性昏厥症等）和生理缺陷。

2. 学历要求

初中及以上学历。其中，报考建筑起重机械安装质量检测工

（塔式起重机、施工升降机）的人员，应符合下列条件之一：

（1）具有工程机械（建筑机械）类、电气类大专以上学历或工程机械（建筑机械）类、电气类、安全工程类助理工程师任职资格，并从事起重机设计、制造、安装调试、维修、操作、检验工作2年及其以上。

（2）具有工程机械（建筑机械）类、电气类中专、理工科（非起重专业）大专以上学历或工程机械（建筑机械）类、电气类、安全工程类技术员任职资格，并从事起重机设计、制造、安装调试、维修、操作、检验工作3年及其以上。

（3）具有高中学历并从事起重机设计、制造、安装调试、维修、操作、检验工作5年及其以上。

3. 考核要求

（1）报名

全省建筑施工特种作业人员考核、发证及管理系统集成在"江苏省建筑业监管信息平台2.0"上。建筑施工企业人员可由企业统一组织通过监管信息平台直接报名，非建筑施工企业人员向所在地考核基地报名，填报相应工种，经市县建设（筑）主管部门资格审查合格后，到经省建设行政主管部门认定的建筑施工特种作业考核基地，进行培训后参加考核。

凡申请考核、延期复核、换证的人员均须进行二代身份证信息和指纹信息采集。采集入库的二代身份证和指纹信息，将作为今后个人进行考核、延期复核、换证、查验的依据，如信息不吻合，将影响上述有关事项的办理。

企业可自行采集本企业申报人员二代身份证信息，指纹信息须由申报人员至考核基地进行现场采集。

（2）考核

建筑施工特种作业人员考核包括安全技术理论和安全操作技能。

考核内容分掌握、熟悉、了解三类。其中掌握即要求能运用相关特种作业知识解决实际问题；熟悉即要求能较深理解相关特种作业安全技术知识；了解即要求具有相关特种作业的基本知识。

（3）考核办法

1）安全技术理论考核。采用无纸化网络闭卷考试方式，考试时间为 2 小时，实行百分制，60 分为合格。其中，安全生产基本知识占 25%、专业基础知识占 25%、专业技术理论占 50%。

2）安全操作技能考核。采用实际操作（或模拟操作）、口试等方式，考核实行百分制，70 分为合格。

3）参考人员在安全技术理论考核合格后，方可参加实际操作技能考核。同一工种的实操考核时间不得早于理论考核时间，在实际操作技能考核合格后，可以取得相应的建筑施工特种作业人员操作资格。

4. 发证

（1）按照住房和城乡建设部《建筑施工特种作业人员管理规定》（建质〔2008〕75 号）的规定，考核发证机关对于考核合格的，应当自考核结果公布之日起 10 个工作日内颁发资格证书。资格证书采用国务院建设主管部门统一规定的式样，由考核发证机关编号后签发。资格证书在全国通用。

（2）江苏省建设行政主管部门从 2017 年下半年开始，试行发放"电子证书"。此项工作得到了住房和城乡建设部的同意。2017 年 10 月 18 日，江苏省政务服务管理办公室与省住房和城乡建设厅联合发文《关于启用住房城乡建设领域从业人员考核合格电子证书使用的有关通知》（省政务办发〔2017〕66 号），文件规定从 2017 年 12 月 1 日起，全面启用电子证书，停发同名纸质证书。根据《中华人民共和国电子签名法》规定，可靠的电子证书具备与同名纸质证书相同效力。省住房城乡建设厅核发的电子证书，各地在公共资源交易、资质核准予以认可。

（3）电子证书式样（图 2-1）

图 2-1　电子证书的样式

第三节　建筑施工特种作业人员的权利

1. 获得劳动安全卫生的保护权利

建筑施工特种作业人员有获得用人单位提供符合国家规定的劳动安全卫生条件和必要的劳动防护用品的权利；并且有要求按照规定获得职业病健康体检、职业病诊疗、康复等职业病防治服务的权利。

2. 对安全生产状况的知情、参与和建议的权利

建筑施工特种作业人员有获得所从事的特种作业，可能面临的任何潜在危险、职业危害，安全与健康可能造成的后果的权利；有参与判别和解决所面临的劳动安全卫生问题的权利；有对本单位的安全生产和劳动安全卫生工作建议的权利。

3. 接受职业技能教育培训的权利

建筑施工特种作业人员有接受职业技能教育和安全生产知识培训的权利，以获得对工作环境、生产过程、机械设备和危险物质等方面的有关安全卫生知识。

4. 拒绝违章指挥和强令冒险作业的权利

建筑施工特种作业人员在单位领导或者有关工程技术人员违章指挥，或者在明知存在危险因素而没有采取安全保护措施，强迫命令操作人员作业时，有拒绝工作的权利。

5. 危险状态下的紧急避险权利

在生产劳动过程中，当发现危及作业人员生命安全的情况时，作业人员有权停止工作或者撤离现场。

6. 安全生产活动的监督与批评、检举、控告和申诉的权利

建筑施工特种作业人员对用人单位遵守劳动安全卫生法律法规和标准，履行保护工人安全健康的责任的情况，有监督的权利。对用人单位违反劳动安全卫生法律法规和标准，不履行其责任的情况，作业人员有批评、检举和控告的权利。在劳动保护等方面受到用人单位不公正待遇时，作业人员有权向有关部门提出申诉的权利。

对作业人员的检举、控告和申诉，建设行政主管部门和其他有关部门应当查清事实，认真处理，不得压制和打击报复。

用人单位不得因作业人员对本单位安全生产工作提出批评、检举、控告或者拒绝违章指挥、强令冒险作业及向有关部门提出申诉而降低其工资、福利等待遇或者解除与其订立的劳动合同。

7. 依法获得工伤保险的权利

生产经营单位必须依法参加工伤社会保险，为从业人员缴纳保险费。建筑施工企业必须为从事危险作业的职工办理意外伤害保险，支付保险费。当作业人员发生工伤事故时，依法获得相关保险的权利。

第四节 建筑施工特种作业人员的义务

1. 遵守有关安全生产的法律、法规和规章的义务

建筑施工特种作业人员在施工活动中，应当遵守有关安全生产的法律、法规和规章。遵守建筑施工安全强制性标准和用人单位的规章制度，严格按照操作规程操作，做到不违规作业，不违章作业。

2. 提高职业技能和安全生产操作水平的义务

建筑施工特种作业人员面对建筑施工活动中的复杂性和多样性，要不断提高职业技能水平。在未上岗之前应参加岗前技能培训和安全生产操作能力的培训，掌握安全操作知识和技能，取得相应合格证书后方可上岗工作。已在工作岗位上的人员，还必须经常性地参加有关教育培训，熟练掌握本工种的各项安全操作技能，不断提高职业技能和安全生产操作水平。

3. 遵守劳动纪律的义务

建筑施工特种作业人员应严格遵守用人单位的劳动纪律。劳动纪律是用人单位为形成和维持生产经营秩序，保证劳动合同得以履行，要求全体员工在集体劳动、工作、生活过程中以及与劳动、工作紧密相关的其他过程中必须共同遵守的规则。

4. 发现事故隐患和其他不安全因素，立即报告的义务

建筑施工特种作业人员在施工现场直接承担具体的作业活动，更容易发现事故隐患或者其他不安全因素，一旦发现事故隐患或者其他不安全因素，作业人员应当立即向现场安全生产管理人员或者本单位负责人报告，不得隐瞒不报或者拖延报告。如果作业人员发现所报告的事故隐患或者其他不安全因素得不到解决，作业人员也可以越级上报。

5. 完成生产任务的义务

建筑施工特种作业人员完成合理的生产任务是应尽的义务，

也是取得劳动报酬的基本条件。作业人员在完成合理生产任务的前提下，还应该保证质量，争做生产劳动的积极分子，为企业经济效益、为社会财富的积累、为国家的发展做出自己的应有贡献。

第五节　建筑施工特种作业人员的管理

根据住房和城乡建设部的规定，省、自治区、直辖市人民政府建设主管部门或者其委托的考核机构负责本行政区域内建筑施工特种作业人员的考核工作。

1. 建设行政主管部门的管理职责

（1）省建设行政主管部门的管理职责

1）负责全省范围内建筑施工特种作业人员的考核监督管理工作。

2）研究制定特种作业人员执业资格考核标准、考核大纲，建立相应工种的试题库。

3）认证特种作业人员执业资格考核基地。

4）负责特种作业人员执业资格考核工作的师资教育培训，监督管理考核考务工作。

5）负责特种作业人员执业证书的颁发和管理。

6）负责特种作业人员统计信息工作。

7）其他监督管理工作。

（2）受委托的市、县建设（筑）主管部门的管理职责

1）负责本行政区域内特种作业人员的监督管理工作，制定本地区特种作业人员考核发证管理制度，建立本地区特种作业人员档案。

2）负责考核基地的初审和考评人员的日常管理。

3）负责特种作业人员考核工作的组织实施。

4）负责特种作业人员考核、延期复核、换证的市、县分级审核。

5）负责特种作业人员执业继续教育。

6）负责特种作业人员的统计信息工作。

7）监督检查特种作业人员的从业活动，查处违章行为并记录在档。

8）其他监督管理工作。

2. 用人单位的管理职责

（1）用人单位对于首次取得执业资格证书的人员，应当在其正式上岗前安排不少于3个月的实习操作。实习操作期间，用人单位应当指定专人指导和监督作业。实习操作期满经用人单位考核合格方可独立作业。（所指定的专人应当从已取得相应特种作业资格证书、从事相关工作3年以上、无不良记录的熟练工中选取。）

（2）与持有效执业资格证书的特种作业人员订立劳动合同。

（3）制定并落实本单位特种作业安全操作规程和安全管理制度。

（4）书面告知特种作业人员违章操作的危害。

（5）向特种作业人员提供齐全、合格的安全防护用品和安全的作业条件。

（6）组织或者委托有能力的培训机构对本单位特种作业人员进行年度安全生产教育培训或者继续教育，时间不少于24小时。

（7）建立本单位特种作业人员管理档案。

（8）查处特种作业人员违章行为并记录在档。

（9）法律法规及有关规定明确的其他职责。

3. 特种作业人员应履行的职责

（1）严格遵守国家有关安全生产规定和本单位的规章制度，按照安全技术标准、规范和规程进行作业。

（2）正确佩戴和使用安全防护用品，并按规定对作业工具和设备进行维护保养。

（3）在施工中发生危及人身安全的紧急情况时，有权立即停止作业或者撤离危险区域，并向施工现场专职安全生产管理人员和项目负责人报告。

（4）自觉参加年度安全教育培训或者继续教育，每年不得少于 24 小时。

（5）拒绝违章指挥，并制止他人违章作业。

（6）法律法规及有关规定明确的其他职责。

4. 特种作业人员资格证书的延期

建筑施工特种作业人员执业资格证书有效期为 2 年。有效期满需要延期的，持证人员本人应当在期满前 3 个月内，向原市县考核受理机关提出申请，市县建设行政主管部门初审后，向省建设行政主管部门申请办理延期复核相关手续。延期复核合格的，证书有效期延期 2 年。

（1）特种作业人员申请资格证书延期复核，应当提交下列材料：

1）延期复核申请表。

2）身份证（原件和复印件）。

3）近 3 个月内由二级乙等以上医院出具的体检合格证明。

4）年度安全教育培训证明和继续教育证明。

5）用人单位出具的特种作业人员管理档案记录。

6）规定提交的其他资料。

（2）特种作业人员在资格证书有效期内，有下列情形之一的，延期复核结果为不合格：

1）超过相关工种规定年龄要求的。

2）身体健康状况不再适应相应特种作业岗位的。

3）对生产安全事故负有直接责任的。

4）2 年内违章操作记录达 3 次（含 3 次）以上的。

5）未按规定参加年度安全教育培训或者继续教育的。

6）规定的其他情形。

（3）市县建设（筑）行政主管部门在接到特种作业人员提交

的延期复核申请后，应当根据下列情况分别作出处理：

1）对于不符合延期复核申请相关情形的，市县建设（筑）主管部门自收到延期复核资料之日起 5 个工作日内作出不予延期决定，并说明理由；

2）对于提交资料齐全且符合延期复审申请相关情形的，省建筑主管部门自收到市县建设（筑）主管部门延期复核相关手续之日起 10 个工作日内办理准予延期复核手续。

（4）省建筑主管部门应当在资格证书有效期满前按相关规定作出决定，逾期未作出决定的，视为延期复核合格。

5. 特种作业人员资格证书的撤销与注销

（1）省建筑主管部门对有下列情形之一的，应当撤销资格证书

1）持证人弄虚作假骗取资格证书或者办理延期手续的。

2）工作人员违法核发资格证书的。

3）持证人员因安全生产责任事故承担刑事责任的。

4）规定应当撤销的其他情形。

（2）省建筑主管部门对有下列情形之一的，应当注销资格证书

1）按规定不予延期的。

2）持证人逾期未申请办理延期复核手续的。

3）持证人死亡或者不具有完全民事行为能力的。

4）本人提出要求的。

5）规定应当注销的其他情形。

6. 特种作业人员管理的其他要求

（1）持有特种作业资格证书的执业人员，应当受聘于建筑施工企业或者建筑起重机械出租单位（以下简称用人单位），方可从事相应的特种作业。

（2）任何单位和个人不得非法涂改、倒卖、出租、出借或者以其他形式转让资格证书。

（3）特种作业人员变动工作单位，任何单位和个人不得以任

何理由非法扣押其执业资格证书。

（4）各地应当建立举报制度，公开举报电话或者电子信箱，受理有关特种作业人员考核、发证以及延期复核的举报。对受理的举报，有关机关和工作人员应当及时妥善处理。

第三章 建筑施工安全生产相关法规及管理制度

第一节 建筑安全生产相关法律主要内容

《中华人民共和国宪法》规定：国家通过各种途径，创造劳动就业条件，加强劳动保护，改善劳动条件，并在发展生产的基础上，提高劳动报酬和福利待遇。

劳动是一切有劳动能力的公民的光荣职责。国有企业和城乡集体经济组织的劳动者都应当以国家主人翁的态度对待自己的劳动。国家提倡社会主义劳动竞赛，奖励劳动模范和先进工作者。

1.《中华人民共和国建筑法》相关内容

（1）建筑活动应当确保建筑工程质量和安全，符合国家的建筑工程安全标准。

（2）从事建筑活动应当遵守法律、法规，不得损害社会公共利益和他人的合法权益。

（3）建筑工程安全生产管理必须坚持安全第一、预防为主的方针，建立健全安全生产的责任制度和群防群治制度。

（4）建筑施工企业应当在施工现场采取维护安全、防范危险、预防火灾等措施；有条件的，应当对施工现场实行封闭管理。

施工现场对毗邻的建筑物、构筑物和特殊作业环境可能造成损害的，建筑施工企业应当采取安全防护措施。

（5）建筑施工企业应当遵守有关环境保护和安全生产的法律、法规的规定，采取控制和处理施工现场的各种粉尘、废气、废水、固体废物以及噪声、振动对环境的污染和危害的措施。

（6）建筑施工企业必须依法加强对建筑安全生产的管理，执行安全生产责任制度，采取有效措施，防止伤亡和其他安全生产事故的发生。

建筑施工企业的法定代表人对本企业的安全生产负责。

（7）施工现场安全由建筑施工企业负责。实行施工总承包的，由总承包单位负责。分包单位向总承包单位负责，服从总承包单位对施工现场的安全生产管理。

（8）建筑施工企业应当建立健全劳动安全生产教育培训制度，加强对职工安全生产的教育培训；未经安全生产教育培训的人员，不得上岗作业。

（9）建筑施工企业和作业人员在施工过程中，应当遵守有关安全生产的法律、法规和建筑行业安全规章、规程，不得违章指挥或者违章作业。作业人员有权对影响人身健康的作业程序和作业条件提出改进意见，有权获得安全生产所需的防护用品。作业人员对危及生命安全和人身健康的行为有权提出批评、检举和控告。

（10）建筑施工企业必须为从事危险作业的职工办理意外伤害保险，支付保险费。

（11）施工中发生事故时，建筑施工企业应当采取紧急措施减少人员伤亡和事故损失，并按照国家有关规定及时向有关部门报告。

2.《中华人民共和国安全生产法》相关内容

（1）生产经营单位必须遵守本法和其他有关安全生产的法律、法规，加强安全生产管理，建立、健全安全生产责任制和安全生产规章制度，改善安全生产条件，推进安全生产标准化建设，提高安全生产水平，确保安全生产。

（2）有关协会组织依照法律、行政法规和章程，为生产经营单位提供安全生产方面的信息、培训等服务，发挥自律作用，促进生产经营单位加强安全生产管理。

（3）国家实行生产安全事故责任追究制度，依照本法和有关法律、法规的规定，追究生产安全事故责任人员的法律责任。

（4）生产经营单位应当对从业人员进行安全生产教育和培训，保证从业人员具备必要的安全生产知识，熟悉有关的安全生产规章制度和安全操作规程，掌握本岗位的安全操作技能，了解事故应急处理措施，知悉自身在安全生产方面的权利和义务。未经安全生产教育和培训合格的从业人员，不得上岗作业。

（5）生产经营单位的特种作业人员必须按照国家有关规定经专门的安全作业培训，取得相应资格，方可上岗作业。

（6）生产经营单位应当建立健全生产安全事故隐患排查治理制度，采取技术、管理措施，及时发现并消除事故隐患。事故隐患排查治理情况应当如实记录，并向从业人员通报。

（7）承担安全评价、认证、检测、检验的机构应当具备国家规定的资质条件，并对其作出的安全评价、认证、检测、检验的结果负责。

（8）负有安全生产监督管理职责的部门应当建立举报制度，公开举报电话、信箱或者电子邮件地址，受理有关安全生产的举报；受理的举报事项经调查核实后，应当形成书面材料；需要落实整改措施的，报经有关负责人签字并督促落实。

（9）任何单位或者个人对事故隐患或者安全生产违法行为，均有权向负有安全生产监督管理职责的部门报告或者举报。

（10）新闻、出版、广播、电影、电视等单位有进行安全生产宣传教育的义务，有对违反安全生产法律、法规的行为进行舆论监督的权利。

3.《中华人民共和国特种设备安全法》相关内容

（1）特种设备生产、经营、使用单位应当遵守本法和其他有关法律、法规，建立、健全特种设备安全和节能责任制度，加强特种设备安全和节能管理，确保特种设备生产、经营、使用安全，符合节能要求。

（2）任何单位和个人有权向负责特种设备安全监督管理的部门和有关部门举报涉及特种设备安全的违法行为，接到举报的部门应当及时处理。

（3）特种设备生产、经营、使用单位及其主要负责人对其生产、经营、使用的特种设备安全负责。

特种设备生产、经营、使用单位应当按照国家有关规定配备特种设备安全管理人员、检测人员和作业人员，并对其进行必要的安全教育和技能培训。

（4）特种设备安全管理人员、检测人员和作业人员应当按照国家有关规定取得相应资格，方可从事相关工作。特种设备安全管理人员、检测人员和作业人员应当严格执行安全技术规范和管理制度，保证特种设备安全。

（5）特种设备使用单位应当建立岗位责任、隐患治理、应急救援等安全管理制度，制定操作规程，保证特种设备安全运行。

（6）特种设备使用单位应当建立特种设备安全技术档案。

安全技术档案应当包括以下内容：

1）特种设备的设计文件、产品质量合格证明、安装及使用维护保养说明、监督检验证明等相关技术资料和文件；

2）特种设备的定期检验和定期自行检查记录；

3）特种设备的日常使用状况记录；

4）特种设备及其附属仪器仪表的维护保养记录；

5）特种设备的运行故障和事故记录。

（7）特种设备的使用应当具有规定的安全距离、安全防护措施。

（8）特种设备使用单位应当对其使用的特种设备进行经常性维护保养和定期自行检查，并作出记录。

特种设备使用单位应当对其使用的特种设备的安全附件、安全保护装置进行定期校验、检修，并作出记录。

（9）特种设备使用单位应当按照安全技术规范的要求，在检验合格有效期届满前一个月向特种设备检验机构提出定期检验要求。

特种设备检验机构接到定期检验要求后，应当按照安全技术规范的要求及时进行安全性能检验。特种设备使用单位应当将定期检验标志置于该特种设备的显著位置。

未经定期检验或者检验不合格的特种设备，不得继续使用。

（10）特种设备安全管理人员应当对特种设备使用状况进行经常性检查，发现问题应当立即处理；情况紧急时，可以决定停止使用特种设备并及时报告本单位有关负责人。

特种设备作业人员在作业过程中发现事故隐患或者其他不安全因素，应当立即向特种设备安全管理人员和单位有关负责人报告；特种设备运行不正常时，特种设备作业人员应当按照操作规程采取有效措施保证安全。

（11）特种设备出现故障或者发生异常情况，特种设备使用单位应当对其进行全面检查，消除事故隐患，方可继续使用。

（12）负责特种设备安全监督管理的部门在依法履行监督检查职责时，可以行使下列职权：

1）进入现场进行检查，向特种设备生产、经营、使用单位和检验、检测机构的主要负责人和其他有关人员调查、了解有关情况；

2）根据举报或者取得的涉嫌违法证据，查阅、复制特种设备生产、经营、使用单位和检验、检测机构的有关合同、发票、账簿以及其他有关资料；

3）对有证据表明不符合安全技术规范要求或者存在严重事故隐患的特种设备实施查封、扣押；

4）对流入市场的达到报废条件或者已经报废的特种设备实施查封、扣押；

5）对违反本法规定的行为作出行政处罚决定。

（13）特种设备使用单位应当制定特种设备事故应急专项预案，并定期进行应急演练。

（14）特种设备发生事故后，事故发生单位应当按照应急预案采取措施，组织抢救，防止事故扩大，减少人员伤亡和财产损失，保护事故现场和有关证据，并及时向事故发生地县级以上人民政府负责特种设备安全监督管理的部门和有关部门报告。

与事故相关的单位和人员不得迟报、谎报或者瞒报事故情况，不得隐匿、毁灭有关证据或者故意破坏事故现场。

4.《中华人民共和国劳动合同法》相关内容

（1）用人单位自用工之日起即与劳动者建立劳动关系。用人单位应当建立职工名册备查。

（2）用人单位招用劳动者时，应当如实告知劳动者工作内容、工作条件、工作地点、职业危害、安全生产状况、劳动报酬，以及劳动者要求了解的其他情况；用人单位有权了解劳动者与劳动合同直接相关的基本情况，劳动者应当如实说明。

（3）用人单位招用劳动者，不得扣押劳动者的居民身份证和其他证件，不得要求劳动者提供担保或者以其他名义向劳动者收取财物。

（4）建立劳动关系，应当订立书面劳动合同。

已建立劳动关系，未同时订立书面劳动合同的，应当自用工之日起一个月内订立书面劳动合同。

用人单位与劳动者在用工前订立劳动合同的，劳动关系自用工之日起建立。

（5）劳动合同无效或者部分无效的情形：

1）以欺诈、胁迫的手段或者乘人之危，使对方在违背真实意思的情况下订立或者变更劳动合同的；

2）用人单位免除自己的法定责任、排除劳动者权利的；

3）违反法律、行政法规强制性规定的。

对劳动合同的无效或者部分无效有争议的，由劳动争议仲裁机构或者人民法院确认。

（6）用人单位应当按照劳动合同约定和国家规定，向劳动者及时足额支付劳动报酬。

用人单位拖欠或者未足额支付劳动报酬的，劳动者可以依法向当地人民法院申请支付令，人民法院应当依法发出支付令。

（7）用人单位应当严格执行劳动定额标准，不得强迫或者变相强迫劳动者加班。用人单位安排加班的，应当按照国家有关规定向劳动者支付加班费。

（8）劳动者拒绝用人单位管理人员违章指挥、强令冒险作业的，不视为违反劳动合同。

劳动者对危害生命安全和身体健康的劳动条件，有权对用人单位提出批评、检举和控告。

5.《中华人民共和国刑法》相关内容

（1）【重大责任事故罪】在生产、作业中违反有关安全管理的规定，因而发生重大伤亡事故或者造成其他严重后果的，处三年以下有期徒刑或者拘役；情节特别恶劣的，处三年以上七年以下有期徒刑。

（2）【强令违章冒险作业罪】强令他人违章冒险作业，因而发生重大伤亡事故或者造成其他严重后果的，处五年以下有期徒刑或者拘役；情节特别恶劣的，处五年以上有期徒刑。

（3）【重大劳动安全事故罪】安全生产设施或者安全生产条件不符合国家规定，因而发生重大伤亡事故或者造成其他严重后果的，对直接负责的主管人员和其他直接责任人员，处三年以下有期徒刑或者拘役；情节特别恶劣的，处三年以上七年以下有期徒刑。

（4）【工程重大安全事故罪】建设单位、设计单位、施工单位、工程监理单位违反国家规定，降低工程质量标准，造成重大安全事故的，对直接责任人员，处五年以下有期徒刑或者拘役，并处罚金；后果特别严重的，处五年以上十年以下有期徒刑，并处罚金。

（5）【消防责任事故罪】违反消防管理法规，经消防监督机构通知采取改正措施而拒绝执行，造成严重后果的，对直接责任人员，处三年以下有期徒刑或者拘役；后果特别严重的，处三年以上七年以下有期徒刑。

（6）【不报、谎报安全事故罪】在安全事故发生后，负有报告职责的人员不报或者谎报事故情况，贻误事故抢救，情节严重的，处三年以下有期徒刑或者拘役；情节特别严重的，处三年以上七年以下有期徒刑。

第二节　建筑安全生产相关法规主要内容

1.《建设工程安全生产管理条例》

条例规定了施工单位的相关安全责任，包括：依法取得资质和承揽工程；建立健全安全生产制度和操作规程；保证本单位安全生产条件所需资金的投入；设立安全生产管理机构，配备专职安全生产管理人员；总承包单位对施工现场的安全生产负总责；总承包单位和分包单位对分包工程的安全生产承担连带责任；特种作业人员必须按照国家有关规定经过专门的安全作业培训，并取得特种作业操作资格证书；施工单位的施工组织设计及专项施工方案管理责任；建设工程施工安全技术交底责任；施工现场、办公、生活区安全文明管理责任；相邻建筑物及环保管理责任；施工现场防火管理责任；施工作业人员安全防护及劳保管理责任；施工机械管理责任；施工单位的主要负责人、项目负责人、专职安全生产管理人员任职管理责任；施工单位应当对管理人员和作业人员的安全生产教育培训管理责任；施工单位应当为施工现场从事危险作业的人员办理意外伤害保险等相关安全责任。

相关内容：

（1）垂直运输机械作业人员、安装拆卸工、爆破作业人员、起重信号工、登高架设作业人员等特种作业人员，必须按照国家有关规定经过专门的安全作业培训，并取得特种作业操作资格证书后，方可上岗作业。

（2）施工单位应当在施工现场入口处、施工起重机械、临时用电设施、脚手架、出入通道口、楼梯口、电梯井口、孔洞口、桥梁口、隧道口、基坑边沿、爆破物及有害危险气体和液体存放处等危险部位，设置明显的安全警示标志。安全警示标志必须符合国家标准。

施工单位应当根据不同施工阶段和周围环境及季节、气候的变化，在施工现场采取相应的安全施工措施。施工现场暂时停止施工的，施工单位应当做好现场防护，所需费用由责任方承担，或者按照合同约定执行。

（3）施工单位应当向作业人员提供安全防护用具和安全防护服装，并书面告知危险岗位的操作规程和违章操作的危害。

作业人员有权对施工现场的作业条件、作业程序和作业方式中存在的安全问题提出批评、检举和控告，有权拒绝违章指挥和强令冒险作业。

在施工中发生危及人身安全的紧急情况时，作业人员有权立即停止作业或者在采取必要的应急措施后撤离危险区域。

2.《生产安全事故报告和调查处理条例》

条例对事故报告、事故调查、事故等级及事故处理作出了规定。

相关内容：

（1）根据生产安全事故造成的人员伤亡或者直接经济损失，事故一般分为以下等级：

1）特别重大事故，是指造成 30 人（含 30 人）以上死亡，或者 100 人（含 100 人）以上重伤（包括急性工业中毒，下同），或者 1 亿元（含 1 亿元）以上直接经济损失的事故；

2）重大事故，是指造成 10 人（含 10 人）以上 30 人以下死亡，或者 50 人（含 50 人）以上 100 人以下重伤，或者 5000 万元（含 5000 万元）以上 1 亿元以下直接经济损失的事故；

3）较大事故，是指造成 3 人（含 3 人）以上 10 人以下死亡，或者 10 人（含 10 人）以上 50 人以下重伤，或者 1000 万元（含 1000 万元）以上 5000 万元以下直接经济损失的事故；

4）一般事故，是指造成 3 人以下死亡，或者 10 人以下重伤，或者 1000 万元以下直接经济损失的事故。

（2）事故发生后，事故现场有关人员应当立即向本单位负责人报告；单位负责人接到报告后，应当于 1 小时内向事故发生地县级以上人民政府安全生产监督管理部门和负有安全生产监督管理职责的有关部门报告。

情况紧急时，事故现场有关人员可以直接向事故发生地县级以上人民政府安全生产监督管理部门和负有安全生产监督管理职责的有关部门报告。

（3）事故调查组有权向有关单位和个人了解与事故有关的情况，并要求其提供相关文件、资料，有关单位和个人不得拒绝。

事故发生单位的负责人和有关人员在事故调查期间不得擅离职守，并应当随时接受事故调查组的询问，如实提供有关情况。

事故调查中发现涉嫌犯罪的，事故调查组应当及时将有关材料或者其复印件移交司法机关处理。

3.《特种设备安全监察条例》

（1）特种设备生产、使用单位应当建立健全特种设备安全、节能管理制度和岗位安全、节能责任制度。

特种设备生产、使用单位的主要负责人应当对本单位特种设备的安全和节能全面负责。

特种设备生产、使用单位和特种设备检验检测机构，应当接受特种设备安全监督管理部门依法进行的特种设备安全监察。

（2）特种设备出现故障或者发生异常情况，使用单位应当对其进行全面检查，消除事故隐患后，方可重新投入使用。

（3）特种设备使用单位应当对特种设备作业人员进行特种设备安全、节能教育和培训，保证特种设备作业人员具备必要的特种设备安全、节能知识。

特种设备作业人员在作业中应当严格执行特种设备的操作规程和有关的安全规章制度。

（4）特种设备作业人员在作业过程中发现事故隐患或者其他不安全因素，应当立即向现场安全管理人员和单位有关负责人报告。

第三节　建筑安全生产相关规章及规范性文件主要内容

1.《建筑起重机械安全监督管理规定》

（1）使用单位应当履行下列安全职责：

1）根据不同施工阶段、周围环境以及季节、气候的变化，对建筑起重机械采取相应的安全防护措施；

2）制定建筑起重机械生产安全事故应急救援预案；

3）在建筑起重机械活动范围内设置明显的安全警示标志，对集中作业区做好安全防护；

4）设置相应的设备管理机构或者配备专职的设备管理人员；

5）指定专职设备管理人员、专职安全生产管理人员进行现场监督检查；

6）建筑起重机械出现故障或者发生异常情况的，立即停止使用，消除故障和事故隐患后，方可重新投入使用。

（2）使用单位应当对在用的建筑起重机械及其安全保护装置、吊具、索具等进行经常性和定期的检查、维护和保养，并做好记录。

（3）禁止擅自在建筑起重机械上安装非原制造厂制造的标准节和附着装置。

（4）建筑起重机械特种作业人员应当遵守建筑起重机械安全操作规程和安全管理制度，在作业中有权拒绝违章指挥和强令冒险作业，有权在发生危及人身安全的紧急情况时立即停止作业或者采取必要的应急措施后撤离危险区域。

（5）建筑起重机械安装拆卸工、起重信号工、起重司机、司索工等特种作业人员应当经建设主管部门考核合格，并取得特种作业操作资格证书后，方可上岗作业。

省、自治区、直辖市人民政府建设主管部门负责组织实施建筑施工企业特种作业人员的考核。

2. 《危险性较大的分部分项工程安全管理办法》

办法对危险性较大的分部分项工程，即房屋建筑和市政基础设施工程在施工过程中，容易导致人员群死群伤或者造成重大经济损失的分部分项工程的前期保障、专项施工方案、现场安全管理及监督管理明确了具体要求。

（1）施工单位应当在施工现场显著位置公告危大工程名称、施工时间和具体责任人员，并在危险区域设置安全警示标志。

（2）专项施工方案实施前，编制人员或者项目技术负责人应当向施工现场管理人员进行方案交底。

施工现场管理人员应当向作业人员进行安全技术交底，并由双方和项目专职安全生产管理人员共同签字确认。

（3）施工单位应当对危大工程施工作业人员进行登记，项目负责人应当在施工现场履职。

项目专职安全生产管理人员应当对专项施工方案实施情况进行现场监督，对未按照专项施工方案施工的，应当要求立即整改，并及时报告项目负责人，项目负责人应当及时组织限期整改。

施工单位应当按照规定对危大工程进行施工监测和安全巡视，发现危及人身安全的紧急情况，应当立即组织作业人员撤离危险区域。

（4）危大工程发生险情或者事故时，施工单位应当立即采取应急处置措施，并报告工程所在地住房城乡建设主管部门。建设、勘察、设计、监理等单位应当配合施工单位开展应急抢险工作。

第四章　建筑施工安全防护基本知识

第一节　个人安全防护用品的使用

1. 安全帽

安全帽是对人的头部受坠落物及其他特定因素引起的伤害起防护作用的防护用品。由帽壳、帽衬、下颌带和帽箍等组成。

施工现场工人必须佩戴安全帽。

（1）安全帽的作用

主要是为了保护头部不受到伤害，并在出现以下几种情况时保护人的头部不受伤害或降低头部伤害的程度：

1）飞来或坠落下来的物体击向头部时；

2）当作业人员从 2m 及以上的高处坠落下来时；

3）当头部有可能触电时；

4）在低矮的部位行走或作业，头部有可能碰到尖锐、坚硬的物体时。

（2）安全帽佩戴注意事项

安全帽的佩戴要符合标准，使用应符合规定。佩戴时要注意下列事项：

1）戴安全帽前应将调整带按自己头型调整到适合的位置，然后将帽内弹性带系牢。缓冲衬垫的松紧由带子调节，人的头顶和帽体内顶部的空间垂直距离一般在 25～50mm 之间。这样才能保证当遭受到冲击时，帽体有足够的空间可供缓冲，平时也有利于头和帽体间的通风。

2）不要把安全帽歪戴，也不要把帽檐戴在脑后方。否则，会降低安全帽对于冲击的防护作用。

3）为充分发挥保护力，安全帽佩戴时必须按头号围的大小调整帽箍并系紧下颌带。

4）安全帽体顶部除了在帽体内部安装了帽衬外，有的还开了小孔通风。但在使用时不要为了透气而随便再行开孔，因为这样会降低帽体的强度。

5）安全帽要定期检查。检查有没有龟裂、下凹、裂痕和磨损等情况，发现异常现象要立即更换，不准再继续使用。任何受过重击、有裂痕的安全帽，不论有无损坏现象，均应报废。

6）在现场室内作业也要戴安全帽，特别是在室内带电作业时，更要认真戴好安全帽，因为安全帽不但可以防碰撞，而且还能起到绝缘作用。

7）平时使用安全帽时应保持整洁，不能接触火源，不要任意涂刷油漆，不准当凳子坐。如果丢失或损坏，必须立即补发或更换，无安全帽一律不准进入施工现场。

2. 安全带

安全带是用于防止高处作业人员发生坠落或发生坠落后将作业人员安全悬挂的个体防护装备。主要由安全绳、缓冲器、主带、辅带等部件组成。

为了防止作业者在某个高度和位置上可能出现的坠落，作业者在登高和高处作业时，必须系挂好安全带。安全带的使用和维护有以下几点要求：

（1）高处作业施工前，应对作业人员进行安全技术教育及交底，并应配备相应防护用品。作业人员应从思想上重视安全带的作用，作业前必须按规定要求系好安全带。

（2）安全带在使用前要检查各部位是否完好无损，所有零部件应顺滑，无材料或制造缺陷，无尖角或锋利边缘。

（3）挂点强度应满足安全带的负荷要求，挂点不是安全带的组成部分，但同安全带的使用密切相关。高处作业如无固定挂点，应采用适当强度的钢丝绳或采取其他方法悬挂。禁止挂在移动或带尖锐棱角或不牢固的物件上。

（4）高挂低用。将安全带挂在高处，人在下面工作就叫高挂低用。它可以使坠落发生时的实际冲击距离减小。与之相反的是低挂高用。因为当坠落发生时，实际冲击的距离会加大，人和绳都要受到较大的冲击负荷。所以安全带必须高挂低用，严禁低挂高用。

（5）安全带绳保护套要保持完好，以防绳被磨损。若发现保护套损坏或脱落，必须加上新套后再使用。

（6）安全带严禁擅自接长使用。如果使用 3m 及以上的长绳时必须要加缓冲器，各部件不得任意拆除。

（7）安全带在使用后，要注意维护和保管。要经常检查安全带缝制部分和挂钩部分，必须详细检查捻线是否发生裂断和残损等。

（8）安全带不使用时要妥善保管，不可接触高温、明火、强酸、强碱或尖锐物体，不要存放在潮湿的仓库中保管。

（9）安全带在使用两年后应抽验一次，频繁使用应经常进行外观检查，发现异常必须立即更换。定期或抽样试验用过的安全带，不准再继续使用。

3. 防护服

建筑施工现场作业人员应穿着工作服。焊工的工作服一般为白色，其他工种的工作服没有颜色的限制。

（1）防护服的分类

建筑施工现场的防护服主要有以下几类：

1）全身防护型工作服；

2）防毒工作服；

3）耐酸工作服；

4）耐火工作服；

5）隔热工作服；

6）通气冷却工作服；

7）通水冷却工作服；

8）防射线工作服；

9）劳动防护雨衣；

10）普通工作服。

（2）防护服的穿着

施工现场对作业人员防护服的穿着要求主要有：

1）作业人员作业时必须穿着工作服；

2）操作转动机械时，袖口必须扎紧；

3）从事特殊作业的人员必须穿着特殊作业防护服；

4）焊工工作服应是白色帆布制作。

4. 防护鞋

防护鞋的种类比较多，应根据作业场所和内容的不同选择使用。电力建设施工现场上常用的有绝缘靴（鞋）、焊接防护鞋、耐酸碱橡胶靴及皮安全鞋等。

对绝缘鞋的要求有：

（1）必须在规定的电压范围内使用；

（2）绝缘鞋（靴）胶料部分无破损，且每半年作一次预防性试验；

（3）在浸水、油、酸、碱等条件上不得作为辅助安全用具使用。

5. 防护手套

使用防护手套时，必须对工件、设备及作业情况分析之后，选择适当材料制作的，操作方便的手套，方能起到保护作用。施工现场上常用的防护手套有下列几种：

（1）劳动保护手套。具有保护手和手臂的功能，作业人员工作时一般都使用这类手套。

（2）带电作业用绝缘手套。要根据电压选择适当的手套，检查表面有无裂痕、发黏、发脆等缺陷，如有异常禁止使用。

（3）耐酸、耐碱手套。主要用于接触酸和碱时戴的手套。

（4）橡胶耐油手套。主要用于接触矿物油、植物油及脂肪簇的各种溶剂作业时戴的手套。

（5）焊工手套。电、火焊工作业时戴的防护手套，应检查皮革或帆布表面有无僵硬、洞眼等残缺现象，如有缺陷，不准使用。手套要有足够的长度，手腕部不能裸露在外边。

第二节　安全色与安全标志

安全色和安全标志是国家规定的两个传递安全信息的标准。尽管安全色和安全标志是一种消极的、被动的防御性的安全警告装置，并不能消除、控制危险，不能取代其他防范安全生产事故的各种措施，但它们形象而醒目地向人们提供了禁止、警告、指令、提示等安全信息，对于预防安全生产事故的发生具有重要作用。

1. 安全色的概念

安全色，就是传递安全信息含义的颜色，包括红、蓝、黄、绿四种颜色。对比色，是使安全色更加醒目的反衬色，包括黑、白两种颜色。对比色要与安全色同时使用。

安全色适用于工业企业、交通运输、建筑、消防、仓库、医院及剧场等公共场所使用的信号和标志的表面色，不适用于灯光信号、航海、内河航运以及其他目的而使用的颜色。

2. 安全色的含义

安全色的红、蓝、黄、绿四种颜色，分别代表不同的含义。

（1）红色。表示禁止、停止、危险以及消防设备的意思。凡是禁止、停止、消防和有危险的器件或环境均应涂以红色的标记作为警示的信号。

（2）蓝色。表示指令，要求人们必须遵守的规定。

（3）黄色。表示提醒人们注意。凡是警告人们注意的器件、设备及环境都应以黄色表示。

（4）绿色。表示给人们提供允许、安全的信息。

（5）对比色与安全色同时使用。

（6）安全色与对比色的相间条纹。

红色与白色相间条纹——表示禁止人们进入危险环境。

黄色与黑色相间条纹——表示提示人们特别注意的意思。

蓝色和白色相间条纹——表示必须遵守规定的意思。

绿色和白色相间条纹——与提示标志牌同时使用，更为醒目地提示人们。

3. 安全色的使用

安全色的使用范围很广，可以使用在安全标志上，也可以直接使用在机械设备上；可以在室内使用，也可以在户外使用。如红色的，各种禁止标志；黄色的，各种警告标志；蓝色的，各种指令标志；绿色的，各种提示标志等。

安全色有规定的颜色范围，超出范围就不符合安全色的要求。颜色范围所规定的安全色是最不容易互相混淆的颜色。对比色是为了使安全色更加醒目而采用的反衬色，它的作用是提高物体颜色的对比度。

4. 安全标志的概念

安全标志是用以表达特定安全信息的标志，由图形符号、安全色、几何图形（边框）或文字构成。

安全标志适用于工矿企业、建筑工地、厂内运输和其他有必要提醒人们注意安全的场所。使用安全标志，能够引起人们对不安全因素的注意，从而达到预防事故、保证安全的目的。但是，安全标志的使用只是起到提示、提醒的作用，它不能代替安全操作规程，也不能代替其他的安全防护措施。

5. 安全标志的种类

安全标志分禁止标志、警告标志、指令标志和提示标志四大类型。

（1）禁止标志。禁止标志的含义是禁止人们安全行为的图形标志。其基本形式是带斜杠的圆边框，采用红色作为安全色。

（2）警告标志。警告标志的基本含义是提醒人们对周围环境引起注意，以避免可能发生危险的图形标志。其基本形式是正三角形边框，采用黄色作为安全色。

（3）指令标志。指令标志的含义是强制人们必须做出某种动作或采用防范措施的图形标志。其基本形式是圆形边框，采用蓝色作为安全色。

（4）提示标志。提示标志的含义是向人们提供某种信息（如标明安全设施或场所等）的图形标志。其基本形式是正方形边框，采用绿色作为安全色。

第三节　高处作业安全知识

1. 高处作业的基本概念

凡在坠落高度基准面 2m 及以上，有可能坠落的高处进行的作业，均称为高处作业。

2. 建筑施工高处作业常见形式及安全措施

（1）临边作业

临边作业是指在工作面边沿无围护或围护设施高度低于800mm 的高处作业，包括楼板边、楼梯段边、屋面边、阳台边、各类坑、沟、槽等边沿的高处作业。

进行临边作业时，应在临空一侧设置防护栏杆，并应采用密目式安全立网或工具式栏板封闭。

1）分层施工的楼梯口、楼梯平台和梯段边，应安装防护栏杆；外设楼梯口、楼梯平台和梯段边还应采用密目式安全立网封闭。

2）建筑物外围边沿处，应采用密目式安全立网进行全封闭，有外脚手架的工程，密目式安全立网应设置在脚手架外侧立杆上，并与脚手杆紧密连接；没有外脚手架的工程，应采用密目式安全立网将临边全封闭。

3）施工升降机、龙门架和井架物料提升机等各类垂直运输设备设施与建筑物间设置的通道平台两侧边，应设置防护栏杆、挡脚板，并应采用密目式安全立网或工具式栏板封闭。

4）各类垂直运输接料平台口应设置高度不低于 1.80m 的楼层防护门，并应设置防外开装置；多笼井架物料提升机通道中间，应分别设置隔离设施。

（2）洞口作业

洞口作业是指在地面、楼面、屋面和墙面等有可能使人和物料坠落，其坠落高度大于或等于 2m 的洞口处的高处作业。

在洞口作业时，应采取防坠落措施，并应符合下列规定：

1）当垂直洞口短边边长小于 500mm 时，应采取封堵措施；当垂直洞口短边边长大于或等于 500mm 时，应在临空一侧设置高度不小于 1.2m 的防护栏杆，并应采用密目式安全立网或工具式栏板封闭，设置挡脚板。

2）当非垂直洞口短边尺寸为 25～500mm 时，应采用承载力满足使用要求的盖板覆盖，盖板四周搁置应均衡，且应防止盖板移位。

3）当非垂直洞口短边边长为 500～1500mm 时，应采用专项设计盖板覆盖，并应采取固定措施。

4）当非垂直洞口短边长大于或等于 1500mm 时，应在洞口作业侧设置高度不小于 1.2m 的防护栏杆，并应采用密目式安全立网或工具式栏板封闭；洞口应采用安全平网封闭。

5）电梯井口应设置防护门，其高度不应小于 1.5m，防护门底端距地面高度不应大于 50mm，并应设置挡脚板。

6）在进入电梯安装施工工序之前，同时井道内应每隔 10m 且不大于 2 层加设一道水平安全网。电梯井内的施工层上部，应设置隔离防护设施。

7）施工现场通道附近的洞口、坑、沟、槽、高处临边等危险作业处，应悬挂安全警示标志外，夜间应设灯光警示。

8）边长不大于 500mm 洞口所加盖板，应能承受不小于 $1.1kN/m^2$ 的荷载。

9）墙面等处落地的竖向洞口、窗台高度低于 800mm 的竖向洞口及框架结构在浇筑完混凝土没有砌筑墙体时的洞口，应按临边防护要求设置防护栏杆。

（3）攀登作业

攀登作业是指借助登高用具或登高设施进行的高处作业。攀登作业应注意以下事项：

1）攀登的用具，结构构造上必须牢固可靠。

2）梯子底部应坚实，并有防滑措施，不得垫高使用，梯子的上端应有固定措施。

3）单梯不得垫高使用，使用时应与水平面成 75°夹角，踏步不得缺失，其间距宜为 300mm。当梯子需接长使用时，应有可靠的连接措施，接头不得超过 1 处。连接后梯梁的强度，不应低于单梯梯梁的强度。

4）固定式直爬梯应用金属材料制成。使用直爬梯进行攀登作业时，攀登高度以 5m 为宜，超过 8m 时，应设置梯间平台。

5）上下梯子时，必须面向梯子，且不得手持器物。

（4）交叉作业

交叉作业是指垂直空间贯通状态下，可能造成人员或物体坠落，并处于坠落半径范围内、上下左右不同层面的立体作业。交叉作业时应注意以下事项：

1）各工种进行上下立体交叉作业时，不得在同一垂直方向上操作，下层作业的位置，必须处于依上层高度确定的可能坠落半径范围之外，不符合以上条件时，应设安全防护层。

2）钢模板、脚手架拆除时，下方不得有人施工。

3）模板拆除后，临边堆放处离楼层边沿不应小于 1m，堆放高度不得超过 1m，楼层边口、通道口、脚手架边缘等处，严禁堆放任何物件。

4）结构施工自 2 层起，凡人员进出的通道口（包括井架、施工电梯的进出通道口），均应搭设双层防护棚。

5）在建建筑物旁或在塔机吊臂回转半径范围之内的主要通道，临时设施，钢筋、木工作业区等必须搭设双层防护棚。

第五章 施工现场消防基本知识

第一节 施工现场消防知识概述及常用消防器材

1. 施工现场消防知识概述

我国消防工作实行预防为主、消防结合的方针。按照政府统一领导、部门依法监管、单位全面负责、公民积极参与的原则，实行消防安全责任制，建立健全社会化的消防工作网络。

建设工程施工现场的防火，必须遵循国家有关方针、政策，针对不同施工现场的火灾特点，立足自防自救，采取可靠防火措施，做到安全可靠、经济合理、方便适用。

燃烧的发生必须具备三个条件，即：可燃物、助燃物和着火源。因此，制止火灾发生的基本措施包括：

（1）控制可燃物，以难燃或不燃的材料代替易燃或可燃的。

（2）隔绝空气，使用易燃物质的生产应密闭的设备中进行。

（3）消除着火源。

（4）阻止火势蔓延，在建筑物之间筑防火墙，设防火间距，防止火灾扩大。

2. 建筑施工现场消防器材的配置和使用

（1）在建工程及临时用房的下列场所应配置灭火器：

1）易燃易爆危险品存放及使用场所；

2）动火作业场所；

3）可燃材料存放、加工及使用场所；

4）厨房操作间、锅炉房、发电机房、变配电房、设备用房、办公用房、宿舍等临时用房；

5）其他具有火灾危险的场所。

（2）建筑施工现场常用灭火器及使用方法：

1）泡沫灭火器。药剂：筒内装有碳酸氢钠、发沫剂、硫酸铝溶液。用途：适用于扑救油脂类、石油产品及一般固体初起的火灾；不适用于扑救忌水化学品和电气火灾。使用方法：手指堵住喷嘴，将筒体上下颠倒2次，打开开关，药剂即喷出。

2）干粉灭火器。药剂：钢筒内装有钾盐或钠盐粉，并备有盛装压缩气体的小钢瓶。用途：适用于扑救石油及其产品、可燃气体和电气设备初起的火灾。使用方法：提起筒，拔掉保险销环，干粉即可喷出。

3）二氧化碳灭火器。药剂：瓶内装有压缩或液态的二氧化碳。用途：主要适用于扑救贵重设备档案资料，仪器仪表，600V以下的电器及油脂等火灾；禁止使用二氧化碳灭火器灭火的物品有，遇有燃烧物品中的锂、钠、钾、铯、锶、镁、铝粉等。使用方法：拔掉安全销，一手拿好喇叭筒对着火源，另一手压紧压把打开开关即可。

4）酸碱灭火器。用途：主要适用于扑救竹、木、棉、毛、草、纸等一般初起火灾，但对忌水的化学物品、电气、油类不宜用。

（3）消防栓、消防带、消防水枪

消防栓按安装区域分有室内、室外消防栓两种；按安装位置分有地上式与地下式两种；按消防介质分有水消防栓和泡沫消防栓两种。消防栓应在任意时刻均处于工作状态。

1）消防水带应配相对口径的水带接口方能使用。水带接口装置于水带两端，用于水带与水带、消火栓或水枪之间的连接，以便进行输水或水和泡沫混合液，其接口为内扣式。

2）水枪是装在水带接口上，起射水作用的专用部件。各种水枪的接口形式均为内扣式。

3）消防栓的开关位置在其顶部，必须用专用扳手操作，其顶盖上有开关标志符。

使用时应先安好消防水带，之后打开消防栓上封盖把水带固定好，然后再打开消防栓。在使用消防栓灭火时，必须两人以上操作，当水带充满水后，一人拿枪，一人配合移动消防水带。

第二节　施工现场消防管理制度及相关规定

施工现场的消防安全由施工单位负责。实行施工总承包的，应由总承包单位负责。分包单位向总承包单位负责，并应服从总承包单位的管理，同时应承担国家法律、法规规定的消防责任和义务。施工现场建立消防管理制度，落实消防责任制和责任人员，建立义务消防队，定期对有关人员进行消防教育，落实消防措施。

1. 施工现场消防管理制度

（1）施工单位应编制施工现场灭火及应急疏散预案。灭火及应急疏散预案应包括下列主要内容：

1）应急灭火处置机构及各级人员应急处置职责；

2）报警、接警处置的程序和通讯联络的方式；

3）扑救初起火灾的程序和措施；

4）应急疏散及救援的程序和措施。

（2）施工人员进场时，施工现场的消防安全管理人员应向施工人员进行消防安全教育和培训。消防安全教育和培训应包括下列内容：

1）施工现场消防安全管理制度、防火技术方案、灭火及应急疏散预案的主要内容；

2）施工现场临时消防设施的性能及使用、维护方法；

3）扑灭初起火灾及自救逃生的知识和技能；

4）报警、接警的程序和方法。

（3）施工作业前，施工现场的施工管理人员应向作业人员进行消防安全技术交底。消防安全技术交底应包括下列主要内容：

1）施工过程中可能发生火灾的部位或环节；

2）施工过程应采取的防火措施及应配备的临时消防设施；

3）初起火灾的扑救方法及注意事项；

4）逃生方法及路线。

（4）施工过程中，施工现场的消防安全负责人应定期组织消防安全管理人员对施工现场的消防安全进行检查。消防安全检查应包括下列主要内容：

1）可燃物及易燃易爆危险品的管理是否落实；

2）动火作业的防火措施是否落实；

3）用火、用电、用气是否存在违章操作，电、气焊及保温防水施工是否执行操作规程；

4）临时消防设施是否完好有效；

5）临时消防车道及临时疏散设施是否畅通。

2. 施工现场消防管理规定

（1）施工现场动火作业

1）动火作业应办理动火许可证，动火许可证的签发人收到动火申请后，应前往现场查验并确认动火作业的防火措施落实后，再签发动火许可证；

2）动火操作人员应具有相应资格；

3）焊接、切割、烘烤或加热等动火作业前，应对作业现场的可燃物进行清理；作业现场及其附近无法移走的可燃物应采用不燃材料覆盖或隔离；

4）施工作业安排时，宜将动火作业安排在使用可燃建筑材料施工作业之前进行，确需在可燃建筑材料施工作业之后进行动火作业的，应采取可靠的防火保护措施；

5）裸露的可燃材料上严禁直接进行动火作业；

6）焊接、切割、烘烤或加热等动火作业应配备灭火器材，并应设置动火监护人进行现场监护，每个动火作业点均应设置 1 个监护人；

7）五级（含五级）以上风力时，应停止焊接、切割等室外动火作业，确需动火作业时，应采取可靠的挡风措施；

8）动火作业后，应对现场进行检查，并应在确认无火灾危险后，动火操作人员再离开。

（2）施工现场用电

1）电气线路应具有相应的绝缘强度和机械强度，禁止使用绝缘老化或失去绝缘性能的电气线路，严禁在电气线路上悬挂物品，破损、烧焦的插座、插头应及时更换；

2）电气设备与可燃、易燃易爆和腐蚀性物品应保持一定的安全距离；

3）距配电盘 2m 范围内不得堆放可燃物，5m 范围内不应设置可能产生较多易燃、易爆气体、粉尘的作业区；

4）可燃库房不应使用高热灯具，易燃易爆危险品库房内应使用防爆灯具；

5）电气设备不应超负荷运行或带故障使用。

（3）施工现场用气

1）储装气体罐瓶及其附件应合格、完好和有效；严禁使用减压器及其他附件缺损的氧气瓶，严禁使用乙炔专用减压器、回火防止器及其他附件缺损的乙炔瓶；

2）气瓶应保持直立状态，并采取防倾倒措施，乙炔瓶严禁横躺卧放；

3）严禁碰撞、敲打、抛掷、溜坡或滚动气瓶；

4）气瓶应远离火源，与火源的距离不应小于 10m，并应采取避免高温和防止曝晒的措施；

5）气瓶应分类储存，库房内应通风良好；空瓶和实瓶同库存放时，应分开放置，两者间距不应小于 1.5m；

6）瓶装气体使用前，应检查气瓶及气瓶附件的完好性，检查连接气路的气密性，并采取避免气体泄漏的措施，严禁使用已老化的橡皮气管；

7）氧气瓶与乙炔瓶的工作间距不应小于 5m，气瓶与明火作业点的距离不应小于 10m；

8）冬季使用气瓶，气瓶的瓶阀、减压阀等发生冻结时，严禁用火烘烤或用铁器敲击瓶阀，严禁猛拧减压器的调节螺丝；

9）氧气瓶内剩余气体的压力不应少于 0.1MPa，气瓶用后应及时归库。

第六章　施工现场应急救援基本知识

第一节　生产安全事故应急救援
预案管理相关知识

1. 生产安全事故应急救援预案的概念

生产安全事故应急救援预案是为了有效预防和控制可能发生的事故，最大程度减少事故及其损害而预先制定的工作方案。它是事先采取的防范措施，将可能发生的事故损失等级和不利影响减少到最低的有效方法。

2. 建筑施工企业生产安全事故应急救援预案的管理

施工单位的应急救援预案应经专家评审或者论证后，由企业主要负责人签署发布。施工项目部的安全事故应急救援预案在编制完成后报施工企业审批。

建筑工程施工期间，施工单位应当将生产安全事故应急救援预案在施工现场显著位置公示，并组织开展本单位的应急救援预案培训交底活动，使有关人员了解应急救援预案的内容、熟悉应急救援职责、应急救援程序和岗位应急救援处置方案。

建筑施工单位应当制定本单位的应急预案演练计划，根据本单位的事故预防重点，每年至少组织一次综合应急预案演练或者专项应急预案演练，每半年至少组织一次现场处置方案演练。

第二节　现场急救基本知识

1. 施工现场应急救护要点

（1）对骨伤人员的救护

1）不能随便搬动伤者，以免不正确的搬动（或移动）给伤者带来二次伤害。例如凡是胸、腰椎骨折者，头、颈部外伤者，不能任意搬动，尤其不能屈曲。

2）在需要搬动时，用硬板固定受伤部位后方可搬动。

3）用担架搬运时，要使伤员头部向后，以便后面抬担架的人可以随时观察其伤情变化。

（2）对眼睛伤害人员的救护

1）眼有异物时，千万不要自行用力眨眼睛，应通过药水、泪水、清水冲洗，仍不能把异物冲掉时，才能扒开眼睑，仔细小心清除眼里异物，如仍无法清除异物或伤势较重时，应立即到医院治疗。

2）当化学物质（如砌筑用的石灰膏）进入眼内，立即用大量的清水冲洗。冲洗时要扒开眼睑，使水能直接冲洗眼睛，要反复冲洗，时间至少 15min 以上。在无人协助的情况下，可用一盆水，双眼浸入水中，用手分开眼睑，做睁、闭眼、转动并立即到医院做必要的检查和治疗。

（3）心肺复苏术

心肺复苏术，是在建筑工地现场对呼吸骤停病人给予呼吸和循环支持所采取的急救，急救措施如下：

1）畅通气道：托起患者的下颌，使病人的头向后仰，如口中有异物，应先将异物排除。

2）口对口人工呼吸：握闭病人的鼻孔，深吸气后先连续快速向病人口内吹气 4 次，吹气频率以每分钟 2～16 次。如遇特殊情况（牙关紧闭或外伤），可采用口对鼻人工呼吸。

3）胸外心脏按压：双手在放病人胸骨的下 1/3 段（剑突上两根指），有节奏地垂直向下按压胸骨干段，成人按压的深度为胸骨下陷 4～5cm 为宜。一般按压 15 次，吹气 2 次。

4）胸外心脏按压和口对口吹气需要交替进行。最好有两个人同时参加急救，其中一个人作口对口吹气。

（4）外伤常用止血方法

1）一般止血法：凡出血较少的伤口，可在清洗伤口后盖上一块消毒纱布，并用绷带或胶布固定即可。

2）指压止血法：可用干净的布（没有布可以用手）直接按压伤口，直到不出血为止。

3）加压包扎止血法：用纱布、棉花等垫放在伤口上，用较大的力进行包扎。并尽量抬高受伤部位。加压时力量也不可过大，或扎得过紧，以免引起受伤部位局部缺血造成坏死。

2. 建筑施工现场主要事故类型及救援常识

（1）触电事故及救援常识

1）发现有人触电时，不要直接用手去拖拉触电者，应首先迅速拉电闸断电，现场无电闸时，使用木方等不导电的材料或用干衣服包严双手，将触电者拖离电源。

2）根据触电者的状况现场进行人工急救（如心肺复苏），并迅速向工地负责人报告或报警。

（2）火灾事故及救援常识

1）最早发现者应立即大声呼救，并根据情况立即采取正确方法灭火。当判断火势无法控制时，要迅速报警和向有关人员报告。

2）根据火灾的影响范围，迅速把无关人员疏散到指定的消防安全区。作业区发生火灾时，可采用建筑物内楼梯、外脚手架上下梯、离火灾现场较远的外施工电梯等疏散人员。不得使用离火灾现场较近的外施工电梯，严禁使用室内电梯疏散人员。

3）当火势无法控制时，要及时采取隔离火源措施，及时搬出附近的易燃易爆物以及贵重物品，防止火势蔓延到有易燃易爆物品或存放贵重物品的地点。当有可能发生气瓶爆炸或火势已无法控制且危及人员生命安全时，迅速将救火人员撤离到安全地方，等待专职消防队救援或采取其他必要措施。

4）火灾逃生自救知识原则：

如果发现火势无法控制，应保持镇静，判断危险地点和安全地点，决定逃生方法和路线，尽快撤离险地。

通过浓烟区逃生时，如无防毒面具等护具，可用湿毛巾捂住口鼻，并尽可能贴近地面，以匍匐姿势快速前进，如有条件可向头部、身上浇冷水或用湿毛巾、湿棉被、湿毯子等将头、身裹好再冲出去。

（3）易燃易爆气体泄漏事故应急常识

1）最早发现者应立即大声呼救，并向有关人员报告或报警。根据情况立即采取正确方法施救，如尝试采取关闭阀门、堵漏洞等措施截断、控制泄漏，若无法控制，应迅速撤离。

2）在气体泄漏区内严禁使用手机、电话或启动电器设备，并禁止一切产生明火或火花的行为。

3）疏散无关人员，迅速远离危险区域，治安保卫人员要迅速建立禁区，严禁无关人员进入。同时停止附近的作业。

4）在未有安全保障措施的情况下，不要盲目行动，应等待公安消防队或其他专业救援队伍处理。

（4）发现坍塌预兆或坍塌事故应急常识

1）发现坍塌预兆时，发现者应立即大声呼唤，停止作业，迅速疏散人员撤离现场，并向项目部报告。待险情排除，并得到有关人员同意后，方可重新进入现场作业。

2）当事故发生后，发现者应立即大声呼救，同时向有关人员报告或报警。项目部根据情况立即采取措施组织抢救，同时向上级部门报告。

3）迅速判断事故发展状态和现场情况，采取正确应急控制措施，判断清楚被掩埋人员位置，立即组织人员全力挖掘抢救。

4）在救护过程中要防止二次坍塌伤人，必要时先对危险的地方采取一定的加固措施。

5）按照有关救护知识，立即救护抢救出来的伤员，在等待医生救治或送往医院抢救过程中，不要停止和放弃施救。

（5）有毒气体中毒事故应急常识

1）最早发现者应立即大声呼救，向有关人员报告或报警，如原因明确应立即采取正确方法施救，但决不可盲目救助。

2）迅速查明事故原因和判断事故发展状态，采取正确方法施救。如中毒事故必须先通风或戴好防毒面具方可救人；如缺氧，则要戴好有供氧的防毒面具才可救人。

3）救出伤员后按照有关救护知识，立即救护伤员，在等待医生救治或送往医院抢救过程中，不要停止和放弃施救，如采用人工呼吸，或输氧急救等。

4）现场不具备抢救条件时，立即向社会求救。

（6）高处坠落伤害急救常识

1）坠落在地的伤员，应初步检查伤情，不得随意搬动。

2）立即呼叫"120"急救医生前来救治。

3）采取初步急救措施：止血、包扎、固定。

4）注意固定颈部、胸腰部椎，搬运时保持动作一致平稳，避免伤员脊柱弯曲扭动加重伤情。

3. 施工现场报警注意事项

（1）按工地写出的报警电话，进行报警。

（2）报告事故类型。说明伤情（病情、火情、案情）等，好让救护人员事先做好急救的准备。如火灾报警时要尽量说明燃烧或爆炸物质、燃烧程度、人员伤亡、发生火灾楼层等情况。

（3）说明单位（或事故地）的电话或手机号码，以便救护车（消防车、警车）随时用电话通信联系。

（4）可用几部电话或手机，由数人同时向有关救援单位报警求救。以便让各种救援单位都能以最快的速度到达事故现场。

第二部分　专业基础知识

第七章　建筑焊工安全操作基础理论

第一节　专业基础知识

1. 金属学基本知识

金属材料与非金属材料相比，不仅具有良好的力学性能和某些物理、化学性能，而且工艺性能在多方面也较优良。化学成分不同的金属具有不同性能，例如，纯铁强度比纯铝高，但其导电性和导热性不如纯铝。但即使是成分相同的金属，当生产条件不同或在不同状态下，它们的性能也有很大的差别，例如两块含碳量均为 0.8% 的碳钢，其中一块是从冶金厂出厂的，硬度为20HRC，另一块加工成刀具并进行热处理，硬度可达 60HRC 以上。造成上述性能差异的主要原因是材料内部结构不同，因此掌握金属和合金的内部结构和结晶规律，对于合理选材具有重要意义。

（1）晶体结构基本概念

1）晶体与非晶体

自然界的固态物质，根据原子在内部的排列特征可分为晶体与非晶体两大类。物质内部原子作有规则排列的固体物质，称为晶体（图 7-1a）。绝大多数金属和合金固态下都属于晶体。内部原子呈现无序堆积状况的固体物质，称为非晶体，如松香、玻璃、沥青等。

晶体与非晶体，由于原子排列方式不同，它们的性能也有差异。晶体具有固定的熔点，其性能呈各向异性；非晶体没有固定的熔点，而且表现为各向同性。

2）晶格

为了形象描述晶体内部原子排列的规律，将原子抽象为几何点，并用一些假想连线将几何点在三维方向连接起来，这样就构成了一个空间格子（图7-1b）。这种抽象的、用于描述原子在晶体中排列规律的空间格子称为晶格。

3）晶胞

晶体中原子排列具有周期性变化的特点，通常从晶格中选取一个能够完整反映晶格特征的最小几何单元称为晶胞（图7-1c）。不同元素晶胞的大小和形状有差异。

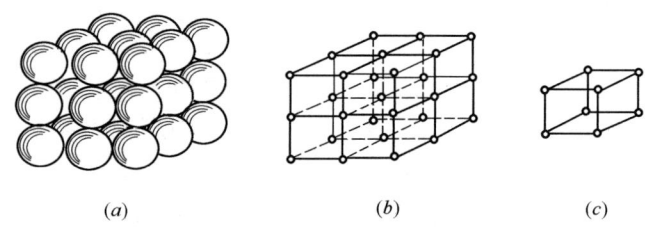

(a)　　　　　　　　(b)　　　　　　　　(c)

图7-1　简单立方晶格与晶胞示意图

（a）晶体结构；（b）晶格；（c）晶胞

4）常见金属的晶格类型

常用的金属材料中，晶格类型很多，但大多数属于体心立方晶格、面心立方晶格、密排六方晶格三种结构。

① 体心立方晶格

如图7-2a所示，它的晶胞是一个立方体，原子位于立方体的八个顶角和立方体的中心。属于体心立方晶格类型的常见金属有铬（Cr）、钨（W）、钼（Mo）、钒（V）、铁（a-Fe）等。这类金属一般都具有相当高的强度和较好的塑性。

② 面心立方晶格

如图7-2b所示，它的晶胞也是一个立方体，原子位于立方体的八个顶角和立方体的六个面心。属于该晶格类型的常见金属有铝（Al）、铜（Cu）、铅（Pb）、金（Au）等。这类金属的塑性都很好。

③ 密排六方晶格

如图 7-2c 所示，它的晶胞是一个正六方柱体，原子排列在柱体的每个顶角和上、下底面的中心，另外三个原子排列在柱体内。属于密排六方晶格类型的常见金属有镁（Mg），锌（Zn）、铍（Be）、钛（a-Ti）等。

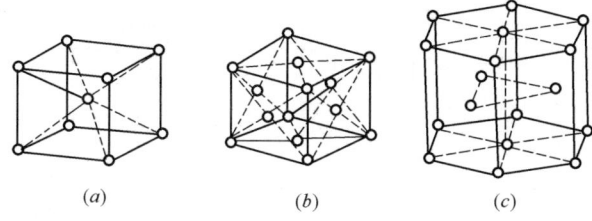

(a)   (b)   (c)

图 7-2　常用金属晶格的晶胞

（a）体心立方晶胞；（b）面心立方晶胞；（c）密排六方晶胞

（2）金属的晶体结构

1）多晶体结构

前面研究金属的晶体结构时，把晶体看成是原子按一定几何规律作周期性排列而成，即晶体内部的晶格位向是完全一致的，这种晶体称为单晶体。目前，只有采用特殊方法才能获得单晶体。

常用的金属材料大都是多晶体结构，即它是由许多不同位向的小晶体组成，每个小晶体内部晶格位向基本上是一致的，而各小晶体之间位向却不相同。这种外形不规则、呈颗粒状的小晶体称为晶粒。晶粒与晶粒之间的界面称为晶界。由许多晶粒组成的晶体称为多晶体。

2）晶体缺陷

在金属晶体中，由于晶体形成条件、原子的热运动及其他各种因素影响，原子的规则排列在局部区域受到破坏，呈现出不完整，通常把这种区域称为晶体缺陷。根据晶体缺陷的几何特征，可分为点缺陷、线缺陷和面缺陷三类。

① 点缺陷

最常见的点缺陷有空位、间隙原子和置换原子等，如图 7-3 所示。由于点缺陷的出现，使周围原子发生"撑开"或"靠拢"现象，这种现象称为晶格畸变。晶格畸变的存在，使金属产生内应力，晶体性能发生变化，如强度、硬度和电阻增加，体积发生变化，它也是强化金属的手段之一。

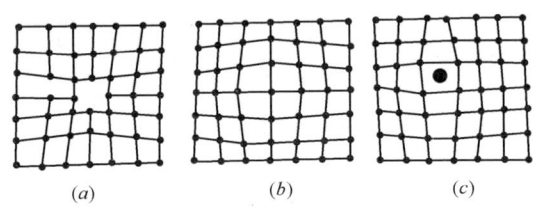

图 7-3　点缺陷示意图

（a）晶格定位；（b）置换原子；（c）间隙原子

② 线缺陷

线缺陷主要指的是位错。最常见的位错形态是刃型位错，如图 7-4 所示。这种位错的表现形式是晶体的某一晶面上，多出一个半原子面，它如同刃一样插入晶体，故称刃型位错，在位错线附近一定范围内，晶格发生了畸变。

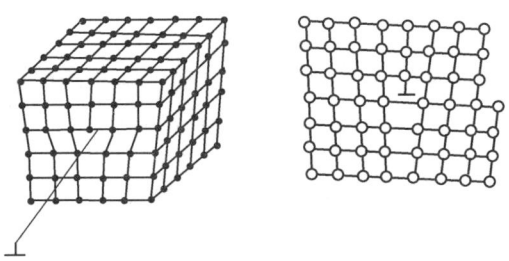

图 7-4　刃型位错晶体结构示意图

位错的存在对金属的力学性能有很大影响，例如金属材料处于退火状态时，位错密度较低，强度较差；经冷塑性变形后，材料的位错密度增加，故提高了强度。位错在晶体中易于移动，金属材料的塑性变形就是通过位错运动来实现的。

③ 面缺陷

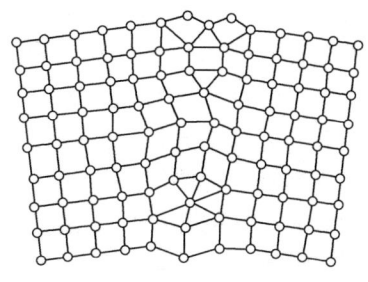

图 7-5　晶界的过渡结构示意图

通常指的是晶界和亚晶界。实际金属材料是多晶体结构，多晶体中两个相邻晶粒之间晶格位向是不同的，所以晶界处是不同位向晶粒原子排列无规则的过渡层，如图 7-5 所示。晶界原子处于不稳定状态，能量较高，因此晶界与晶粒内部有着一系列不同特性，例如常温下晶界有较高的强度和硬度、晶界处原子扩散速度较快、晶界处容易被腐蚀、熔点低等。

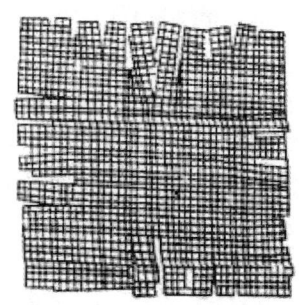

图 7-6　亚晶界示意图

实验证明，即使在一颗晶粒内部，其晶格位向也并不像理想晶体那样完全一致，而是分隔成许多尺寸很小、位向差也很小（只有几秒、几分，最多达 $1°～2°$）的小晶块，它们相互嵌镶成一颗晶粒，这些小晶块称为亚晶粒（或嵌镶块）。亚晶粒之间的界面称为亚晶界。晶粒中亚晶粒与亚晶界称亚组织，如图 7-6 所示。亚晶界处原子排列也是不规则的，其作用与晶界相似。

综上所述，晶体中由于存在了空位、间隙原子、置换原子、位错、晶界和亚晶界等结构缺陷，晶格会发生畸变，从而引起塑性变形抗力增大，使金属的强度提高。

2. 金属热处理基本知识

（1）钢的热处理性质

钢的热处理是指将金属材料或工件在固态下进行加热、保温和冷却，以获得预期的组织结与性能的一种工艺方法。

热处理不改变零件的外形和尺寸，只改变金属的内部组织和性能。热处理不仅可以强化金属材料、充分发挥其内部潜力、提高或改善工件的使用性能和加工工艺性，而且还是提高加工质量、延长工件和刀具使用寿命、节约材料、降低成本的重要手段；并且经过合理的表面热处理可提高零件的耐蚀性及耐磨性，也可起到装饰和美化零件外观的作用。所以机械制造业中，大多数的机器零件都要经过热处理。

金属材料的热处理主要有普通热处理和表面热处理两大类。普通热处理主要有退火、正火、淬火、回火；表面热处理有表面淬火和化学热处理等。

（2）热处理设备

热处理设备主要包括加热设备、冷却设备、专用工艺设备和质量检测设备等。

1）箱式电阻炉

箱式电阻炉是利用电流通过布置在炉膛内的电热元件发热，使工件加热。如图 7-7 所示是中温箱式电阻炉结构示意图。这种炉子的热电偶从炉顶或后壁插入炉膛，通过检温仪表显示和控制温度，加热温度可达到 95℃以上。箱式电阻炉适用于钢铁材料和非铁材料（有色金属）的退火、正火、淬火、回火热处理工艺的加热。

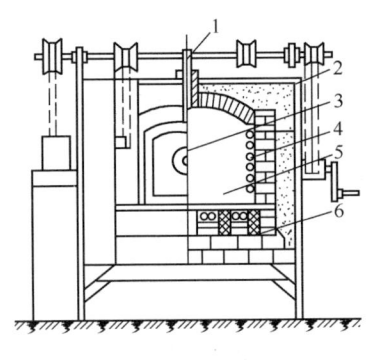

图 7-7　箱式电阻炉

1—热电偶；2—炉壳；3—炉门；4—电阻丝；5—炉膛；6—耐火砖

2）井式电阻炉

如图 7-8 所示是中温井式电阻炉，这种炉子一般用于长形工件的加热。因炉体较高，一般均置于地坑中，仅露出地面约 600～700mm。井式电阻炉比箱式电阻炉具有更优越的性能，炉顶装有风扇，加热温度均匀，加热温度可达到 950℃以上。细长工件可以垂直吊挂，并可利用各种起重设备进料或出料。井式电阻炉主要用于轴类零件或质量要求较高的细长工件的退火、正火、淬火工艺的加热。

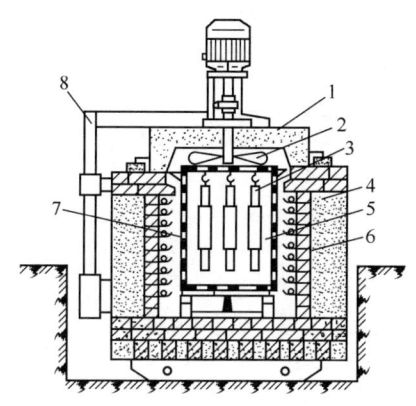

图 7-8　井式电阻炉

1—炉盖；2—风扇；3—工件；4—炉体；5—炉膛；

6—电热元件；7—装料筐；8—炉盖升降机构

3）盐浴炉

盐浴炉是用熔盐作为加热介质的炉型，根据工作温度不同分为高温、中温、低温盐浴炉。高、中温盐浴炉采用电极的内加热式，把低电压、大电流的交流电通人置于盐槽内的两个电极上，利用两电极间熔盐电阻发热效应，使熔盐达到预定温度。将零件吊挂在溶盐中，通过对流、传导作用使工件加热。低温盐浴炉采用电阻丝的外加热式。盐浴炉可以完成多种热处理工艺的加热，其特点是加热速度快、均匀，氧化和脱碳少，是中小型工、模具的主要加热方式。如图 7-9 所示是盐浴炉结构示意图，中温炉最高工作温度为 950℃，高温炉最高工作温度为 1300℃。

4）冷却设备

淬火冷却槽是热处理生产中主要的冷却设备，常用的有水槽、油槽、浴炉等。为了保证淬火能够正常连续的进行，使淬火介质保持比较稳定的冷却能力，须将被工件加热了的冷却介质冷

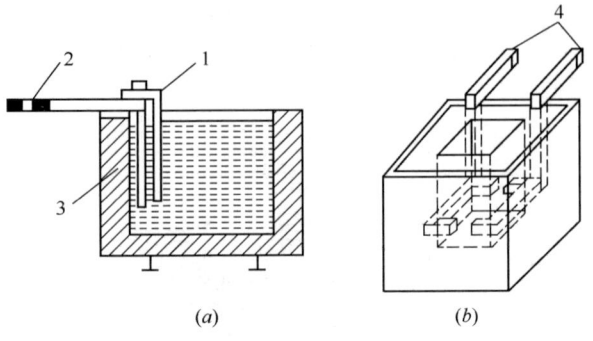

图 7-9　盐浴炉

（a）插入式盐浴炉；（b）埋入式盐浴炉

1—动电阻带；2—连接钢排的电极接头；3、4—电极

却到规定的温度范围以内，因此常在淬火槽中加设冷却装置。

5）专用工艺设备

专用工艺设备指专门用于某种热处理工艺的设备，如气体渗碳炉、井式回火炉、高频感应加热淬火装置等。

6）质量检测设备

根据热处理零件质量要求，检测设备一般有检验硬度的硬度计、检验裂纹的探伤机、检验内部组织的金相显微镜及制样设备、校正变形的压力机等。

3. 电工基础知识

（1）电荷

自然界中存在两种性质不同的电荷，即正电荷和负电荷。电荷之间存在相互作用力，同性电荷之间表现为排斥力，异性电荷之间表现为吸引力，即所谓同性相斥，异性相吸。

近代科学实验证实，任何物质都是由分子组成的，分子是由原子组成的，原子又是由带正电荷的原子核和原子核外分层排列的带负电的电子组成的，而且在正常情况下原子核所带的正电荷数和原子核外电子所带的负电荷总数相等，整个原子对外界不显电性，称为中性。当原子失去一个或几个电子时，就显示带正电，变为带正电的粒子，称为正离子；反之，当原子获得额外电子时，就显示带负电，变为带负电的粒子，称为负离子。

在现代电工技术领域里，使物体内部原子中的正、负电荷分离，甚至转移到另一物体上而成为带电体的方式、方法是多种多样的。除原始的摩擦起电外，主要有静电感应、电磁感应（发电机）、化电效应（化学电池，如干电池、蓄电池等）、热电效应（热电偶）和光电效应（光电元件）等。

表征物体所带电荷多少的物理量叫做电量，用 Q（或者 q）表示。在国际单位制中，电量的单位是库仑（C）。电量不随时间变化的电荷称为静电荷；反之称为动电荷。

（2）电场

电荷周围空间存在着两种特殊物质，它不能被人的感官所直接感知，但是它却可以通过引起其周围电荷受到作用力的现象而被间接发现。我们把带电体周围具有一定引力或斥力的空间叫做电场。电场中的每一点都具有一定的电位。正电荷在电场的作用下，从高电位向低电位移动，所做的功就是电场中两点电位之差。通常，我们把地球的电位当作零，作为电位的参数位置，其他各点与此参考点之间电位差定义为该点的电位值。

（3）电流

电荷向一定方向的移动就形成电流。人们规定电流的方向是从高电位向低电位的，也就是把正电荷移动的方向规定为电流的方向。电流不但有方向，而且有大小。在电路中大小和方向都不随时间变化的电流，称为直流电，用字母"DC"或"—"表示；大小和方向随时间变化的电流，称为交流电，用字母"AC"或"～"表示。

在电场的作用下单位时间内通过某一导体截面的电量，称为电流强度。习惯上往往把电流强度简称为电流。同时规定，如果在 1s 内有 1C 的电量通过导体的横截面，电路里的电流强度就是 1A。电流强度用符号"I"，基本单位是安培，用字母表示为 A，常用单位还有 kA、mA、μA 等，换算关系为：

1kA＝1000A

1mA＝10^{-3} A

1μA＝10^{-6}A

电流密度与电流强度是两个不同的概念，电流密度是指单位面积内通过的电流大小，以字母 J 表示，单位为安培/平方毫米（A/mm^2）。

（4）电压

静电物或电路中两点间的电位差叫电压。其数值等于单位正电荷在电场力的作用下，从一点移到另一点所做的功，例如，电灯泡电压是 220V，也就是说电源加在灯丝两端的电压是 220V。电压用符号"U"表示，基本单位是 V，常用单位还有 kV、mv、μA 等，换算关系为：

1kV＝1000V

1mV＝10^{-3}V

1μA＝10^{-6}V

（5）电阻

在电工学中，通常将具有良好导电性能的物体称为导体，将导电性能较差的物体称为绝缘体，导体对电流的阻碍作用叫做电阻。

不同的材料对电流的阻碍作用大小不同，截面 1mm^2、长度 1m 的某种导体的电阻值叫电阻率。材料的电阻率越小，对电流的阻碍作用就越小。导体的电阻除了跟导体的材料有关以外，还跟导体横截面的大小和长度有关，横截面积越大，电阻越小，导体越长电阻越大，导体电阻的计算公式为式 7-1：

$$R = \rho L/S \qquad \text{（式 7-1）}$$

式中　R——导体的电阻（Ω）；

　　　L——导体的长度（m）；

　　　S——导体的截面（mm^2）；

　　　ρ——导体材料的电阻率（$\Omega \cdot$ m）。

导体的电阻单位除 Ω 以外，常用单位还有 kΩ、MΩ 等，换算关系为：

1kΩ＝10000Ω

1MΩ＝10^6Ω

在国际单位制中，当电路两端的电压为 1V，通过的电流为 1A 时，则该段电路的电阻为 1Ω。

不同材质的导体，其电阻率不同，同一种材料的导体，其电阻率还与温度有关，在一般温度下，电阻率随温度的变化满足下述关系式 7-2：

$$\rho_2 = \rho_1 【1 + \alpha(t_2 - t_1)】 \qquad （式 7-2）$$

式中　ρ——导体温度为 t_2 时的电阻率（Ω·m）；

　　　ρ_1——导体温度为 t_1 时的电阻率（Ω·m）；

　　　α——导体材料的电阻温度系数（1/℃）。

（6）电工和电功率

电流所做的功叫电工，电工的单位为焦耳（J），表达式是：

$$W = IUt$$

试中　W——电工（J）；

　　　I——电流（A）；

　　　U——电压（V）；

　　　t——时间（s）。

电功率是电流在单位时间内所做的功，电功率的单位是瓦特（W），其表达式是：

$$P = W/t = UI$$

式中　P——电功率（W）；

　　　W——电功（J）；

　　　t——时间（s）；

　　　U——电压（V）；

　　　I——电流（A）。

电功率的常用单位还有千瓦（kW）。

1kW 用电设备工作一小时，电流所做的功（或者说消耗的电能）就是 1 度电。

（7）电容

凡是用绝缘物隔开的两个导体的组合就构成了一个电容器。电容器具有储存电荷的功能，电容器储存电荷的能力，用电容来表示。如果把电容器的两个极板分别接到直流电源的正负极上，在电源的作用下两极板分别带数量相等而符号相反的电荷，其中任一极板上的电量 Q 与两极板间的电压 U 成正比，且 Q/U 是一个常数。我们把 Q/U 叫电容器的电容量，简称电容，用字母 C 表示，即：

$$C = Q/U$$

试中　Q——任一极板上电荷量（C）；

　　　U——两极板间的电压（V）；

　　　C——电容器的电容量（F）。

由于电容量（F）的单位太大，常用微法（μF）、皮法（pF）表示，换算关系为：

$1\mu F = 10^{-6} F$

$1pF = 10^{-12} F$

（8）电感

导体中电流的变化，会在导体周围产生磁场，产生磁场的大小，与流过导体中的电流导体的形状及周围的介质有关。我们把导体周围产生的磁场与导体中流过的电流之比叫电感。用字母 L 表示，其单位是亨利（H），简称亨。常用的单位有毫亨（mH）、微亨（μH），换算关系为：

$1mH = 10^{-3} H$

$1Mh = 10^{-6} H$

（9）电磁场

磁场是电流、运动电荷、磁体或变化电场周围空间存在的一种特殊形态的物质，磁场的基本特征是能对其中的运动电荷施加作用力。

电磁场是有内在联系、相互依存的电场和磁场的统一体和总称。变化着的电场伴随变化着的磁场，变化着的磁场也伴随变化着的电场。

闭合电路的一部分导体在磁场中做切割磁感线的运动时，导体中就会产生电流，这种现象叫电磁感应现象。

4. 常用金属材料的性能

金属材料的性能分为使用性能和工艺性能。使用性能是指材料在使用过程中表现出来的性能，它包括力学性能、物理性能和化学性能等；工艺性能是指金属材料在制造机械零件或工具的过程中，适应各种冷、热加工的性能，也就是金属材料采用某种加工方法制成成品的难易程度，它包括铸造性能、压力加工性能、焊接性能、热处理性能及切削加工性能等。

在机械制造过程中，选用材料时大多以力学性能为主要依据。因此必须首先了解金属材料的力学性能。金属的力学性能是指金属材料在外力作用下所表现出的性能。力学性能主要包括强度、塑性、硬度、韧性、疲劳强度等。

金属材料广泛应用于机械制造、交通运输、国防工业、石油化工和日常生活各个领域。机械制造过程中，为了设计制造较高质量的产品，只有了解和熟悉金属材料的性能，合理选材，才能充分发挥金属材料内在的潜能。

（1）强度

强度是金属材料抵抗永久变形和断裂的能力。金属材料的强度指标主要有屈服强度和抗拉强度。金属材料的强度指标通过拉伸试验来测定。

拉伸试验是指用静拉伸力对试样进行轴向拉伸，测量拉伸力和相应的伸长量，并测其力学性能的试验。

拉伸试样通常采用圆柱形，分为短试样和长试样两种，长试样 $L_0 = 10d_0$（L_0 为试样原始长度，d_0 为试样原始直径），短试样 $L_0 = 5d_0$。如图 7-10 所示是试样拉伸前后的状态。把标准试样装夹在试验机的上下夹头上，开动机器，在压力油的作用下，试样受到拉伸，然后对试样逐渐施加拉伸载荷，与此同时连续测量力和相应的伸长量，直至把试样拉断为止，借此数据便可作出拉伸曲线。反之，依据拉伸曲线可求出相关的力学性能。

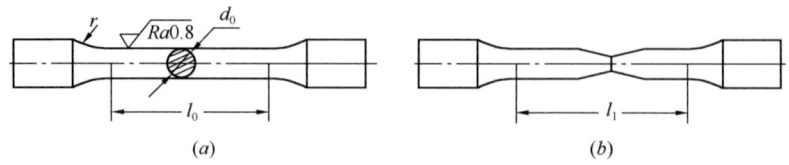

图 7-10 拉伸试验

（a）拉伸前；（b）拉伸后

（2）塑性

金属材料在载荷作用下产生塑性变形而不断裂的能力称为塑性，塑性指标也是通过拉伸试验测定的。常用塑性指标是断后伸长率和断面收缩率。

1）断后伸长率

拉伸试样拉断后，标距的相对伸长与原始标距的百分比称为断后伸长率，用 A 表示，即

$$A = （L_1 - L_0）/L_0 \times 100\%$$

式中　L_0——试样原始标距长度（mm）；

　　　U——试样被拉断时标距长度（mm）。

由于被测试样长度不同，测得的断后伸长率是不同的，长、短试样断后伸长率分别用符号 A11.3 和 A 表示。

2）断面收缩率

拉伸试样拉断后，缩颈处横截面积的最大缩减量与试样原始截面积的百分比称为断面收缩率，用 Z 表示，即

$$Z = （S_0 - S_1）/S_0 \times 100\%$$

式中　S_0——试样原始截面积（mm²）；

　　　S_1——试样被拉断时缩颈处的横截面积（mm²）。

断面收缩率不受试样尺寸的影响，因此能更可靠的反映材料的塑性大小。

断后伸长率和断面收缩率数值愈大，表明材料的塑性愈好，良好的塑性对机械零件的加工和使用都具有重要意义。如塑性良

好的材料易于进行压力加工（轧制、冲压、锻造等）；如果机械零件过载，由于产生塑性变形而不致突然断裂，可以避免事故发生。

（3）硬度

硬度是衡量金属材料软硬程度的一种性能指标，也是指金属材料抵抗局部变形和局部破坏，特别是塑性变形、压痕或划痕的能力。

硬度试验方法很多，大体上可分为压入法、划痕法和回弹高度法等三大类，金属材料质量检验主要用压入法进行硬度试验。压入法是在规定的静态试验力作用下，将一定的压头压入金属材料表面层，然后根据压痕的面积大小或深度测定其硬度值。

在压入法中根据载荷、压头和表示方法的不同，常用的硬度测试方法有布氏硬度（HBW）、洛氏硬度（HRA、HRB、HRC等）和维氏硬度（HV）。

1）布氏硬度

它是用一定直径的硬质合金球做压头，以相应试验力压入被测材料表面，经规定保持时间后卸载，以压痕单位面积上所受试验力的大小来确定被测材料的硬度值，用符号 HBW 表示。布氏硬度值计算公式为 $HBW=0.102\times2F/\pi D\,(D-\sqrt{D^2-d^2}\,)$

式中　F——试验力（N）；

　　　D——压头直径（mm）；

　　　d——压痕直径（mm）。

从上式可看出，当外载荷 F、压头球体直径 D 一定时，布氏硬度值仅与压痕直径 d 有关。d 越小，布氏硬度值越大，硬度愈高；d 越大，布氏硬度值越小，硬度越低。通常布氏硬度值不标出单位。在实际应用中，布氏硬度一般不用计算，而是用专用的刻度放大镜量出压痕直径 d，根据压痕直径的大小，再从专门的硬度表中查出相应的布氏硬度值。

布氏硬度的标注应包括压头类型、压头直径、试验力大小、试验力保持时间，例如，$160HBW10/1000/30$ 表示直径 D 为

10mm 的硬质合金球球压头，在 1000kgf 的试验力作用下，保持时间 30s 时测得的布氏硬度值为 160。

布氏硬度主要用来测量灰铸铁、有色金属以及经退火、正火和调质处理的钢材等材料。

布氏硬度试验具有很高的测量精度，压痕面积较大，能较真实反映出材料的平均性能，另外布氏硬度与抗拉强度之间存在一定的近似关系，因而在工程上得到广泛应用。

布氏硬度试验缺点是操作时间长，对不同材料需要更换压头和试验力，压痕测量也较费时间。由于球体本身变形会使测量结果不准确。因压痕较大，布氏硬度试验不适宜检验薄件或成品件。

2）洛氏硬度

洛氏硬度试验是用顶角为 120° 的金刚石圆锥体或直径为 1.588mm 的淬火钢球作为压头，试验时先施加初载荷，然后施加主载荷，保持规定时间后卸除主载荷，依据压痕深度确定硬度值。

（4）韧性

许多机械零件是在动载荷下工作的，如锻锤的锤杆、冲床的冲头、火车挂钩、活塞等。冲击载荷比静载荷的破坏能力大，对于承受冲击载荷的材料，不仅要求具有较高的强度和一定塑性，还必须具备足够的韧性。韧性是金属材料在断裂前吸收变形能量的能力，韧性通常用冲击试验来测定。

1）摆锤式一次冲击试验

摆锤式一次冲击试验是目前最普遍的一种试验方法。为了使试验结果可以相互比较，按国家标准 GB/T 229 规定，将金属材料制成冲击试样。

将标准试样安放在摆锤式试验机的支座上，试样缺口背向摆锤，将具有一定重力 G 的摆锤举至一定高度 H_1，使其获得一定势能 GH_1，然后由此高度落下将试样冲断，摆锤剩余势能为 GH_2。冲击吸收功（Ak）除以试样缺口处的截面积 S_0，即可得

到材料的冲击韧度 ak，计算公式如下：

$$ak = Ak/S_0 = G(H_1 - H_2)/S_0$$

式中　ak——冲击韧度（J/cm^2）；

　　　Ak——冲击吸收功（J）；

　　　　G——摆锤的重力（N）；

　　　H_1——摆锤举起的高度（m）；

　　　H_2——冲断试样后，摆锤的高度（m）；

　　　S_0——试样缺口处截面积（cm^2）。

使用不同类型的标准式样（U 形缺口或 V 形缺口）进行试验时，冲击韧度分别以 aku 或 akv 表示。

冲击韧度 ak 越大，表明材料的韧性越好、受到冲击时不易断裂。冲击韧度 ak 的大小受很多因素影响。

冲击韧度 ak 对组织缺陷非常敏感，它可灵敏地反映出金属材料的质量、宏观缺口和显微组织的差异，能有效地检验金属材料在冶炼、加工、热处理工艺等方面的质量。

冲击韧度温 ak 对温度非常敏感，通过一系列温度下的冲击试验可测出金属材料的脆化趋势和韧脆转变温度。在试验时，随试验温度的降低，冲击韧度 ak 总的变化趋势随温度降低而降低，当温度降至某一数值时，冲击韧度 ak 急剧下降，金属材料由韧性断裂变为脆性断裂，这种现象称为冷脆转变。在试验中，冲击韧度 ak 急剧变化或断口韧性急剧转变的温度区域，称为韧脆转变温度。韧脆转变温度是衡量金属材料冷脆倾向的指标。金属材料的韧脆转变温度越低，说明金属材料的低温抗击性越好。

因此冲击韧度一般只作为选材时的参考，而不能作为计算依据。

2）多次冲击试验

工程实际中，在冲击载荷作用下工作的机械零件，很少因承受大能量一次冲击而破坏，大多数是经千百万次的小能量多次重复冲击，最后导致断裂。如冲模的冲头、凿岩机上的活塞等，所以用此来衡量材料的冲击抗力不符合实际情况，应采用小能量多次重复冲击试验来测定。

金属材料在多次冲击下的破坏过程是由裂纹产生、裂纹扩张和瞬时断裂三个阶段组成。它是多次冲击损伤积累发展的结果，不同于一次性冲击的破坏过程。因此材料的多次冲击抗力是一项取决于材料强度和塑性的综合性指标，冲击能量高时，材料的多次冲击抗力主要取决于塑性；冲击能量低时，主要取决于强度。

（5）疲劳强度

许多机械零件，如轴、齿轮、轴承、弹簧等，在循环载荷作用下，经过一定时间的工作后会发生突然断裂，这种现象称为金属材料的疲劳断裂。疲劳断裂时不产生明显的塑性变形，断裂是突然发生的，因此，具有很大的危险性，常常造成严重的事故。据统计，损坏的机械零件中80％以上是因疲劳造成的。

疲劳断裂首先是在零件的应力集中区域产生，先形成微小的裂纹核心，即裂纹源。随后在循环应力作用下，裂纹继续扩展长大。由于疲劳裂纹不断扩展，使零件的有效工作面逐渐减小，因此，零件所受应力不断增加，当应力超过金属材料的断裂强度时，则发生疲劳断裂。

第二节 专业技术理论

通过本节学习，要使学员熟悉焊接与切割的方法和分类，了解焊条电弧焊、电渣压力焊、闪光对焊、电阻焊的基本原理和适用范围，熟悉焊条的型号及焊条和焊接参数的正确选用方法，了解焊条电弧焊、电渣压力焊、闪光对焊、电阻焊设备的基本结构和工作原理，熟悉气焊与气割基本原理和适用范围，熟悉气焊与气割火焰及主要工艺参数选择，掌握气焊与气割常用气体的性质，了解常用气瓶、输气管和仪表的基本构造，熟悉焊炬、割炬、阻火装置的基本构造，掌握常用气瓶使用的安全知识，掌握焊接与切割工艺知识，掌握焊接与切割作业的安全操作规程，了解焊接与切割作业环境中有害因素及其来源和危害，了解焊接与切割作业中触电、火灾、爆炸、中毒事故和原因，掌握焊接与切割作业中防触电、防火、防爆、防中毒的措施。

1. 焊接与切割概述

（1）焊接的基本原理及分类

1）基本原理

连接：通常分为两类。一类是可拆卸的连接，即不必损坏被连接件本身就可以将它们分开；如螺栓连接和铆接等。另一类是永久性的连接，即必须在毁坏零件后才能拆卸，如焊接。如图 7-11、图 7-12、图 7-13 所示：

图 7-11　焊接

焊接：是通过加热或加压，或两者并用，使用或不用填充材料，焊接使工件达到原子或分子间的结合的一种连接方法叫焊接。

图 7-12　铆接

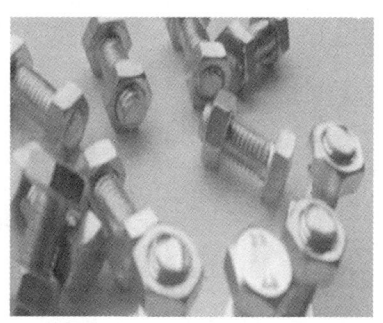

图 7-13　螺栓连接

切割：是焊接生产中不可缺少的下料工序，它是将整个材料分割成所需的形状和大小的加工方法。

2）焊接方法的分类

按照焊接过程中金属所处的状态和工艺特点，把焊接方法分为熔化焊、压力焊和钎焊三大类。如图 7-14 所示：

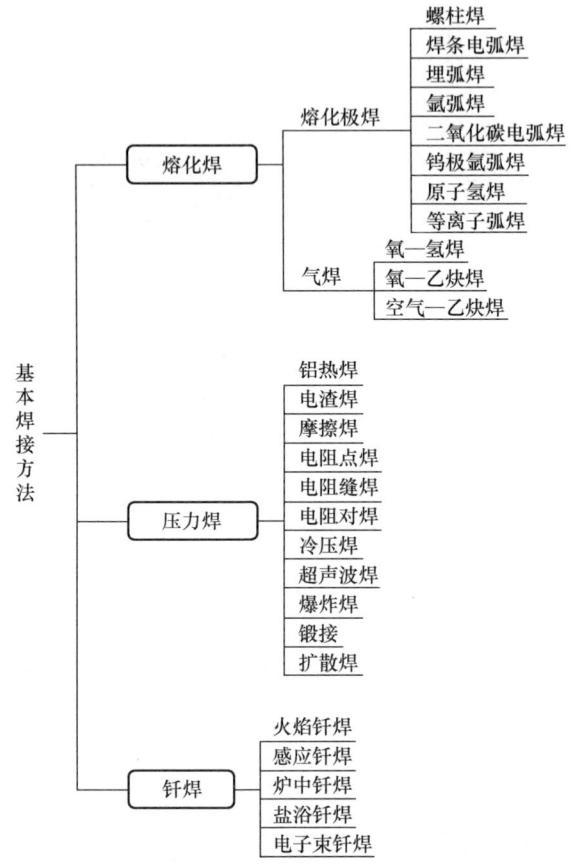

图 7-14　焊接方法族系法分类

① 熔化焊（熔焊）：在焊接过程中，将焊件表面局部（接头）加热至熔化状态，添加填充金属或不添加填充金属，然后冷却结晶成一体的方法。不加压，常见的有气焊、电弧焊、电渣焊、气体保护焊、等离子弧焊等。

② 压力焊（固相焊）：在焊接过程中，必须对焊件施加压力

（加热或不加热），以完成焊接的方法。有两种形式：

a. 将被焊金属接触部分加热至塑性状态或局部熔化状态，然后施加一定的压力，以使金属原子间相互结合形成牢固的焊接接头。如锻焊、接触焊、摩擦焊和气压焊等。

b. 不进行加热，仅在被焊金属的接触面上施加足够大的压力，借助于压力所引起的塑性变形，以使原子间相互接触接近而获得牢固的压挤接头。如冷压焊、爆炸焊等。

③ 钎焊：采用比母材熔点低的金属材料，将焊件和钎料加热到高于钎料熔点，低于母材熔点的温度，利用液态钎料润湿母材，填充接头间隙并与母材相互扩散实现联接焊件的方法。如烙铁钎焊、火焰钎焊、感应钎焊等。

3）切割方法的分类

按照金属切割过程中加热方法的不同，切割方法分为火焰切割、电弧切割和冷切割三类。

① 火焰切割：按加热气源的不同，分为：

a. 气割（即氧—乙炔切割）；

b. 液化石油气切割；

c. 氢氧源切割；

d. 氧熔剂切割。

② 电弧切割：按生成电弧的不同，分为：

a. 等离子弧切割；

b. 碳弧气割。

③ 冷切割：按切割后工件相对变形小，分为：

a. 激光切割；

b. 水射流切割。

（2）焊接与切割的发展概况及应用

1）焊接发展简史

焊接是一种既古老又年轻的加工工艺。说它古老，是因为它有几千年的历史，而说它年轻，是现代焊接仅有一百多年的历史。

中国有辉煌的文明史，有重大科学技术的发展史，焊接技术的发源地在中国。我国早在几千年前就较好的使用了锻焊和钎焊技术来制造生活用品、工艺品和武器，但现代焊接技术起源于国外。

焊接技术是随着金属的应用而出现的，古代的焊接方法主要是铸焊、钎焊和锻焊。中国商朝制造的铁刃铜钺，就是铁与铜的铸焊件，其表面铜与铁的熔合线蜿蜒曲折，接合良好。春秋战国时期曾侯乙墓中的建鼓铜座上有许多盘龙，是分段钎焊连接而成的。经分析，所用的材料与现代软钎料成分相近。战国时期制造的刀剑，刀刃为钢，刀背为熟铁，一般是经过加热锻焊而成的。据明朝宋应星所著《天工开物》一书记载：中国古代将铜和铁一起入炉加热，经锻打制造刀、斧；用黄泥或筛细的陈久壁土撒在接口上，分段煅焊大型船锚。中世纪，在叙利亚大马士革也曾用锻焊制造兵器。古代焊接技术长期停留在铸焊、锻焊和钎焊的水平上，使用的热源都是炉火，温度低、能量不集中，无法用于大截面、长焊缝工件的焊接，只能用以制作装饰品、简单的工具和武器。

现代焊接技术起源于19世纪。19世纪50年代发明了电阻焊，80年代英国造出了第一台电阻焊接变压器。此后，又发明了点焊机、缝焊机、凸焊机以及闪光对焊机，后来点焊成为电阻焊最常用的方法，如今已广泛应用于汽车工业和对其他许多金属片的焊接上。

19世纪初，发现在电路的两极可产生一个稳定的电弧，这就是电弧焊的基础。在1881年的巴黎"首届世界电器展"上，俄罗斯人展示了一种电弧焊的方法。他在碳极和工件间打出一个弧。填充金属棒或填充金属丝可以送进这个电弧并熔化。到19世纪末和20世纪上半叶，碳弧焊越来越流行。

后来，工程师用金属棒代替碳棒作为电极，电极熔化，从而充当热源和填充金属。但是，焊缝不能隔绝空气，质量问题也接踵而来。瑞典人在使用该方法修理船上的蒸汽锅炉时注意到焊接金属上到处都是气孔和小缝，这样根本不可能让焊缝防水。为了改善这种方法，于 20 世纪初发明了涂层焊条。质量改善后，电焊技术得到突破，现在仍在普遍应用。此后，在 20 世纪 30 年代，又发明了不少新焊接法。直到那时，所有的金属电弧焊都是通过手工焊的方法完成的。人们不断尝试用连续丝让该工艺自动化。最成功的发明是埋弧焊，在这种焊接方法中，电弧埋在一层粒状熔剂里。

19 世纪 40 年代美国人发明了惰性气体保护电弧焊。通过使用钨电极，不用熔化电极也可以打出电弧。这样的话，不管有没有填充金属都可以进行焊接。这种方法现在称为 TIG 焊接也称为非熔化极惰性气体保护电弧焊。后来，用连续放入金属丝作为电极的 MIG 焊接工艺（熔化极惰性气体保护电弧焊）出现了。起初，保护气体为惰性气体氦或氩。

因为 CO_2 气体更容易找到，价格也更低。1953 年苏联人发明了活性气体保护电弧焊（MAG）。活性气体保护电弧焊的焊接质量好、效率高、成本低，是目前使用的最重要的焊接方法之一。

19 世纪末，一种氧乙炔火焰的气焊在法国出现了。大约在 1900 年造出了第一支焊炬。实验证明焊炬发出的火焰炙热，大约在 3000℃ 以上。后来焊炬（或割炬）成了焊接（或切割）钢时的重要工具。

随着科学技术的进步，又发明或改善了如下的焊接方法：

等离子弧焊接出现时，实验证明它是更集中、更炙热的能源，利用它可以提高焊接速度，减少线能量。20 世纪 60 年代出现的电子束和激光焊接也与之有相似的好处。质量提高，超过了以前可能达到的标准。对新材料和不同金属组合都能进行焊接。

从 1964 年起，机器人就已经用于电阻焊。大约 10 年后出现电弧焊机器人。电动机器人可以设计得非常精确，达到熔化极惰性气体保护电弧焊焊接的要求。最初，机器人内输入的焊接数据和手工焊使用的焊接数据是相同的。

人们进行了许多尝试来提高熔化极惰性气体保护电弧焊工艺的生产力。加拿大人使用了加快送丝速度和由 4 种成分组成的保护气体来做此尝试。工艺相似，仍然使用同样的焊接设备，但却有可能让焊接效率提高一倍。

在同一熔池内使用两根焊丝的焊接法——双丝焊，实验证明更富有成效。最新高效焊接法是混合焊——这种方法结合了两种不同的工艺。激光熔化极惰性气体保护电弧焊复合焊是最有发展前景的。这种焊接速度极快，且熔深大。

自动化焊接的焊接质量更加稳定，焊接效率更高。窄间隙焊既节省时间，又节省耗材，减少了热影响区焊接的变形。起初使用的是熔化极惰性气体保护电弧焊工艺，后来也使用埋弧焊和钨极惰性气体保护电弧焊。

1992 年，英国人发明了搅拌摩擦焊。这种焊接法对铝很适用。铝不用熔化就能接合并形成高质量接合点。该工艺不使用耗材，能源消耗少，它的另一个好处就是对环境影响小。此工艺非常简单有效，是 20 世纪最重要的焊接创新之一。

2）焊接安全发展简史

安全是一个更加古老的话题，人类的安全行为与人类同时出现。也就是说有了人类，人类要生存、要发展，就需要认识自然、改造自然，通过生产活动和科学研究，掌握自然变化规律。科学技术的不断进步，生产力的不断发展，使人类生活越来越丰富，但也产生了威胁人类安全与健康的安全问题。

人类"钻木取火"的目的是利用火，如果不对火进行管理，火就会给使用火的人们带来灾难。在公元前 27 世纪，古埃及第三王朝在建造金字塔时，组织 10 万人用 20 年的时间开凿地下甬道和墓穴及建造地面塔体。对于如此庞大的工程，生产过程中没有管理是不可想象的。在古罗马和古希腊时代，维护社会治安和救火的工作由禁卫军和值班团承担。到公元 12 世纪，英国颁布了《防火法令》，17 世纪颁布了《人身保护法》，安全管理有了自己的内容。

在我国，早在公元前 8 世纪，周朝人所著《周易》一书中就有"水火相忌"、"水在火上既济"的记载，说明了用水灭火的道理。自秦人开始兴修水利以来，其后几乎我国历朝历代都设有专门管理水利的机构。到北宋时代，消防组织已相当严密。据《东京梦华录》一书记载，当时的首都汴京消防组织十分严密，消防管理机构不仅有地方政府，还由军队担负值勤任务。

18 世纪中叶，蒸汽机的发明引起了工业革命，大规模的机器化生产开始出现，工人们在极其恶劣的作业环境中从事超过 10h 的劳动，工人的安全和健康时刻受到机器的威胁，伤亡事故和职业病不断出现。为了确保生产过程中工人的安全与健康，工人们采用了很多种手段改善作业环境，一些学者也开始研究劳动安全卫生问题。安全生产管理的内容和范围有了很大发展。

20 世纪初，现代工业兴起并快速发展，重大生产事故和环境污染相继发生，造成了大量的人员伤亡和巨大的财产损失，给社会带来了极大危害，使人们不得不在一些企业设置专职安全人员，对工人进行安全教育。到了 20 世纪 30 年代，很多国家设立了安全生产管理的政府机构，发布了劳动安全卫生的法律法规，逐步建立了较完善的安全教育、管理、技术体系，初具现代安全生产管理雏形。

进入 20 世纪 50 年代，经济的快速增长，使人们的生活水平迅速提高，创造就业机会、改进工作条件、公平分配国民生产总值等问题，引起了越来越多经济学家、管理学家、安全工程专家和政治家的注意。工人强烈要求不仅要有工作机会，还要有安全与健康的工作环境。一些工业化国家，进一步加强了安全生产法律法规体系建设，在安全生产方面投入大量的资金进行科学研究，产生了一些安全生产管理原理、事故致因理论和事故预防原理等风险管理理论，以系统安全理论为核心的现代安全管理方法、模式、思想、理论基本形成。

到 20 世纪末，随着现代制造业和航空航天技术的飞速发展，人们对职业安全卫生问题的认识也发生了很大变化，安全生产成本、环境成本等成为产品成本的重要组成部分，职业安全卫生问题成为非官方贸易壁垒的利器。在这种背景下，"持续改进"、"以人为本"的健康安全管理理念逐渐被企业管理者所接受，以职业健康安全管理体系为代表的企业安全生产风险管理思想开始形成，现代安全生产管理的内容更加丰富，现代安全生产管理理论、方法、模式以及相应的标准、规范更加成熟。

现代安全生产管理理论、方法、模式是 20 世纪 50 年代进入我国的。在 20 世纪六七十年代，我国开始吸收并研究事故致因理论、事故预防理论和现代安全生产管理思想。20 世纪八九十年代，开始研究企业安全生产风险评价、危险源辨识和监控，一些企业管理者开始尝试安全生产风险管理。在 20 世纪末，我国几乎与世界工业化国家同步研究并推行了职业健康安全管理体系。进入新世纪以来，我国有些学者提出了系统化企业安全生产风险管理的理论雏形，认为企业安全生产管理是风险管理，管理的内容包括危险源辨识、风险评价、危险预警与监测管理、事故预防与风险控制管理以及应急管理等。该理论将现代风险管理完全融入到了安全生产管理之中。

焊接安全管理与焊接同时产生，人们发明了焊接技术，就要保证这项技术和操作者的安全。焊接要用电，就要防止触电。焊接产生高温，就要防止烫伤。焊接产生强光，就要防止被强光辐射。焊接产生烟尘，就要防止烟尘进入人们的呼吸道。但是焊接安全作为一门学科，一项管理工作，只有几十年的时间。我国系统的焊接安全管理，从焊接安全理论、焊接安全法规、焊接安全培训、焊接安全管理仅有 20 多年时间。

焊接安全有两重意义，一是焊接产品的安全，二是焊接生产过程的安全。随着焊接应用领域的不断扩展，焊接方法的不断增多，焊接产品的高温高压及大型化，焊接产品的安全也越来越重要，越来越复杂。随着焊接技术的不断发展，焊接方法不断增加，焊接设备的品种也越来越多，越来越复杂。对焊接作业过程的安全也提出了更高的要求。

3）焊接与切割的应用

① 焊接制造的战略地位

焊接是一种将材料永久连接，并成为具有给定功能结构的制造技术。几乎所有的产品，从几十万吨巨轮到不足 1 克的微电子元件，从高端科技到人们的日常生活，都不同程度地依赖焊接技术。焊接已经渗透到制造业的各个领域，直接影响到产品的质量、可靠性和寿命以及生产的成本、效率和市场反应速度。我国2008 年的钢产量超过 5 亿吨，是世界最大的钢材生产国和消费国。目前，钢材是我国最主要的结构材料，在今后一段较长的时间钢材仍将占有重要的地位。然而，钢材必须经过加工才能成为有给定功能的产品。由于焊接结构具有重量轻、成本低、质量稳定、生产周期短、效率高、市场反应速度快等优点，焊接结构的应用日益增多。与世界发达工业国家一样，我国焊接加工的钢材总量比其他加工方法多。因此，发展我国制造业，尤其是装备制造业，必须高度重视焊接技术的同步提高。

② 我国焊接制造的主要成就

我国改革开放以来，经济有了巨大的发展。钢的产量从1979 年的 3178 万吨提高到 2008 年的 5 亿多吨。这为大量采用钢结构提供了物质基础。近几年来，我国在大型焊接钢结构的开发与应用方面创造了建国以来的最高水平，有的已成为世界第一。例如世界关注的已建设完成的长江三峡水利工程，其水电站的水轮机转轮直径 10.7m，高 5.4m，重达 440 吨，为世界最大、最重的不锈钢焊接转轮。转轮分别由上冠、下环和 13 个或 15 个叶片焊接而成，每个转轮需要消耗 12 吨焊丝。同样，三峡水电站的电机定子座和蜗壳的结构也是巨大的，其中电机定子座直径22m，高 6m，重 832 吨，是在我国焊接的最大钢结构机座；蜗壳进水口直径 12.4m，总重量 750 吨，为世界最大、最重的焊接蜗壳。

我国铺设从新疆维吾尔自治区塔里木盆地的轮南到上海的输送天然气的管线（称为西气东输一线管道工程），全长约

4000km。管线采用 X70 钢，φ1016mm 的焊接螺旋管和焊接直缝管。这是我国铺设的第一条高强度钢的长距离管线，并且在铺设中采用了自动化焊接技术和其他新型焊接材料和工艺。本管道工程已于 2004 年 10 月投产。

另一条重大的管道工程是西气东输二线管道工程，它是连接中亚进口气源和国内塔里木气田、准噶尔气田、吐哈气田、长庆气田，与沿线中西部地区、华东、华南、长江三角洲、珠江三角洲等用气市场的重要战略通道。西气东输二线工程西起新疆的霍尔果斯，东达上海，南抵广州、香港，跨 14 个省区市及特别行政区，包括 1 条干线和 8 条支干线，总投资约 1500 亿元。干线全长 4918km，采用 X80 钢，管径 1219mm，年输气量 300 亿立方米。全线总里程达 8600km，累计焊缝总长度超过 10000km。本管道工程西段已于 2009 年投产，计划 2011 年全线贯通。

在桥梁和高层建筑方面，焊接结构的应用也取得了很大的进展。例如跨越长江的芜湖长江大桥，是一座公路/铁路两用桥，采用矮塔斜拉结构，全长 10km，主跨 312m，采用 50mm 厚的 14MnNbq 钢整体焊接箱型主桁。被称为"世界第一拱桥"——上海卢浦大桥，全长 3900m，跨度 550m，为世界跨度最大的全焊钢结构拱桥，用 3.4 万吨厚度为 30～100mm 的细晶粒钢焊接而成。上海的金茂大厦，采用焊接钢结构框架，共有 88 层，高 420m。北京国家大剧院，其椭球形穹顶长轴 212.2m，短轴 143.64m，高 46.28m，焊接钢结构的总重量达 6475 吨，将成为世界最大的穹顶。

我国的造船业有了很大的发展，造船的总吨位从 1985 年的每年 50 万吨，提高到 2010 年的约 5000 万吨，成为世界的第一造船大国。这是在造船行业中大力推广先进、高效焊接技术的成就。同时我国也制造了一些过去未曾建造过的大型的具有特殊功能的舰船。我国建造的最大载重量之一的 30 万吨超大型原油船，长 333m，宽 58m。国产最大的半冷半压液化气船，总长 154.98米，型宽 23.10 米，载重量 17900 吨，其中 3 个液态货罐采用了厚度为 30～35mm 的 13MnNi6-3 低温钢焊接而成，工作温度为 －48℃，总容积 16500m^3。

在压力容器的焊接制造方面我国也取得了很大的进步。例如焊接制造了总重量达千吨级、壁厚 280mm 的大型热壁加氢反应器；焊接制造了 600MW 热电站锅炉，其汽包长 30m，壁厚 203mm，重 250 吨。随着我国航天事业的发展，近年建成了国内最大的空间环境模拟装置，它是一个大型不锈钢整体焊接结构，主舱是一个直径 18m，高 22m 的真空容器，辅舱直径 12m。我国发射的"神舟"号载人飞船都曾在这个模拟舱中进行过试验。在铝合金、钛合金焊接方面的成就集中体现在航空、航天工业产品的发展。在国产 J-11 飞机上的全焊钛合金重要承力结构件的总重量达到飞机机体重量的 15％。"神舟"号载人飞船和长征系列运载火箭的燃料箱，都是全焊接的铝合金结构。

上述的一些大型结构例子都是我国近年来焊接的最大、最重、最长、最高、最厚、最新的具有代表性的重要产品。它们的成功制造表明我国焊接技术水平有了明显的提高，焊接在国民经济建设和社会发展中发挥着无可替代的重要作用。

为了完成诸多重要产品的焊接任务，我国也先后自行研制、开发和引进了一些先进的焊接设备、技术和材料。目前国际上在生产中已经采用的成熟焊接方法与装备，在我国也都有所应用，只是应用的规模和广度有所不同而已。我国的制造企业已经在采用诸如电子束焊接、激光焊接、激光钎焊和激光切割、激光与电弧复合热源焊接、水射流切割、单丝或双丝窄间隙埋弧焊、4 丝高速埋弧焊、双丝脉冲气体保护焊、等离子焊接、精细等离子切割、数控切割系统、机器人焊接系统、焊接柔性生产线，STT 焊接电源，变极性焊接电源和全数字化焊接电源等。甚至目前在国际上比较热门的搅拌摩擦焊技术，也准备应用到生产上，并已有所创新。我国的焊接工作者一直在积极努力追赶国际先进水平，但是我们也应认识到要赶上世界先进水平还有一段很长的路要走。

（3）学习焊接切割安全技术的必要性

焊接过程，实质上是能量转换的过程。如气焊、气割是利用易燃易爆物质与助燃物质燃烧的化学能转变为热能；而各种电焊则是将电能转变为热能或机械能。这种能量转换过程，也具有破坏性和危险性，在焊割过程中一旦对它们失去控制，便会酿成事故和灾害。

我们把焊接生产中可能存在的危险和有害的因素统称为危害因素；焊接生产中可能存在的危害因素包括两个方面：一是影响生产安全的危险因素，如高空作业场所存在易燃、易爆、有毒物品和带电、带压运行的设备等；二是影响人体健康的有害因素，如有害烟尘和气体、弧光辐射和热辐射、防射线、噪声及高频电磁场等。由于这些因素的存在，使得焊接作业过程中有可能发生爆炸、火灾、触电、中毒、灼烫和高空坠落等事故，以及产生尘肺、慢性中毒、电光性眼炎和皮炎、听力及神经系统损伤等职业危害。这些危害一旦发生，不仅会严重损害劳动者的身体健康，而且还会使人民的生命和财产遭受巨大损失。因此，在焊接生产过程中，必须增强安全卫生防护意识，强化安全卫生防护管理，建立健全安全卫生防护制度，认真落实安全卫生防护技术措施，遵守国家的安全卫生防护法规和标准，确保安全生产和劳动者的身体健康。

2. 安全用电与防火防爆基础知识

在焊接与热切割作业过程中发生的触电、火灾、爆炸等事故，不仅直接危害着操作者及其他有关生产人员的安全和健康，还会使国家和企业财产遭受严重损失，从而造成极大的经济损失，影响生产的顺利进行。因此，作为焊接与热切割作业人员掌握安全用电和防火防爆的基础知识是十分重要的。

（1）安全用电基础知识

在整个焊接操作过程中，焊工需要经常接触电气装置，如在更换焊条时，焊工的手会直接触及焊条，同时大量的时间会站在焊件上进行操作，而电焊机的空载电压一般都超过了安全电压，故触电的概率也就增多。更危险的是，焊接电源与 380/220V 的电网连接，一旦设备发生故障，或高压部分的绝缘破坏，网络中的高压电就会直接输入到焊钳、焊件及焊机外壳上，造成焊工的触电伤害事故。所以，触电事故是焊接操作的最主要的危险事故。特别是在容器、管道、船舱、锅炉内和钢结构架上的操作，周围都是金属，触电危险更大。

1）电流对人体的伤害形式

在焊接操作中，电流对人体的伤害主要有电击、电伤和电磁场生理伤害等三种形式。

① 电击

电击是指电流通过人体内部，破坏心脏、肺部及神经系统的正常功能所造成的伤害。电流引起人的心室颤动是电击致死的主要原因。通常所说的触电事故，基本上是指电击，因为绝大部分触电伤亡事故是由电击造成的。

② 电伤

电伤是指电流的热效应、化学效应或机械效应对人体的伤害，主要是指直接或间接的电弧烧伤或熔化金属溅出烫伤等。

③ 电磁场生理伤害

电磁场生理伤害是指在高频电磁场的作用下，使人呈现出头晕、乏力、记忆力减退、失眠、多梦等神经系统的症状，如钨极氩弧焊的高频振荡器产生高频电磁辐射的伤害。

2）影响电流对人体伤害程度的因素

电流通过人体造成的伤害程度与下列五种因素有关：

① 流经人体的电流强度

流经人体的电流强度越大，对人体的伤害越严重。这是因为电流越大，人的感觉（如疼痛、麻木等）越强烈，生理反应（如痉挛、昏迷、窒息等）越明显，引起心室颤动所需的时间越短，致命的危险越大。

② 电流通过人体的持续时间

电流通过人体的持续时间越长，则对心脏、肺部及神经系统的伤害程度越严重。因此，在发生触电时，应迅速及时使触电者脱离带电体。

③ 电流通过人体的途径

从手到脚的电流途径最为危险，因为沿这条途径电流会通过心脏、肺部和脊髓等重要器官；其次是从一只手到另一只手的电流途径；第三是从一只脚到另一只脚的电流途径。后者还容易因剧烈痉挛而摔倒，导致电流通过全身或摔伤、坠落等严重的二次事故。

④ 电流的频率

通常采用的工频（50Hz）交流电，应用于电气设备比较合适，但从安全角度看，它对于人体来说是最危险的频率。25～300Hz的交流电对心脏的影响最大，2000Hz以上的交流电对心脏的影响较小。高频电电击的伤害程度比工频电轻得多，但高压高频电也有电击致命的危险。

⑤ 人体的健康状况

人的身体健康状况不同，对电流的敏感程度以及通过同样的电流时的危险程度不完全相同。患有心脏病、神经系统疾病和结核病的人，受电击伤害的程度比较重。

3）人体触电方式

按照人体触及带电体的方式和电流通过人体的途径，触电可以分为以下四种情况。

① 低压单相触电

即人体在地面或其他接地导体上，人体的其他某一部位触及一相带电体的触电事故。焊接的大部分触电事故是单相触电事故。

② 低压两相触电

即人体两处同时触及两相带电体的触电事故。这时由于人体受到的电压可高达220V或380V，所以危险性很大。

③ 跨步电压触电

当带电体接地，有电流流入地下时，电流在接地点周围土壤中产生电压降，人在接地点周围，两脚之间出现的电压称为跨步电压。由此引起的触电事故称为跨步电压触电。高压故障接地处或有大电流流过的接地装置附近，都可能出现较高的跨步电压。

④ 高压触电

对于1000V以上的高压电器设备，当人体过分接近它时，高压电能将空气击穿，使电流通过人体，此时还伴有高温电弧，能把人烧伤。登高焊割作业发生此类事故的危险性较大。

4）作业环境按触电危险性分类

① 普通环境。

这类环境触电危险性较小，一般应具备下列条件：干燥（相对湿度不超过75%）；无导电粉尘；有木料、沥青、瓷砖等非导电材料铺设的地面；金属占有系数，即金属物品所占面积与建筑物面积之比小于20%。

② 危险环境。

凡具有下列条件之一的均属危险环境：潮湿（相对湿度超过75%）；有导电粉尘；由泥、砖、湿木板、钢筋混凝土、金属或其他导电材料制成的地面；金属占有系数大于20%；炎热、高温（平均温度经常超过30℃）；人体能够同时在一方面接触接地导体和在另一方面接触电气设备的金属外壳。

③ 特别危险环境。

凡具有下列条件之一的均属特别危险环境：作业环境特别潮湿（相对湿度接近100%）；有腐蚀性气体、蒸汽、煤气或游离物；同时具有上述危险环境的两个以上条件。

锅炉房、化工厂的大多数车间，机械厂的铸造、电镀车间和酸洗车间等，以及在容器、管道、地沟内和金属构架上的焊接操作环境，均属于特别危险环境。

5）安全电压

电击对人体的危害程度，主要取决于通过人体电流的大小和通电时间长短。电流强度越大，致命危险越大；持续时间越长，死亡的可能性越大。能引起人感觉到的最小电流值称为感知电流，交流为1mA，直流为5mA；人触电后能自己摆脱的最大电流称为摆脱电流，交流为10mA，直流为50mA；在较短的时间内危及生命的电流称为致命电流，如100mA的电流通过人体1s，可足以使人致命，因此致命电流为50mA。再有防止触电保护装置的情况下，人体允许通过的电流一般可按30mA考虑。

根据欧姆定律（$I=U/R$）可以得知流经人体电流的大小与外加电压和人体电阻有关。人体电阻除人的自身电阻外，还应附上人体以外的衣服、鞋、裤等电阻。而影响人体电阻大小的因素很多，如皮肤潮湿出汗、带有导电性粉尘、加大与带电体的接触面积和压力以及衣服、鞋、袜的潮湿油污等情况，均能使人体电阻降低，所以通常流经人体电流的大小是无法事先计算出来的。因此，为确定安全条件，往往不采用安全电流，而是采用安全电压来进行估算：一般情况下，也就是干燥但触电危险性较大的环境下，安全电压规定为36V；对于潮湿且触电危险性较大的环境（如金属容器、管道内施焊检修），安全电压规定为12V。这样，触电时，通过人体的电流可被限制在较小范围内，可在一定程度上保障人身安全。

安全电压是相对的，不是绝对的。即使是安全电压，在特定条件下也有发生事故的可能。1980年5月16日，浙江绍兴漓渚铁矿就发生了一起36V电压触电死人的事故。当时有一位采矿工在井下作业，左手拉着36V装有电灯的照明线去照明。照明的零线和火线拧在一起，且多处破损，当其右手去抓导线时，触及一根线的裸露处，此时其的左手也恰巧捏着另一根线的裸露处，从而使电流在其身上形成回路，导致触电死亡。

在一般情况下，36V电压是安全的，而在恶劣的工作环境下，如金属容器内或潮湿地区等，安全电压应为12V。正常的人体电阻在工作环境潮湿、皮肤出汗时，会降低到500～1000Ω，这时接触36V电压，触电者的身体可能有36mA以上的电流通过，时间长了会有生命危险。本起事故案例反映事故现场条件差，矿工操作也很不安全，此时 36V 电压就不安全了。

6）焊接发生触电的原因

焊接的触电事故大致可分为以下两类：一类是直接触及电焊设备正常运行时的带电体或靠近高压电网和电气设备所发生的电击，即所谓的直接电击；另一类是触及意外带电体所发生的电击，即所谓的间接电击。意外带电体是指正常时不带电，由于绝缘损坏或电气设备发生故障而带电的导体，如焊机外壳漏电、电缆绝缘外皮破损等。直接电击称为正常情况下的电击；间接电击称为故障情况下的电击。

① 焊接发生直接电击事故的主要原因

a. 在更换焊条、电极和焊接操作中，手或身体的某部位接触到焊条、电极、焊枪或焊钳的带电部分，而脚或身体的其他部位对地和金属结构之间无绝缘防护。在金属容器、管道、锅炉里、船舱及金属结构上的焊接，或当身体大量出汗时、在阴雨天、潮湿地点的焊接，容易发生这类触电事故。

b. 在接线、调节焊接电流和移动焊接设备时，手或身体某部位碰触到接线柱、极板等带电体而触电。

c. 在登高焊接作业时，触及或靠近高压电线引起的触电事故等。

② 焊接发生间接电击事故的主要原因

a. 人体接触漏电的焊机外壳或绝缘破损的电缆。

b. 初级绕组与次级绕组之间的绝缘损坏，使次级绕组带有初级电压，手或身体的某部位触及二次回路的裸导体。

c. 利用厂房的金属结构、轨道、管道、天车吊钩或其他金属物件搭接作为焊接回路线而发生的触电事故。

7）预防焊接触电事故的一般措施

① 为了防止在焊接操作中，人体触及带电体的触电事故，可采取绝缘、屏护、间隔、自动断电和个人防护等安全措施。

a. 绝缘

绝缘不仅是保证电焊设备和线路正常工作的必要条件，也是防止触电事故的重要措施。橡胶、胶木、瓷、塑料、布等都是电焊设备和工具常用的绝缘材料。

b. 屏护

屏护是采用遮拦、栅栏、护罩、护盖、箱匣等安全防护措施把带电体同外界隔绝开来。屏护装置不直接与带电体接触，对所用材料的电性能没有严格要求，但应当有足够的机械强度和良好的耐火性能。焊机的有些屏护装置是用金属材料制成，为防止意外带电造成触电事故，金属的屏护装置应接地或接零。

c. 间隔

间隔是带电体与地面之间、设备与设备之间及带电体相互之间保持一定的安全距离。在电焊设备和焊接电缆布设等方面都有具体规定。

d. 电焊机应安装空载自动断电保护装置。

e. 加强个人防护，应穿戴好防护用品，如焊工手套、鞋等。

② 为了防止在焊接操作中，人体接触意外带电体而发生事故，一般可以采取保护接地或保护接零等安全措施。

a. 保护接地

当电源为三相三线制或单相制系统时，应安设保护接地线。保护接地的方法是用导线将焊机外壳与大地连接起来。其作用是当外壳漏电时，外壳对地形成一个良好的电流通路使电压降至安全电压以下或线路保护装置动作，切断电源，从而有效地防止因人体触及外壳而发生触电。

对保护接地的要求为：接地导线的电阻值不得超过 4Ω，自然接地极的电阻值超过 4Ω 时，应采用人工接地。接地线应采用导电性良好的整根导线，其中间不得有接头，更不允许设置熔断器或开关。导线的截面积不得小于 $12mm^2$。

b. 保护接零

当电源为三相四线制系统时，应安设保护接零线。保护接零线的方法是用导线将电焊机外壳与零线相接，其作用是一旦焊机因绝缘损坏而外壳带电时，绝缘破损的这一相电源与零线短路，产生强大的电流而使该相熔断器熔断，切断电源使外壳带电的现象立即终止，从而保证人身安全。

对保护接零线的要求为：接零导线要有足够的截面积，在接零导线中不准设置熔断器或开关，也不得有接头，以确保零线回路不中断。

8）焊接发生电伤事故的原因及预防措施

① 焊接发生电伤事故的原因

a. 当焊接回路闭合（即焊钳与地线相接）时，闭合电源开关；

b. 正在进行焊接操作（电弧正在燃烧）时，切断电源开关。

以上两种情况都会在开关的接触点处产生电弧而引起电伤事故。

② 电伤事故的预防措施

a. 禁止在闭合回路时闭合电源，禁止在有负荷时切断电源，以免被电弧或炽热的熔化金属灼伤。

b. 闭合或切断电源时，操作要准确，动作要迅速，并要求在电源开关的侧面进行操作。

c. 选用带有灭弧装置的电源开关。

d. 按规定穿戴个人防护用品。

9）焊接作业防触电安全操作

① 焊接前，焊工应先检查焊接设备和工具是否齐全、完好、干燥，焊接接地及各接线点接触是否良好，焊接电缆绝缘有无破损等。

② 改变焊机接头、更换焊件需要改接二次回线、转移工作地点、更换保险丝及焊机发生故障需检修等，必须切断电源后方可进行。

③ 更换电焊条时，应戴绝缘手套。

④ 在金属容器内（如容器、锅炉、管道、舱室）等狭小的空间及金属构件上焊接时，必须采取专门的防护措施，如采用橡皮垫、戴焊工手套、穿绝缘鞋等，以保障焊工身体与焊件间绝

缘，并有专人监护。

⑤ 禁止使用简易、破损、无绝缘外壳的电焊钳。

⑥ 不得将机器设备的转动部分作为焊接回路的一部分。

⑦ 电焊机、焊钳和接线应采用良好的绝缘材料。

⑧ 对电焊设备、工具和配电盘的带电部分，需采用遮拦、护罩、护栏、箱匣等与外界隔开。

⑨ 在带电体与地面之间、带电体与其他设施、设备间，要保持一定的安全距离。要避免车辆或其他物体碰撞带电体。

⑩ 加强个人防护，穿戴符合安全要求的工作服、绝缘手套及绝缘鞋等，焊工穿戴的工作服、手套、鞋等不应潮湿。

⑪ 电焊设备的安装、修理和检查，必须由电工进行，焊工不得擅自拆修和更换保险丝等。

⑫ 安装空载自动断电装置。

⑬ 焊工应学会触电事故的现场急救。

⑭ 夏季焊接时要注意人体出汗、衣服潮湿，人体电阻大大降低容易发生触电事故，要保持防护服、鞋、手套干燥、完好，加强监护。

⑮ 遵守劳动纪律、安全操作规程和"十不焊割"要求。

（2）防火防爆基础知识

企业防火防爆是一项十分重要的安全工作。因为一旦发生火灾、爆炸事故，将会给企业带来一定的破坏，甚至造成人身伤亡、设备损坏、建筑物被破坏；严重时还可能造成停产，而且需要较长时间才能恢复。因此，防火防爆工作是人人有关，而且人人有责的一项工作。每个职工都必须掌握防火防爆的安全基础知识，必须贯彻执行"预防为主，防消结合"的消防工作方针，严格控制和管理各种危险物及发火源，消除危险因素，将火灾和爆炸危险控制在最小范围内。

1）火灾与防火基本知识

① 燃烧与火灾

燃烧是可燃物质（气体、液体、固体）与氧或氧化剂发生伴有放热和发光的一种激烈的化学反应。在生产和生活中，凡是产生超出有效范围的违背人们意志的燃烧，即为火灾。

根据国家标准《火灾分类》，按照物质燃烧的特征，可把火灾分为四类：

A类火灾：指固体物质火灾。这种物质往往具有有机物性质，一般在燃烧时能产生灼热的余烬，例如棉、毛、麻、纸张、木材火灾等。灭火时可使用水、泡沫、磷酸铵盐干粉、卤代烷、二氧化碳等灭火剂。

B类火灾：指液体火灾和可熔化的固体物质火灾，例如汽油、柴油、原油、甲醇、乙醇、沥青、石蜡等火灾。这类火灾易随燃烧液体流动，燃烧猛烈，易发生爆燃、喷溅，不易扑救。灭火时可使用喷雾水、泡沫、干粉等灭火剂。

C类火灾：指气体火灾，例如煤气、天然气、甲烷、乙炔、氢气火灾等。这类火灾常引起爆炸，破坏性很大，且难以扑救。灭火时应先将气体输送阀门和管道关死，截断气源，再冷却灭火。

D类火灾：指金属火灾，例如钾、钠、镁、钛、锆、锂、铝镁合金等火灾。这类火灾多因遇湿、遇高温自燃引起，灭火时忌用水、泡沫及含水性物质，也不能用卤代烷、二氧化碳及常用的干粉灭火剂，一般用干沙掩埋的方式灭火。

② 燃烧的类型

a. 自燃

可燃物质受热升温而不需明火就能自行燃烧的现象称为自然。引起自燃的最低温度称为自燃点。物质的自燃点越低，引起火灾危险性越大。

根据促使可燃物质升温的热量来源不同，自燃可分为受热自燃和自热自燃两种。受热自燃是指可燃物质由于外界加热，温度升高至自燃点而发生自行燃烧的现象。例如焊补管道时，由于热传导引起管道保温材料的受热自燃；而可燃物质由于本身的化学反应、物理或生物作用等所产生的热量，使温度升高至自燃点而发生自行燃烧的现象，则称为自热自燃。例如粘有油脂的扳手与氧气瓶阀接触，由于油脂的剧烈氧化反应，发生油脂的自燃，并可进而引起氧气减压器的着火，甚至能造成氧气瓶的着火爆炸。所以安全规程规定，严禁油脂与纯氧接触。

b. 闪燃

可燃液体的表面都会有一定的蒸汽存在；可燃液体的温度越高，蒸发出的蒸汽就越多。当温度不高时，液面上少量的可燃蒸汽与空气混合后，遇到火源而发生一闪即灭（延续时间少于5秒）的燃烧现象，称为闪燃。除了可燃液体以外，某些能蒸发出蒸汽的固体，如石蜡、樟脑、萘等，其表面上所产生的蒸汽可以达到一定的浓度，与空气混合而成为可燃的气体混合物，若与明火接触，也能出现闪燃现象。

可燃液体蒸发出的可燃蒸汽与空气形成的混合物与火源接触时发生闪燃的最低温度，称为该液体的闪点。不同的可燃液体有不同的闪点；闪点越低，则火灾危险性越大。

c. 着火

着火就是可燃物质与火源接触而燃烧，并且在火源移去后仍能保持继续燃烧的现象。可燃物质着火的最低温度称为着火点或燃点。

控制可燃物质的温度在燃点以下是预防火灾发生的有效措施之一。

③ 燃烧的条件及防火技术基本理论

燃烧是有条件的，它必须具备三个基本条件：

a. 可燃物质

凡是与氧或其他氧化剂发生剧烈反应的物质，都称为可燃物。它的种类繁多，按其状态不同可分为气态、液态和固态三种。按其组成不同，可分为无机可燃物质（如氢气、一氧化碳等）和有机可燃物质（如甲烷、乙炔、丙酮等）两类。

b. 助燃物质

凡是能帮助和支持燃烧的物质，都称为助燃物。如空气、氧气等。

c. 着火源

凡能引起可燃物质燃烧的能源，都称为着火源。常见的着火源如焊接过程中熔渣、铁水和火花飞溅、火焰、电火花、电弧和炽热的焊件等。

只有上述三个基本条件同时存在并且相互作用才能发生燃烧，所以，采取措施，防止燃烧的三个基本条件同时存在或者避免它们的相互作用，则是防火技术的基本要求。所有防火的技术措施都是在这个基本理论指导下采取的。

④ 防火基本原则

a. 限制可燃物的数量及其周围或表面温度。

b. 严格控制火源。

c. 监视酝酿期特征，阻止其发展。

d. 切断传播途径，阻止火势扩大。

e. 尽可能采用耐火材料。

f. 消防设施齐全，消防组织健全。

⑤ 灭火基本措施

一旦发生火灾，只要消除燃烧条件中的任何一条，火就会熄灭。灭火的基本方法有四种：即减少空气中的含氧量——窒息灭火法；降低燃烧物的温度——冷却灭火法；隔离与火源相近的可燃物——隔离灭火法；消除燃烧中的游离基——抑制灭火法。

a. 冷却灭火法

冷却灭火法就是将灭火剂直接喷洒在燃烧着的物体上，将可燃物的温度降低到燃点以下，从而使燃烧终止。这是扑救火灾最常用的方法。冷却的方法主要是采取喷水或喷射二氧化碳等其他灭火剂，将燃烧物的温度降到燃点以下。灭火剂在灭火过程中不参与燃烧过程中的化学反应，属于物理灭火法。

在火场上，除用冷却法直接扑灭火灾外，在必要的情况下，可用水冷却尚未燃烧的物质，防止达到燃点而起火。还可用水冷却建筑构件、生产装置或容器设备等，以防止它们受热结构变形，扩大灾害损失。

b. 隔离灭火法

隔离灭火法就是将燃烧物体与附近的可燃物质隔离或疏散开，使燃烧停止。这种方法适用扑救各种固体、液体和气体火灾。

采取隔离灭火法的具体措施有：将火源附近的可燃、易燃、易爆和助燃物质，从燃烧区内转移到安全地点；关闭阀门，阻止气体、液体流入燃烧区；排除生产装置、设备容器内的可燃气体或液体；设法阻拦流散的易燃、可燃液体或扩散的可燃气体；拆除与火源相毗邻的易燃建筑结构，造成防止火势蔓延的空间地带；以及用水流封闭或用爆炸等等方法扑救油气井喷火灾；采用泥土、黄沙筑堤等方法，阻止流淌的可燃液体流向燃烧点。

c. 窒息灭火法

窒息灭火法就是阻止空气流入燃烧区，或用不燃物质冲淡空气，使燃烧物质断绝氧气而熄灭。这种灭火方法适用扑救一些封闭式的空间和生产设备装置的火灾。

在火场上运用窒息的方法扑灭火灾时，可采用石棉布、浸湿的棉被、湿帆布等不燃或难燃材料，覆盖燃烧物或封闭孔洞；用水蒸气、惰性气体（如二氧化碳、氮气等）充入燃烧区域内；利用建筑物上原有的门、窗以及生产设备上的部件，封闭燃烧区，阻止新鲜空气进入。此外在无法采取其他扑救方法而条件又允许的情况下，可采用水或泡沫淹没（灌注）的方法进行扑救。

d. 抑制灭火法

抑制灭火法是将化学灭火剂喷入燃烧区使之参与燃烧的化学反应，从而使燃烧反应停止。采用这种方法可使用的灭火剂有干粉和卤代烷灭火剂及替代产品。灭火时，一定要将足够数量的灭火剂准确地喷在燃烧区内，使灭火剂参与和阻断燃烧反应。否则将起不到抑制燃烧反应的作用，达不到灭火的目的。同时还要采取必要的冷却降温措施，以防止复燃。

采用哪种灭火方法实施灭火，应根据燃烧物质的性质、燃烧特点和火场的具体情况，以及消防技术装备的性能进行选择。有些火灾，往往需要同时使用几种灭火方法。这就要注意掌握灭火时机，搞好协同配合，充分发挥各种灭火剂的效能，迅速有效地扑灭火灾。

2）爆炸与防爆基本知识

爆炸是物质发生一种急剧的物理或化学变化，能在瞬间内释放大量能量的现象。爆炸发生时会产生强大的冲击波和巨大的声响，这种冲击波不仅能摧毁建筑物，而且会造成严重的人员伤亡，还会引发火灾等二次事故。

① 爆炸的分类

按照爆炸能量的来源不同，爆炸可分为物理性爆炸和化学性爆炸；按照爆炸反应相的不同，爆炸又可分为气相、液相和固相爆炸等。这里主要介绍前两类爆炸。

a. 物理性爆炸

这是由物理变化（温度、体积和压力等因素）引起的。在物理性爆炸的前后，爆炸物质的性质及化学成分均不改变。如锅炉、压力容器或气瓶内的物质由于受热、碰撞等因素，使气体膨胀，压力急剧升高，超过了设备所能承受的机械强度而发生的爆炸都属于这类爆炸。

b. 化学性爆炸

这是物质在极短的时间内完成化学变化，生成新的物质并产生大量气体和能量的现象。如汽油蒸气、氢气、乙炔等可燃性气体和适量的空气混合后遇明火所发生的爆炸，就是因为这些可燃性气体与空气中氧气的接触面积很大，点火时氧化反应进行极快，放出大量的热，气体的体积因受热而急剧膨胀，从而引起爆炸。化学反应的高速度，同时产生大量气体和大量热量，这是化学性爆炸的三个基本要素。

② 爆炸极限

爆炸和燃烧一样，要发生也是要有条件的。并不是可燃气体、可燃蒸汽或可燃粉尘一旦与空气形成混合物，遇到火源就爆炸，这些可燃物质在混合物中的浓度必须在一定的范围内，接触火源或激发能量才会发生爆炸。可燃物质在混合物中能够发生爆炸的最低浓度称为爆炸下限，其最高浓度称为爆炸上限，而上限与下限之间的范围则称之为爆炸极限（或爆炸范围）。可燃物质在混合物中的浓度低于下限或高于上限时，既不爆炸，也不着火。因此，有时也将爆炸上、下限称为着火上、下限。

爆炸极限，通常用可燃物质在混合物中所占体积的百分数来表示。可燃物质的爆炸极限受诸多因素的影响，主要影响是温度、压力、氧含量、着火源的能量等因素；可燃性混合物的温度越高、压力越大、氧含量越高、着火源的能量越强，爆炸极限范围越宽。可燃性混合物的爆炸极限范围越宽、爆炸下限越低、爆炸上限越高，其发生爆炸的危险性就越大。应当指出，可燃性混合物的浓度高于爆炸上限时，虽然不会着火和爆炸，但当它从容器或管道里逸出，重新接触空气时却能燃烧，因此仍有发生着火的危险。

③ 爆炸的条件及防爆技术基本理论

发生化学性爆炸必须同时具备以下三个条件：

a. 有足够的易燃易爆物质；

b. 易燃易爆物质与空气等氧化剂混合后的浓度在爆炸极限内；

c. 有能量充足的火源或激发能量。

防止产生化学性爆炸的三个基本条件的同时存在，是预防可燃物质化学性爆炸的基本理论。也可以说，焊接过程中采取的防止可燃物质化学性爆炸全部技术措施的实质，就是制止化学性爆炸的三个基本条件的同时存在。

④ 防爆基本原则

a. 加强管理，严格操作，防止易爆物泄漏。

b. 防止爆炸性混合物的形成。

c. 改进工艺，加强监测报警。

d. 严格控制火源或激发能量。

e. 阻止连锁反应的出现。

f. 切断燃爆传播途径，防止势态扩大。

3）焊接与热切割作业防火防爆对策措施

① 制定并严格执行用火管理制度。

② 在企业规定的禁火区内不准焊接与热切割；需要焊接余热切割时，必须把工件移到指定的用火区内或采取其他安全措施。

③ 生产、贮存、运输、使用易燃易爆物品的厂房、设备、电器等必须符合防火、防爆要求，并严禁烟火；性能相抵触的物品要分开储运。

④ 进行焊接与热切割等明火作业时，应清除附近的可燃性物品。

⑤ 焊接与热切割作业的可燃、易燃物料离火源距离不应小于 10 米。

⑥ 焊接与热切割作业时，如附近墙体和地面上留有孔、洞、缝隙以及运输皮带连通口部位有孔洞等，都应采取封闭或屏蔽措施。

⑦ 焊接与热切割工作地点有以下情况时，禁止焊接与热切割作业：

a. 堆存如漆料、棉花、硫酸、干草等大量易燃物品；

b. 可能形成易燃易爆蒸气或积聚爆炸性粉尘时。

⑧ 在油漆室、喷漆室、油库、乙炔站、氧气站等场所内严禁焊接与热切割作业。

⑨ 不得在贮存汽油、煤油、挥发性油脂等容器上或生产、加工、贮存易燃易爆物品的设备或房间内进行焊接与热切割作业。

⑩ 不准直接在木板上进行焊接与热切割作业。

⑪ 电焊结束后焊工立即拉闸断电，并认真检查。特别是对有易燃易爆物或填有可燃物隔离层的场所，一定要彻底检查，并清除火种，排除隐患。

⑫ 在隧道、沉井、坑道、井下、地坑及其他狭窄地点进行焊接与热切割时，必须事先检查其内部是否有可燃气体及其他易燃易爆物质或有毒有害物质，并采取有效措施后方可作业。

⑬ 各种容器与管道在生产过程中的抢修和检修时，必须实施安全用火。

⑭ 电焊回路地线不可乱接乱搭，以防接触不良。

⑮ 焊接中如发现有漏电、皮管漏气或闻到焦糊味等异常情况时，应立即停止操作，进行检查处理。

⑯ 使用各种气瓶一定要符合相关国家规定。

⑰ 凡新制造的产品，在油漆未干之前，不准进行焊接与热切割，以防周围空间有易燃易爆的挥发性气体造成火灾爆炸事故。

⑱ 要有足够的水源、干砂、灭火工具和灭火器材，并经检验合格、有效。

⑲ 应根据扑救物料的燃烧性能，选用灭火器材。见表 7-1 常用灭火器的主要性能。

常用灭火器的主要性能　　　　　表 7-1

灭火器种类	二氧化碳灭火器	干粉灭火器	泡沫灭火器
规格	2kg 以下 2～3kg 5～7kg	8kg 50kg	10L 65～130L
药剂	瓶内装有压缩成液态的二氧化碳	钢筒内装有钾盐或钠盐干粉并备有盛装压缩气体的小钢瓶	筒内装有碳酸氢钠、发沫剂和硫酸铝溶液
用途	不导电，可扑救电气、精密仪器、油类和酸类火灾，不能扑救钾、钠、锰、铝等火灾	不导电，可扑救电气设备火灾，但不宜扑救旋转电机火灾，可扑救石油、油产品、油漆、有机溶剂、天然气和天然气设备火灾	有一定导电性，可扑救油类或其他易燃液体火灾。不能扑救忌水和带电物体火灾

灭火器种类	二氧化碳灭火器	干粉灭火器	泡沫灭火器
效能	接近着火地点，保持 3m 远	8kg 喷射时间 14～18s，射程 4.5m；50kg 喷射时间 50～55s，射程 6～8m	10L 喷射时间 60s，射程 8m；65L 喷射时间 170s，射程 13.5m
使用方法	一只手拿好喇叭筒对着火源，另一只手打开开关即可	提起圈环干粉即可喷出	倒过来稍加摇动或打开开关，药剂即喷出
保养和检查方法	保管： 1. 置于取用方便的地方 2. 注意使用期限 3. 防止喷嘴堵塞 4. 冬季防冻，夏季防晒 检查： 每月测量一次，当低于原重量 1/10 时，应充气	置于干燥通风处，防受潮日晒。每年抽查一次，干粉是否受潮或结块。小钢瓶内的气体压力，每半年检查一次，如重量减少 1/10，应充气	一年检查一次，泡沫发生倍数低于 4 时，应换药

⑳ 焊接与热切割作业完毕后，应及时清理现场，彻底清除火种，经专人检查确认安全后方可离开现场。

（3）高处焊接与热切割作业

焊工在坠落高度基准面 2m 以上（包括 2m）有可能坠落的高处进行焊接与切割作业的称为高处（或称登高）焊接与切割作业。

我国将高处作业列为危险作业，并分为四级：

一级高度：2～5m；二级高度 5～15m；三级高度 15～30m；四级高度为 >30m。

高处作业存在的主要危险是坠落，而高处焊接与切割作业将高处作业和焊接与切割作业的危险因素叠加起来，增加了危险性。其安全问题主要是防坠落、防触电、防火防爆以及其个人防护等。因此，高处焊接与切割作业除应严格遵守一般焊接与切割的安全要求外，还必须遵守以下安全措施：

1）预防高处焊接与热切割作业触电

① 在高空焊接与热切割作业人员接近高压线、裸导线或低压线，当距离不符合安全要求时，必须停电并经检查采取安全防范措施，确认无触电危险，经批准后方准焊接与热切割操作，且切断电源后，必须在现场悬挂"有人工作，严禁合闸"字样的安全警告牌，并安排专人安全监护。

② 高处焊接与热切割作业时，应设监护人对焊工和安全警告牌进行专门监护，密切注意焊工的动向，不准他人随意挪动安全警告牌，并确保发生危险征兆时能立即切断电源，及时进行营救，快速向有关部门和领导报告情况。

③ 焊接与热切割作业前，应仔细查焊钳和电缆及其接头的绝缘是否良好、供气胶管与焊接与热切割炬接头是否牢固。

④ 焊工不得将焊接电缆缠绕在身上，也不得将供气胶管缠绕在身上操作，以防行动不便造成坠落、触电及回火等，从而发生着火和爆炸。

⑤ 不得使用高频振荡器引弧装置，以防因高频高压电击而失足坠落。

2）预防高空焊接与热切割作业坠落

① 进入高空交叉作业区或进行登高焊接与热切割作业前，必须戴好安全帽，衣着要灵便，穿胶底鞋，禁止穿硬底鞋和带钉易滑的鞋。要使用标准的防火安全带，不能用耐热性差的尼龙安全带，而且安全带应牢固可靠，长度适宜。绳钩应挂在牢固的无尖锐棱角的构件上（切勿系到活动不稳的物体上），以防挂钩滑脱。

② 使用符合安全要求的梯子，并放置牢固。单人梯放置时与地面的夹角应小于 $60°$，使用人字梯时，其夹角在 $40°±5°$ 为

宜，应用限跨铁钩挂牢，且高度不应超过 2.5m，不准两个人在一个梯子上（或人字梯一侧）同时工作。

③ 所搭设的脚手架应设防护杆，脚手板捆扎牢固，脚手架应平稳并安全可靠。脚手板单程人行道宽度不得小于 0.6m，双程人行道宽不小于 1.2m，脚手板上下坡度不得大于 1∶3，板面要钉防滑条，禁止在板上加垫木箱、油桶等物体进行焊割作业。

④ 必要时必须架设安全网，使用安全网时，要张挺且不留缺口，应层层翻高。要经常检查安全网的质量，确保其安全可靠。

⑤ 遇有 6 级以上大风或雷雨、暴雪、大雾等恶劣天气时，禁止登高焊接与热切割作业。

⑥ 登高焊接与热切割作业人员必须经过健康检查合格，凡患有高血压、心脏病、精神病、恐高症和癫痫等疾病以及医生诊断不能登高者，一律不得从事登高焊接与热切割作业。

3）预防高处焊接与热切割作业火灾爆炸

① 在易燃易爆场所进行高处焊接与热切割作业，必须按有关规定办理动火手续，采取安全措施，经批准后方可进行高处焊接与热切割动火。

② 焊接与热切割作业点周围及下方火星、溶渣飞溅可能所及的范围内，不得有易燃易爆物品。一般在作业下方地面 10m范围内，应有隔挡设施，并设专人监护。必要时应设接火装置。

③ 作业现场必须配置足够的消防器材。

④ 必要时要安排专人进行监护。

4）预防高处焊接与热切割作业物体打击

① 作业时所用的焊条、工具及零件等必须设专门装置存放，不得随意乱放，以防滑落伤人。作业过程中，所有的工具、材料及焊条头等物件不得随意抛掷，应使用工具包进行安全递送，以免砸伤或烫伤现场人员。

② 在进行结构点焊初始阶段，要防止因尚未焊牢，导致焊件脱落击伤配合人员。在对结构进行切割时，在被切割部分与主

体脱离前要采取可靠措施，以防脱离时被切割件砸伤或压伤他人。

③ 在立体交叉作业现场，应进行隔离，焊接与热切割人员要做好头部防砸、颈部防烫个体保护，有条件单位焊工可配戴组合式安全帽。此种组合式安全帽把焊工面罩巧妙地安装在安全帽上，可装可拆，具有组合功能，防护效果较好。

3. 焊条电弧焊

（1）焊条电弧焊概述

1）焊条电弧焊定义

焊条电弧焊是利用电弧放电时所产生的热量作为热源，加热、熔化焊条和焊件并使之相互熔合，形成牢固接头的焊接过程。因此，焊条电弧焊是一种熔化焊接方法。

2）焊条电弧焊优点

焊条电弧焊是一种应用广泛的焊接技术，广泛应用于各个工业领域。这是因为它有如下优点：

① 使用的设备比较简单，价格相对便宜，并且轻便。

② 不需辅助气体保护，焊条既能填充金属，又能在焊接时产生保护熔池和避免氧化的保护气体，还具有较强的抗风险能力。

③ 操作灵活，适应性强，能在空间任意位置焊接。

④ 应用范围广，适用于大多数工业用的金属、合金等的焊接。

3）焊条电弧焊缺点

① 对焊工操作技术要求高，焊工培训费用大；

② 焊工劳动强度大，劳动条件差，有时处于高温烘烤和有毒有害的烟尘环境中；

③ 焊接工艺参数选择范围小，要经常更换焊条及清理焊道熔渣，因此焊接效率低；

④ 不适用于特殊金属（如活泼金属 Ti、Vb、Er 等，如难熔金属 Ta、Mo 等，如低熔点金属钽、钼）。

（2）焊条电弧焊的产生及组成

1）焊接电弧的产生

电弧是指两电极之间的气体介质产生强烈而持久的放电现象。其实质是一种局部气体导电现象。电弧放电的同时，会产生高热和强光。这就是电弧的光、热特性。

产生焊接电弧时应先进行引弧。焊条电弧焊的引弧方法通常采用碰击法和划擦法。引弧时，焊条末端（焊芯金属）与工件接触而发生短路，由于接触面实质上只是某些点的接触，因此强大的短路电流通过这些接触点时，产生了大量的电阻热，使焊条与工件的接触部分因温度急剧升高而熔化。当焊条稍抬起后，焊条与工件两电极间的空气便于工件在高温、电场的作用下发生剧烈电离，从而产生焊接电弧。

焊接电弧的燃烧是否稳定，对焊接质量影响很大，焊接电弧的不稳定会造成焊缝质量低劣。影响焊接电弧稳定性的因素主要有焊接电源的种类和极性、焊条药皮、焊接工艺参数、焊道表面清洁度、焊条的烘焙及焊工操作技术的熟练程度等。

2）焊接电弧的组成和热量分布

焊接电弧由阳极区、阴极区和弧柱区3个部分组成，如图7-15所示。

电弧的区域不同，其热量和温度也不同。阴极区的热量约占电弧总热量的36%，由于阴极发射电子需消耗一部分热能，故在三个区域中其温度最低；阳极区的热量约占电弧总热量的43%，温度略高于阴极；弧柱区的热量约占电弧总热量的21%，但因弧柱中心散热差，故其温度是整个

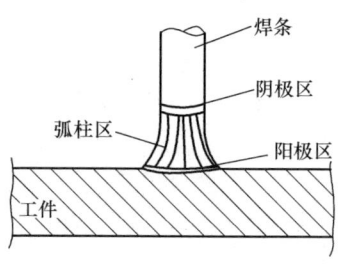

图 7-15　焊接电弧的组成

焊接电弧温度最高的区域，可达 4727～7727℃。

（3）焊条电弧焊焊接工艺及参数选择

1）焊接接头和坡口形式

① 焊接接头形式

在焊接生产中，根据焊件厚度，结构形状和使用条件的不同，需要采用不同的焊接接头形式。手工电弧焊的焊接接头可分为对接、角接、搭接和 T 形四种基本形式。与搭接相比，对接接头具有受力简单、均匀且节省金属等优点，因此其应用最多。

② 坡口形式

为保证焊缝金属的有效厚度和根部焊透，改善焊缝成形，通常要将工件的待焊部位加工成具有一定几何形状的坡口。手工电弧焊常用坡口的基本形式主要有 V 形，X 形和 U 形等。为防止烧穿，加工坡口时往往在根部留有一定的直边，其称之为钝边。组装时所预留的间隙，作用是保证焊透。

2）焊接位置及焊缝形式

焊接时，焊件接缝处的空间位置，称为焊接位置，主要有平焊、立焊、横焊和仰焊四种基本位置。对于水平固定管的对接焊，由于其含有平焊、立焊和仰焊位置，因此通常称其为全位置焊接。

根据接头、坡口以及焊缝结合形式的不同，可分为对接焊缝、角焊缝、塞焊缝和端焊缝等。

3）焊接工艺参数

焊接时，为保证焊接质量而选定的有关物理量，称之为焊接工艺参数。手工电弧的焊接工艺参数主要有焊条类型和直径、焊接电流、电弧电压、焊接速度、焊接层数等。

① 焊条类型和直径

焊条在很大程度上直接影响到焊接质量和生产效率，需要正确、合理地选用焊条。

选择焊条类型时应考虑焊件的材质、工作条件、使用性能、接头几何特征、施工条件及经济合理性等。如当焊件较厚且要求焊缝应有较好的韧性和抗裂性时，应选用碱性焊条；当对焊缝性能要求一般，焊件难以清理干净时，应选用酸性焊条。但碱性焊条发尘量比酸性焊条高。

选择焊条直径时，应考虑焊件厚度、焊接位置、焊接层数及接头形式等。选用较大直径的焊条有利于提高生产率，但大直径焊条易造成未焊透、焊缝成形不良和咬边。另外，过大的热输入还会降低接头的韧性。多层焊时，打底焊层应采用小直径焊条，以保证根部焊透。

② 焊接电流

增大焊接电流能提高生产率，增加熔深有利于焊透。但电流过大易造成烧穿、咬边、飞溅大、焊缝成形不良，而且还会因过热使接头性能变差。电流过小则会产生未焊透、夹渣、气孔、未熔合及焊缝成形不良等缺陷。因此，选择焊接电流应根据焊条类型和直径、焊件厚度、焊接位置以及接头和坡口形式等加以综合考虑。

③ 电弧电压

电弧电压的高低取决于电弧长度。弧长增大，电弧电压增高。过高的电弧电压使熔宽增加、熔深减小、飞溅大，熔池保护不好，易产生未焊透、咬边和气孔等缺陷。因此，手工电弧焊应尽可能采用短弧，特别是碱性焊条的弧长不应超过所用焊条的直径。

④ 焊接速度

单位时间内所完成焊缝的长度称焊接速度。焊接速度过慢，易使接头过热而降低其力学性能，同时增大应力或变形。焊接速度过快，易造成未焊透、未熔合、气孔夹渣及焊缝成形不良等缺陷。为提高生产效率，应在保证焊接质量的前提下，适当提高焊接速度。

⑤ 焊接层数

焊接层数直接影响到焊接接头的性能及应力和变形。焊接层数应根据焊件的厚度确定。厚件焊接时，应采用多层焊，否则，焊接层数越少，每层焊缝厚度越厚，也就是焊接速度过慢，从而造成接头过热，延性和韧性降低，同时应力或变形增大。因此手工电弧焊时，以每层焊缝厚度不超过所用焊条直径为宜。

⑥ 电流种类和极性

采用直流电焊接，电弧稳定，飞溅小，焊接质量好，一般用在重要焊接结构或厚板大刚度结构的焊接上。用交流电焊接时，电弧稳定性较差。但交流焊机结构简单，造价低，维护方便。

采用直流电源焊接时，有正极和反极性接法之分。当工件接输出电流的正极时称正极性接法。反之，工件接电源输出端的负极时称反极性接法，反接时电弧要比正接稳定。因此，用碱性低氢型焊条或薄板焊接时，应采用直流反接法（即焊条接正极）。否则，电弧不稳定，飞溅大，影响焊接质量。采用酸性焊条，通常选用正极。

（4）电焊条

1）电焊条的组成及作用

电焊条是手工电弧焊的焊接材料，由焊芯和药皮两部分组成。电焊条作为传导焊接电流的熔化电极和焊缝的填充金属，其性能和质量将直接影响到焊接质量的优劣。

① 焊芯

焊芯是焊条的金属芯部，由焊芯专用钢丝制成。焊接过程中，焊芯的作用是传导焊接电流，与焊件产生电弧，并且本身熔化作为填充金属和熔化的母材金属熔合而形成焊缝。

通常所称的焊条直径均是指焊芯的直径，常用的焊条直径为 $\phi1.6mm$，$\phi2mm$，$\phi3.2mm$，$\phi4mm$，$\phi5mm$ 及 $\phi6mm$ 等。焊条的长度是指焊芯的长度，一般在 $250\sim450mm$ 之间。

② 药皮

焊条药皮是影响焊缝质量的重要因素之一。焊条药皮的主要作用为：

a. 保证焊接电弧稳定燃烧；

b. 造气保护熔池，防止空气侵入；

c. 向焊缝金属渗合金；

d. 脱氧，去除硫、磷有害杂质；

e. 造渣保护焊缝金属和改善焊缝成形。

焊条的药皮主要由各种矿物质、铁合金等金属类物质、有机物和水玻璃等四类物质组成。根据组成物（配方）的不同，可将焊条药皮分为不同的类型。我国的焊条药皮类型有十余种之多。按焊条药皮中所含氧化物在焊接过程中所生成熔渣的"碱度"不同，又可分为碱性焊条和酸性焊条两大类。

2）焊条的特性

焊条药皮类型不同，焊条的特性也不同。酸性焊条和碱性焊条不仅对焊缝金属化学成分的影响不同，而且两者工艺性能也有较大差异。

① 酸性焊条

当焊条药皮中含有较多酸性氧化物，且其所生成熔渣的化学性质呈酸性时，这类焊条称为酸性焊条。由于酸性焊条在冶金反应过程中脱氧不足，合金元素烧损较多，而且脱硫、脱磷能力差，因此其焊缝的韧性及抗裂性差。但其工艺性能较好，对油、锈、水不敏感，抗气孔能力强，交直流电源均适用。

常用的酸性焊条有：E4303（J422），E4301（J423），E4320（J424），E5003（J502）等。

② 碱性焊条

当焊条药皮中含有大量碱性氧化物及一定的氟化钙，且其所生成熔渣的化学性质呈碱性时，则称此类焊条为碱性焊条。碱性焊条在冶金过程中脱氧较彻底，能有效地去除硫、磷，因此其焊缝金属的韧性及抗裂性均较好。但其工艺性能较酸性焊条差，对油、锈、水敏感，易产生气孔，电弧的稳定性不如酸性焊条且飞溅大，只适用直流电源。由于碱性焊条的电弧氧气中含氢量低，故其也称低氢型焊条。

常用的碱性焊条有：E5015（J507），E5016（J506）等。

由于碱性焊条产生的焊接烟尘较大，且其中还含有有毒的氟化物，对人体健康有害。因此必须加强焊接现场的通风换气，改善岗位劳动条件。

为了更好地掌握酸性焊条与碱性焊条的特点，将这两类焊条的特性用表 7-2 加以对比。

酸性焊条与碱性焊条的对比 　　　　　　　　表 7-2

序号	酸性焊条	碱性焊条
1	对水、铁锈产生气孔的敏感性不大，焊条在使用前经 150～200℃烘焙 1h	对水、铁锈产生气孔的敏感性较大，要求焊条在使用前经 300～350℃烘焙 1～2h
2	电弧稳定，可用交流或直流施焊	由于药皮中含有氟化物会恶化电弧稳定性，须用直流反接施焊，只有当药皮中加入稳弧剂后，才可用交直流两用施焊
3	焊接电流较大	焊接电流较同规格的酸性焊条约小 10%左右
4	可长弧操作	须短弧操作，否则易引起气孔
5	合金元素过渡效果差	合金元素过渡效果好
6	熔深较浅，焊缝成形较好	熔深稍深，焊缝成形尚好容易堆高
7	熔深呈玻璃状，脱渣较方便	熔渣呈结晶状，脱渣不及酸性焊条好
8	焊缝的常、低温冲击韧度一般	焊缝的常、低温冲击韧度较好
9	焊缝的抗裂性能较差	焊缝的抗裂性能好
10	焊缝的含氢量高、影响塑性	焊缝的含氢量低
11	焊接时烟尘较少	焊接时烟尘多

3）焊条的分类及型号

电焊条有多种不同的分类方法。

按用途不同，焊条可分为结构钢焊条、铬和铬钼耐热钢焊条、不锈钢焊条、堆焊焊条及铸铁焊条等。

按药皮类型不同，焊条可分为钛钙型、钛铁矿型，低氢型和纤维素型等。

按性能不同，焊条可分为低尘低毒焊条、立向下焊条、水下焊条和重力焊条等。

碳钢焊条型号的编制方法为：字母"E"表示焊条；前两位数字表示熔敷金属抗拉强度的最小值；第三位数字表示焊条的焊接位置；第三位和第四位数字组合时表示焊接电流种类和药皮类型、在第四位数字后附加的字母表示有特殊规定的焊条。

合金钢焊条和不锈钢焊条的型号分类、技术要求等均作了明确的规定。

焊条型号的表示方法如下所示：

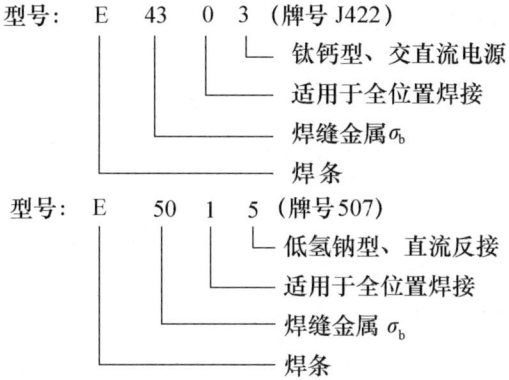

4) 焊条的选用原则

焊条的种类很多，应用范围不同，正确选用焊条，对劳动生产率、焊接质量和产品成本都有影响，焊条选用原则如下：

① 等强度原则

对于承受静载或一般载荷的工件或结构，通常在同种钢焊接时选用抗拉强度与母材相等的焊条，这就是等强度原则。在异种钢焊接时，则按强度低的一侧钢材选用。例：20钢抗拉强度在400MPa左右的钢可选用E43系列的焊条。

② 等同性原则

焊接在特殊环境下工作的工件或结构，如要求耐磨、而腐蚀、在高温或低温下具有较高的力学性能，则应选用能保证熔敷金属的性能与母材相近或相近似的焊条，这就是等同性原则。如焊接不锈钢时，应选用不锈钢焊条。

③ 等条件原则

根据工件或焊接结构的工作条件和特点选择焊条。例如焊接需承受动载或冲击载荷的工件，应选用熔敷金属冲击韧度较高的低氢型碱性焊条。反之，焊一般结构时，应选用酸性焊条。

虽然选用焊条时还应考虑现场供电情况、现场设备条件、经济性及焊接效率等，但这都是比较次要的问题，应根据实际情况决定。

5）焊条的贮存、保管和烘干

焊条贮存、保管、使用与烘干必须按规定进行。

① 焊条必须存放在干燥、通风良好的室内仓库里。焊条贮存库内，不允许放置有害气体和腐蚀性介质，室内应保持整洁。

② 焊条应存放在架子上，架子离地面的距离应不小于300mm，离墙壁距离不小于300mm，室内应放置去湿剂，严防焊条受潮。

③ 焊条堆放时应按种类、牌号、批次、规格，入库时间分类堆放，每垛应有明确的标志，避免混乱。发放焊条时应遵循先进先出的原则，避免焊条存放期太长。

④ 焊条在供给使用单位以后，至少在 6 个月之内能保证继续使用。

⑤ 特种焊条的贮存与保管制度，应比一般焊条严格。并将它们堆放在专用库房或指定区域内，受潮或包装损失的焊条未经处理不准入库。

⑥ 对于已受潮、药皮变色和焊芯有锈迹的焊条，须经烘干后进行质量评定。若各项性能指标都满足要求时，方可入库，否则不准入库。

⑦ 一般焊条一次出库量不能超过两天的用量。已经出库的焊条，焊工必须保管好。

⑧ 焊条贮存库内，应设置温度计和湿度计。低氢型焊条库

内温度不低于5℃，空气相对湿度应低于60％。

⑨ 存放期超过1年的焊条，发放前应重新做各种性能试验，符合要求时方可发放，否则不准发放。

（5）焊条电弧焊的电源、设备及工作原理

电弧焊时，对焊接电弧供电的系统称为弧焊电源。按输出电流种类的不同，手工电弧焊电源可分为交流、直流和脉冲三种类型。按结构特点不同，手工电弧焊电源又可分为弧焊变压器、弧焊发电机、弧焊整流器和弧焊逆变器等。

1）对焊条弧焊电源的基本要求

① 弧焊电源的外特性

在稳定状态下，弧焊电源的输出电压与输出电流（即焊接电流）的关系，称之为弧焊电源的外特性。

焊接过程中，引弧、熔滴过度和运条摆动等会造成焊接电源频繁的短路及电弧长度（即电弧电压高低）的不断变化。为限制短路电流，防止因短路电流过大而烧坏焊接电源以及在弧长发生变化时使焊接电流的变化很小，保证焊接过程的稳定性，要求弧焊电源应具有陡降的外特性，即输出电压随焊接电流的增大而迅速下降，如图7-16所示。

② 弧焊电源的动特性

弧焊电源的动特性，是指弧焊电源对焊接电弧的工作状态发生变化时的适应能力。焊接过程中，焊机的负载总是在不断地变化着，如引弧时要先短路再提起焊条形成电弧；焊接过程中熔滴能引起弧长的变化甚至短路等。这些因素都使焊机的输出电压、电流不能在

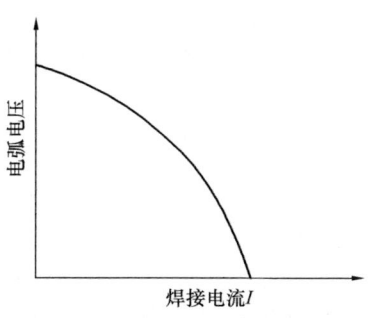

图7-16　弧焊电源具有陡降外特性

瞬间适应这些变化，电弧燃烧就不稳定，整个焊接过程也就不稳定。因此手工电弧焊时，要求弧电源具有良好的动特性。这样才

能做到焊接时引弧容易、电弧燃烧稳定、飞溅小、焊缝成形好，焊接质量高。

③ 弧焊电源的空载电压

弧焊电源的空载电压愈高，引弧愈容易，电弧燃烧的稳定性就愈好。但是空载电压过高，焊工操作不安全，并且在制造过程中电源的容量和体积都要增大。因此，在满足焊接工艺的前提下，空载电压尽可能的要低些。我国手工电弧电源的空载电压为：交流手弧焊机 65～85V，直流手弧焊机 55～90V。

④ 弧焊电源的调节特性

在焊接过程中，为了适应不同厚度、材料、焊条直径以及不同位置焊缝的焊接，要求弧焊电源所提供的焊接电流应具有一定的调节范围，并能方便、灵活、可靠的进行调节。

2）交流弧焊机

交流弧焊机主要是由具有下降外特性的降压变压器，电流调节机构和指示装置而构成，所以又称弧焊变压器。它具有结构简单，维护方便、成本低、节省材料和使用可靠等优点，是手工电弧焊中最常用的弧焊电源之一。

BX3—300 型交流弧焊机

BX3—300 型交流弧焊机，属于动圈漏磁式，构造原理如图7-17 所示。

焊机的空载电压为 60～75V，电流调节范围 40～400A，其铁芯为"口"字形，初级线圈分为两部分，分套在两铁芯柱上部，并固定于非导磁材料做成的夹板上，可用手柄转动螺杆使它沿铁芯柱作上、下移动，以调节初级线圈与次级线圈间的距离。

空载时，次级线圈中没有电流通过，此时其输出端的感应电势就是焊机的空载电压。焊接时，次极线圈中有焊接电流通过，由次级线圈产生的磁通一部分经铁芯闭合，另一部分经空气闭合，即漏磁。漏磁在线圈中产生自感电势，同样起压降作用。漏磁随着焊接电流的增大而增强，由漏磁引起的电压降也增大，焊机的输出电压降低，从而使焊机获得下降的外特性。

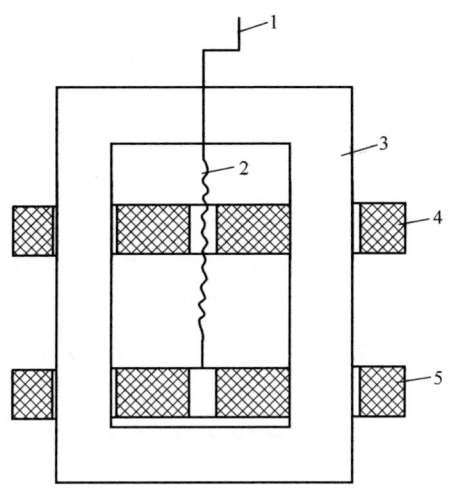

图 7-17　BX3-330 型交流弧焊机构造原理

1—调节手柄；2—螺杆；3—铁芯；

4—次级线圈；5—初级线圈

这种焊机焊接电流的细调是靠转动手柄，改变初级线圈与次级线圈的相对位置来实现的。两线圈间的距离越大，焊接电流就越小。焊接电流的粗调则是靠交换初级、次级线圈的接法来实现的，即转换开关位置Ⅰ到位置Ⅱ。Ⅰ档时，空载电压为 75V，焊接电流调节范围是 40～125A，转换到Ⅱ档时，空载电压为 60V，焊接电流的调节范围是 115～400A。

此类焊机没有活动铁芯，因此震动很小，特别是小电流焊接时，电弧燃烧较稳定。

3）弧焊整流器

弧焊整流器是直流弧焊电源中的一种，它将交流电经变压器降低，整流和滤波后而获得直流电。按整流元件不同，弧焊整流器分为硅（二极管）弧焊整流器和晶闸管（可控硅）弧焊整流器。

① 硅弧焊整流器

硅弧焊整流器的主电路一般由降压变压器、硅整流器、输出电抗器和外特性调节机构等组成。由于其以硅二极管作为整流元件，故称之为硅弧焊整流器或硅整流焊机。

按外特性分类，硅弧焊整流器分为下降特性、平特性和多特性三种。按外特性调节机构不同，可分为抽头式、动绕组式、动铁式、磁放大器式和自调电感式等硅弧焊整流。按其用途可分为单站式、多站式和交直流两用式等。

同直流弧焊发电相比，硅弧焊整流器的主要优点为：结构简单、工作可靠、坚固耐用、噪声小和维修方便等。但与电子控制的弧焊电源相比，却存在可调焊接工艺参数少且调节不灵活、不精确、无网路电压波动补偿，耗料多和体积笨重等缺点，特别是磁放大器式硅弧焊整流器有被淘汰的趋势。因此只能用于一般质量的产品焊接。

下降特征的硅弧焊整流器适用于手弧焊和钨极氩弧焊，而平特性则适用于熔化极气体保护焊。国产硅弧焊整流器主要有ZXG，ZPG，ZDG 型系列产品。

② 晶闸管弧焊整流器

这是一种新型的直流弧焊电源（还有一种交流晶闸管弧焊电源）。它利用可控的晶闸管桥作为整流器，而且完全采用电子线路来实现控制功能。因此可以获得多种所需的外特性，且可方便、精确、无级地调节焊接电流和电压。所以它又是电子控制的弧焊电源之一。

与弧焊发电机和硅弧焊整流器相比，晶闸管弧焊整流器的主要优点有：结构简单，可获得多种外特性且可无级调节，动特性好，反应速度快，电源输入功率小，电流、电压调节范围大，对网路电压和温度能较好的补偿等。

由于晶闸管弧焊整流器可有多种外特性，因此适用于手弧焊、钨极氩弧焊、等离子弧焊，熔化极气体保护焊、埋弧焊甚至作为机器人用的弧焊电源。这种焊机国产型号主要有 ZX5，ZDK 等系列。

4）弧焊逆变器

弧焊逆变器是弧焊电源的最新发展。其工作原理是：单机或三相工频（50～60Hz）网路交流电经整流，借助大功率电子开关元件的交替开关作用，又将直流变换成几千至几万赫兹（一般为20～25kHz，甚至更高一些）的中频交流电，再经变压器和整流器的降压、整流，从而得到所需的焊接电源。其"逆变"就是因交流变为直流后，又将直流变回交流而得名。弧焊逆变器的逆变系统主要有"交流→直流→交流"和"交流→直流→交流→直流"两种，通常多采用后一种。由于弧焊逆变器完全借助电子线路进行控制，且将原来的工频变为中频，因此其又称之为"电子控制的弧焊电源"或"变频式弧焊电源"。

根据大功率电子开关器件的不同，弧焊逆变器可分为晶闸管弧焊逆变器、场效应管弧焊逆变器等。

与弧焊变压器、直流弧焊发电机、弧焊整流器等传统的弧焊电源相比，弧焊逆变器具有以下优点：

① 电弧稳定性高。由于频率高，从而提高了交流电弧的稳定性。

② 高效节能。效率可达80%～90%，功率因数可高达0.99，空载耗电只有几十瓦至百余瓦。因此，节能效果十分显著。

③ 重量轻、体积小。由于频率提高了数百倍，因此其重量仅为传统弧焊电源的1/10～1/5，体积也缩小了2/3。

④ 具有良好的动特性和工艺性能。由于采用电子控制电路，可设计出合适的外特性，并根据不同的要求，可对外特性和动特性进行任意控制，以适用于不同的焊接方法和位置，获得优良的焊接工艺性能。

⑤ 焊接电流调节方便、准确、直观。引弧电流，焊接电流的调节（无级调节）旋钮、电流表（有动圈指针式和数显式）、电压表、极性转换钮子开关等调节系统均集中装于前面板，调节十分方便且准确、直观。

目前，国产的弧焊逆变器主要有EX6，EX7系列。应用较为普遍的为 EX7（规格主要有 160A，315A，400A 等）系列，其设有引弧电流、推力电流、高频引弧和焊接电流遥控等多种功能，不仅为焊工在操作过程中提供了良好的工艺性能，而且也为提高焊接质量创造了有利的先决条件。目前，弧焊逆变器的主要不足是使用可靠性还有待于进一步提高。

5）电弧焊机的安全要求

电弧焊机必须符合有关标准规定的安全要求。焊接作业中必须选用合格的电弧焊机。

① 电焊机各导电部分之间要有良好的绝缘。初级与次级回路之间的绝缘电阻值不得小于 $5M\Omega$，带电部分与机壳、机架之间的绝缘电阻不得低于 $2.5M\Omega$。

② 电焊机的电源输入线及二次输出线的接线柱必须要有完好的隔离防护罩等，且接线柱应牢固不松动。

③ 电焊机外壳应设有良好的保护接地（接零）装置，其螺钉不得小于 M8，并有明显的接地（接零）标志。

④ 调节焊接电流、电压表的手柄或旋钮等必须与焊机的带电体有可靠的绝缘，且调节方便、灵活。

6）焊条电弧焊工具

① 电焊钳

电焊钳的作用是夹持焊条和传导电流，是手弧焊的主要工具，而且直接关系到焊工的操作安全，因此必须符合以下安全要求：

a. 电焊钳应在所设置的任一角度都能夹紧焊条，并保证更换焊条安全、方便。

b. 电焊钳的手柄等应有良好的绝缘和隔热性能。

c. 电焊钳与焊接电缆的连接应简便可靠，接触良好。

d. 电焊钳应轻便（重量不超过 0.6kg），易于操作。

e. 焊接过程中，禁止将过热的电焊钳放入水中冷却和继续使用。

f. 禁止使用绝缘损坏或没有绝缘的电焊钳。

② 焊接导线

焊接的电源线及焊接电缆等导线的作用是传导电流，它对焊接安全作业至关重要，许多事故都是因使用导线不当所致。因此必须符合下列安全要求：

a. 电源线是焊机与电网的连接导线，电压较高，危险较大，因此其长度一般不得超过 2～3m。确需使用长导线时，必须将其架高距地面 2.5m 以上并尽可能沿墙布设，并在焊机近旁加设专用开关。不许将导线随意拖于地面。

b. 连接焊机、焊钳和工件的焊接回路导线，其长度一般以 20～30m 为宜，过长则会增大电压降并使导线发热。

c. 导线应有良好的导电性和绝缘层，并且要轻便、柔软、便于操作。

d. 所用导线要有足够的截面积，以防止焊接过程中因过热而烧坏绝缘层。导线的截面积应根据焊接电流和所用长度确定。

e. 尽可能使用无接头的导线。确需接长时接头不得多于 2 个，并要保证接头的接触和外绝缘良好且牢固可靠。

f. 所用导线的外表均应完好，其绝缘电阻不得小于 1MΩ。

g. 严禁利用厂房的金属结构、管道或其他金属搭接起来作为导线使用。

h. 导线需横穿马路、通道或门窗时，必须采取加装护套等保护措施。

i. 严禁将导线搭于气瓶，热力管道或工作介质为易燃物品的管道和容器上。

j. 严禁导线与油脂等易燃物品接触。

③ 电焊面罩和护目镜

电焊面罩是保护电焊工面部免受弧光损伤的防护用品。同时，还能防止被飞溅的金属灼伤，减轻烟尘和有害气体对呼吸器官的伤害。

面罩上设置护目镜（俗称黑玻璃），其作用是减弱电弧光的强度，吸收紫外线，保护焊工的眼睛免受弧光灼伤。按光线透过率的不同，护目镜分为不同的号数，号数越大，颜色越深。

焊接护目镜和面罩的有关性能和技术指标应符合现行国家标准 GB/T 3609.1 和 GB/T 3609.2 的规定。

④ 辅助工具

电焊工常用的辅助工具包括：焊条保温筒，尖头榔头，钢丝刷及凿子等。

（6）焊条电弧焊的一般施工

1）引弧

引弧的方法通常有两种：一为直提法，将焊条垂直地接触焊件表面后，向上提起 2～4mm，即引燃电弧。另一种为划擦引弧法，就是将焊条在焊件表面上划动一下，向上提起 2～4mm（与擦火柴相似），即引燃电弧。

划擦法引弧较容易掌握，但使用不当，会损坏焊件表面。垂直引弧法较难掌握，一般容易发生电弧熄灭或产生短路现象，这是由于没有掌握好焊条离开焊件时的速度和保持一定距离而引起的。如果动作太快，焊条又提得太高，就不能引燃电弧，或电弧只燃烧一瞬间就熄灭。相反，动作太慢就可能使焊条与焊件粘在一起，造成焊接回路短路。短路时间过长，会因过大的短路电流烧坏电焊机。

2）运条

焊条的移动有三种方向的动作："1"表示焊条沿焊条中心线向熔池送进，当焊条不断地熔化后，继续保持一定的电弧长度（2～4mm），碱性焊条的弧长较酸性焊条要短些；"2"表示焊条沿焊接方向移动，以形成焊缝，若移动速度太慢，则焊缝会过宽、过高，甚至会发生焊穿，若焊条移动速度太快，则焊条和焊件熔化不够，造成焊缝较窄，甚至会发生未焊透等缺陷；"3"表示焊条的横向摆动，以获得较宽的焊缝。其摆动范围，应根据焊缝宽度与焊条直径决定。

上述三个动作组成焊条有规则的运动，焊工可以根据焊缝位置，焊接接头形式，焊条直径与性能，焊接电流大小以及熟练程度等因素，选用运条方法。例如直线形、往复直线形、锯齿形、月牙形、正三角形、斜三角形、环形、斜环形。

3）平、立、横、仰对接焊操作主要技术要领

① 平对接焊

焊条熔滴容易过渡到熔池，便于保持熔池和金属形状，故可选用较大直径的焊条和焊接电流。

厚度小于 6mm 的钢板对接焊，可不开坡口双面焊；当钢板厚度大于 6mm 时，必须采用多层多道焊，但打底焊需要小直径焊条。

焊接操作时，焊条与接缝夹角一般为 $60°\sim75°$ 向前倾斜为宜，采用短弧焊接（特别是碱性焊条），并根据焊缝宽度要求适当选择运条方法。焊条摆动时两边应稍作停留，防止产生未熔合和夹渣等缺陷，摆动宽度和速度应保持均匀。

焊缝接头要平整均匀，各层焊缝接头要互相错开。

② 立对接焊

立焊是焊接在垂直平面上垂直方向的焊缝，立焊时，由于焊条熔滴和熔池金属容易向下流动形成焊瘤，操作比较困难，所以立焊操作时要掌握如下技术要领：

采用较细直径（4mm 以下）的焊条和使用较小的焊接电流（比平焊时小 $10\%\sim15\%$）。

采用短弧焊接，以使焊条熔滴过渡到熔池的距离缩短。

根据焊接接头的形式选用合适的运条方法：对接焊常用运条方法有直线形跳弧法、月牙形跳弧法和锯齿形弧法等。焊接时无论用哪一种运条方法，要求运条速度和宽度保持均匀一致，当运条至焊缝两侧时要将电弧进一步缩短，并稍微停留一下，这样有利于熔滴过渡和缩小电弧加热面积，防止产生咬边。

③ 横对接焊

板厚小于 5mm 的横对接焊可不开坡双面焊接，板厚超过 5mm 可选用适当坡口多层多道焊。

因横焊时熔化金属受重力作用，容易向下流动而产生咬口、

焊瘤，故横焊时应采用短弧，小直径焊条和较小的焊接电流。

横焊运条方法：焊较薄件时可采用径复直线形，焊较厚件时可采用短弧直线形或小斜环形运条法。

在多层多道焊时，应先焊下面焊缝，依次向上焊接。各道焊缝之间保持熔合良好。

④ 仰对接焊

板厚小于 4mm 可不开坡口对接焊，板厚超过 4mm 应选用适当坡口，采用多层多道焊。

因仰焊时熔化金属易向下滴落，在焊接时应尽量减小焊接熔池面积，选用较小直径焊条的焊接电流，保持最短电弧长度。

仰焊运条方法：第一层一般采用直线或直线往复形，第二层以后宜采用月牙形或锯齿形，但应使熔滴向熔池过渡量不宜过多，并用短弧焊接，防止熔滴向下滴落。

4）进行固定管子接焊和管子与法兰的焊接

根据管子壁厚，一般开 V 型坡口，坡口角为 60°，留根为 1.5～2.5mm，装配间隙为 3～4mm。

采用多层多道焊，打底焊应选用较细直径焊条（ϕ3.2mm）及较小电流防止烧穿。

在焊接时应正确掌握仰、立、平 3 种位置的操作技术，尽量采用短弧焊接，焊条摆动幅度要小。

整圈焊缝分两半圆反方向进行焊接，在仰焊起弧和平焊熄弧接头位置应离开垂直中心线位置 15～20mm 左右。

管子与法兰焊接一般为角接焊，而且管子与法兰的厚度不一样，所以在焊接时为了防止产生咬口，电弧宜偏向厚度较大的部件，整个接头应保证较密的要求。

（7）常见焊条电弧焊缺陷及防止措施

焊条电弧焊常见的焊接缺陷有焊缝形状缺陷、裂纹、气孔、夹渣等。焊接缺陷会导致应力集中，降低承载能力，缩短使用寿命，甚至造成材料脆断。一般技术规程规定：裂纹、未焊透、未熔合和表面夹渣等是不允许有的；咬边、内部夹渣和气孔等缺陷不能超过一定的允许值；对于超标缺陷必须进行彻底去除和焊补。

1）焊缝形状缺陷及防止措施

焊缝形状缺陷主要有焊缝尺寸不符合要求、咬边、底层未焊透、焊瘤、未熔合、烧穿、弧坑、电弧擦伤、飞溅等。

① 焊缝尺寸不符合要求

焊缝尺寸不符合要求主要指焊缝余高及余高差、焊缝宽度及宽度差、错边量、焊后变形量等不符合标准规定的几何尺寸，焊缝宽窄不齐、高低不平、变形较大等。焊缝宽度不一致，致使焊缝成形不美观，并影响焊缝与母材的结合强度；焊缝余高过大，造成应力集中，而焊缝低于母材，则得不到足够的接头强度；错边和变形过大，则会使传力扭曲并产生应力集中，造成强度下降。

产生焊缝尺寸不符合要求的原因：

坡口角度不当或钝边及装配间隙不均匀、焊接工艺参数选择不合理、焊工的操作技能较低等。

预防措施：

选择适当的坡口角度和装配间隙；提高装配质量；选择合适的焊接工艺参数；提高焊工的操作技术水平等。

② 咬边

由于焊接工艺参数选择不正确或操作工艺不正确，在沿着焊趾的母材部位烧熔时形成的沟槽或凹陷称为咬边，见图7-18。咬边不仅减弱了焊接接头强度，而且因应力集中容易引发裂纹。

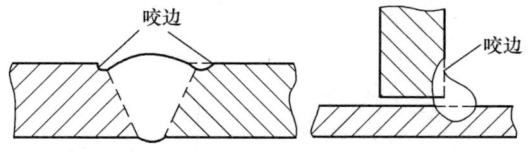

图 7-18 咬边

产生咬边的主要原因：

电流过大、电弧过长、焊条角度不正确、运条方法不当等。

防止措施：

焊条电弧焊焊接时要选择合适的焊接电流和焊接速度，电弧不能拉得太长，焊条角度要适当，运条方法要正确。

③ 未焊透

未焊透是指焊接时焊接接头底层未完全熔透的现象，见图7-19。未焊透处会造成应力集中，并容易引起裂纹，重要的焊接接头不允许有未焊透现象。

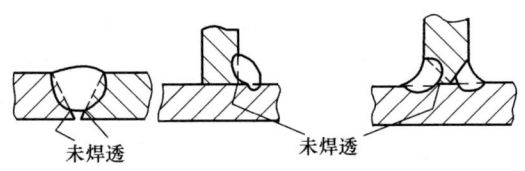

图 7-19　未焊透

产生焊条电弧焊未焊透的原因：

坡口角度或间隙过小、钝边过大，焊接工艺参数选用不当或装配不良，焊工操作技术不良等。

预防措施：

正确选用和加工坡口尺寸，合理装配，保证间隙，选择合适的焊接电流和焊接速度，提高焊工的操作技术水平。

④ 未熔合

未熔合是指熔焊时，焊道与母材之间或焊道与焊道之间，未完全熔化结合的部分，见图7-20。未熔合直接降低了接头的力学性能，严重的未熔合会使焊接结构根本无法承载。

产生未熔合的主要原因：

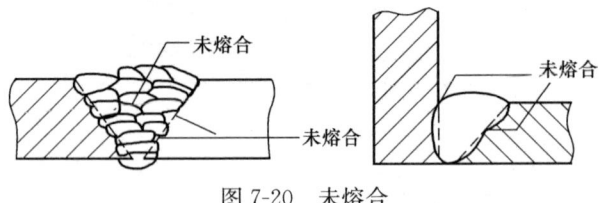

图 7-20　未熔合

焊接热输入太低，电弧指向偏斜，坡口侧壁有锈垢及污物，层间清渣不彻底等。

防止措施：

正确地选择焊接工艺参数，认真操作，加强层间清理等。

⑤ 焊瘤

焊瘤是指焊接过程中熔化金属流淌到焊缝之外未熔化的母材上所形成的金属瘤。焊瘤不仅影响了焊缝的成形，而且在焊瘤的部位，往往还存在夹渣和未焊透现象。

产生焊瘤的原因：

由于熔池温度过高，液体金属凝固较慢，在自重的作用下形成。

防止措施：

焊条电弧焊时根据不同的焊接位置要选择合适的焊接工艺参数，严格控制熔孔的大小。

⑥ 弧坑

焊缝收尾处产生的下陷部分叫做弧坑。弧坑不仅使该处焊缝的强度严重削弱，而且由于杂质的集中，会产生弧坑裂纹。

产生弧坑的主要原因：

熄弧停留时间过短，薄板焊接时电流过大。

防止措施：

焊条电弧焊收弧时焊条应在熔池处稍作停留或作环形运条，待熔池金属填满后再引向一侧熄弧。

2）气孔、夹杂和夹渣及防止措施

① 气孔

焊接时，熔池中的气体在凝固时未能逸出而残留下来所形成的空穴称为气孔，见图 7-21。气孔是一种常见的焊接缺陷，分为焊缝内部气孔和外部气孔。气孔有圆形、椭圆形、虫形、针状形和密集形等多种，气孔的存在不但会影响焊缝的致密性，而且会减少焊缝的有效面积，降低焊缝的力学性能。

产生气孔的原因：

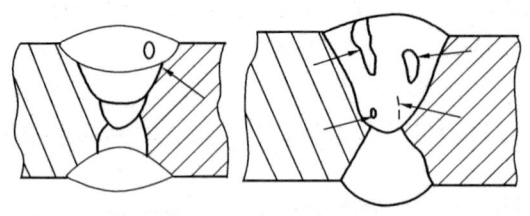

图 7-21　气孔

焊件表面和坡口处有油、锈、水分等污物存在；焊条药皮受潮，使用前没有烘干；焊接电流大小或焊接速度过快；电弧过长或偏吹，熔池保护效果不好，空气侵入熔池；焊接电流过大，焊条发红、药皮提前脱落，失去保护作用；运条方法不当，如收弧动作太快，易产生缩孔，接头引弧动作不正确，易产生密集气孔等。

防止措施：

焊前将坡口两侧 20～30mm 范围内的油污、锈、水分清除干净；严格地按焊条说明书规定的温度和时间烘焙；正确地选择焊接工艺参数，正确严格操作；尽量采用短弧焊接，野外施工要有防风设施；不允许使用失效的焊条，如焊芯锈蚀，药皮开裂、剥落，偏心度过大等。

② 夹杂和夹渣

夹杂是残留在焊缝金属中由冶金反应产生的非金属夹杂和氧化物。夹渣是残留在焊缝中的熔渣，夹渣可分为点状夹渣和条状夹渣两种。夹渣削弱了焊缝的有效断面，从而降低了焊缝的力学性能，夹渣还会引起应力集中，容易使焊接结构在承载时遭受破坏。

产生原因：

焊接过程中的层间清渣不净，焊接速度太快，焊接电流太小，焊接过程中操作不当，焊接材料与母材化学成分匹配不当，坡口设计加工不合适等。

防止措施：

选择脱渣性能好的焊条，合理地选择焊接工艺参数，按规定清除层间熔渣，调整焊条角度和运条方法。

3）裂纹产生的原因及防止措施

裂纹按其产生的温度和时间的不同可分为冷裂纹、热裂纹和再热裂纹；按其产生的部位不同可分为横裂纹、纵裂纹、焊根裂纹、弧坑裂纹、熔合线裂纹及热影响区裂纹等，见图7-22。裂纹是焊接结构中最危险的一种缺陷，不但会使产品报废，甚至可能引起严重的安全事故。

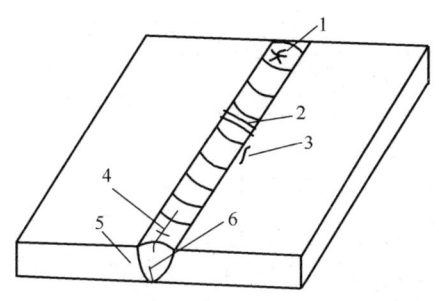

图 7-22　部位裂纹

1—弧坑裂纹；2—横裂纹；3—热影响区裂纹；

4—纵裂纹；5—熔合线裂纹；6—焊根裂纹

① 热裂纹

焊接过程中，焊缝和热影响区金属冷却到固相线附近的高温区间所产生的焊接裂纹称热裂纹。这是一种不允许存在的危险焊接缺陷。根据热裂纹产生的机理、温度区间和形态，热裂纹可分成结晶裂纹、高温液化裂纹和高温低塑性裂纹。

产生热裂纹的主要原因：

熔池金属中的低熔点共晶物和杂质在结晶过程中，形成严重的晶内和晶间偏析，同时在焊接应力作用下，沿着晶界被拉开，形成热裂纹。热裂纹一般多发生在奥氏体不锈钢、镍合金和铝合金中。低碳钢焊接时一般不易产生热裂纹，但随着钢的含碳量增高，热裂倾向也增大。

防止措施：

严格控制钢材及焊接材料的 S，P 等有害杂质的含量，降低热裂纹的敏感性；调节焊缝金属的化学成分，改善焊缝组织，细化晶粒，提高塑性，减少或分散偏析程度；采用低氢型碱性焊条，降低焊缝中杂质的含量，改善偏析程度；选择正确的焊接工艺参数，适当地提高焊缝成形系数，采用多层多道排焊法；断弧时采用与母材相同的引出板，或逐渐灭弧，并填满弧坑，避免在弧坑处产生热裂纹。

② 冷裂纹

焊接接头冷却到较低温度下（钢在 Ms 温度以下）产生的裂纹称为冷裂纹。冷裂纹可在焊后立即出现，也有可能经过一段时间（几小时、几天，甚至更长时间）才出现。这种裂纹又称延迟裂纹。它是冷裂纹中比较普遍的一种形态，具有更大的危险性。

产生冷裂纹的原因：

马氏体转变而形成的淬硬组织，拘束度大而形成的焊接残余应力和残留在焊缝中的氢是产生冷裂纹的 3 大要素。

防止措施：

选用低氢型碱性焊条，使用前严格按照说明书的规定进行烘焙，焊前清除焊件上的油污、水分，减少焊缝中氢的含量；选择合理的焊接工艺参数和热输入，减少焊缝的淬硬倾向；焊后立即进行消氢处理，使氢从焊接接头中逸出；对于淬硬倾向高的钢材，焊前预热、焊后及时进行热处理，改善接头的组织和性能；采用降低焊接应力的各种工艺措施。

③ 再热裂纹

焊后焊件在一定温度范围内再次加热，消除应力热处理或其他加热过程而产生的裂纹叫再热裂纹。

产生的原因：

再热裂纹一般发生在含 V，Cr，Mo，B 等合金元素的低合金高强度钢、珠光体耐热钢及不锈钢中，经受一次焊接热循环后，再加热到敏感区域（550～650℃范围内）而产生的。这是由于第一次加热过程中过饱和的固溶碳化物（主要是 V，Mo，Cr 碳化物）再次析出，造成晶内强化，使滑移应变集中于原先的奥氏体晶界，当晶界的塑性应变能力不足以承受松弛应力过程中的应变时，就会产生再热裂纹。裂纹大多源于焊接热影响区的粗晶区。再热裂纹大多数产生于厚件和应力集中处，多层焊时有时也会产生再热裂纹。

防止措施：

在满足设计要求的前提下，选择低强度的焊条，使焊缝强度低于母材，应力在焊缝中松弛，避免热影响区产生裂纹；尽量减少焊接残余应力和应力集中；控制焊接热输入，合理地选择热处理温度，尽可能地避开敏感区范围的温度。

（8）焊条电弧焊安全防护措施

1）焊条电弧焊的安全特点

焊条电弧焊是用电弧产生的热量对金属进行热加工的一种工艺方法。在电弧焊接过程中，所使用的电焊机、电焊钳、导线以及工件均是带电体。焊机的空载电压一般在 $60\sim90V$ 左右，均高于安全电压。若电焊设备有故障，焊工违反安全操作规程或穿戴的防护用品有缺陷，都有可能发生触电事故。特别是在狭小的容器和船舱内进行焊接操作时，四周都是金属导电体，触电的危险性更大。

焊条电弧焊操作简便、灵活，适用范围十分广泛。因此，有些作业现场可能会存在易燃易爆物品或其他（如高空坠落等）不安全因素。另外，在焊接过程中，焊条、焊件及其周围的空气在焊接电弧高温和强烈弧光的作用下，会产生大量影响人体健康的有害烟尘和臭氧、氮氧化物等有毒气体。而且，强烈的弧光辐射还会损伤人的眼睛和皮肤。

由于上述一些不安全、不卫生因素的存在，使得在焊条电弧焊的过程中，有可能发生触电、火灾、爆炸、中毒、灼烫和高处坠落等事故。

2）焊接安全用电

① 电流对人体的伤害

电流对人体的伤害有三种类型：电击、电伤和电磁场生理伤害。

a. 电击

是指电流通过人体造成内部的伤害，通常所说的触电事故基本上是指电击。

b. 电伤

是指电流对人体外部造成局部的伤害，主要是直接或间接的电弧烧伤。

c. 电磁场生理伤害

是指在高频电磁场的作用下，使人呈现头晕、乏力、记忆力减退、失眠、多梦等神经系统的症状（神衰症候群）。

② 影响电流对人体伤害的因素

电流对人体内部造成伤害的严重程度与下列因素有关：

a. 与电流大小的关系

触电的危险程度主要决定于触电时流经人体电流的大小，电流越大，人体的生理反应越明显，破坏心脏所需的时间也越短，致命的危险性越大。实验研究表明：人体触及工频（50Hz）交流电，当电流约为 1mA 时，就能明显地感觉到。当 10mA 以内的电流通过人体时，就会引起麻或痛的感觉，但能自主摆脱电源。当通过人体的电流在 20～25mA 时，会使体感觉麻痹或剧痛，呼吸困难，随着通过人体电流的增加，致死的时间就会缩短。电击致死的主要原因是电流引起心室颤动或窒息造成的。一般情况下可以把摆脱电流看作是允许的电流。在装有防止触电速断保护装置的场合，通过人体的允许电流可按 30mA 计。一般认为，30mA 以下不会有生命危险，但在水中等可能因电击造成严重二次事故的场合，人体允许电流应按不引起强烈痉挛的 5mA 考虑。但是即使是安全电流，长时间通过人体还是有危险的。

通过人体电流的大小，决定于外加电压和人体电阻、皮肤潮湿、多汗、皮肤有损伤，带有导电粉尘以及接触面积增大时，均会使人体的电阻值降低。在同样的人体电阻条件下，接触人体的电压愈高，电流愈大，触电的危险性就愈大。

夏季人体多汗，人体电阻在多汗或潮湿情况下，会迅速下降，因此极易发生触电伤亡事故。超过人体的摆脱电流就不能自主摆脱电源，在无救援情况下，也会立即造成死亡，国内发生过36V 电压电死人的事故案例。所以，在多汗、潮湿、狭小空间内更要重视用电安全，采取针对性安全措施，预防焊接触电事故发生。

b. 与通电时间长短的关系

电流通过人体的时间越长，越容易引起心室颤动，对人体的危险也就越大。因此，在发生触电时，应迅速及时使触电者脱离带电体。

c. 与电流通过途径的关系

关键在于电流是否通过人体的心脏、中枢神经等部位。电流通过人体最危险的途径是从人体的左手到右脚，在特定条件下，用左手进行电气作业触电后危险性更大。

d. 与电流种类及频率的关系

直流电流、高频电流、冲击电流对人体都有伤害作用，但以工频（50Hz）电流危险性最大。因电流的频率不同，对人体的危害也不同，以频率在 $25\sim300\mathrm{Hz}$ 范围的交流电对人体的伤害最大。

e. 与人体健康状况的关系

不同的人对电流的敏感程度也不同，妇女及儿童对电流较男性敏感。患有心脏病及呼吸系统和神经系统疾病的人，触电时则有极大的危险性。

③ 安全电压

为防止触电事故而采用的由特定电源供电的安全电压系列，分别为 42V，36V，24V，12V，6V。

通过人体电流的大小决定了外加电压的高低和人体电阻的大

小。在确定安全条件时，一般不计安全电流而用安全电压来表示，但安全电压值与工作环境有关：

在比较干燥而触电危险性较大的环境中，安全电压为 36V。

在潮湿、狭小而触电危险性大的环境中，安全电压为 12V。

在一般情况下，36V 电压是安全的，而在恶劣的工作环境下，如金属容器内或潮湿地区等，安全电压应为 12V。正常的人体电阻在工作环境潮湿、皮肤出汗时，会降低到 $500\sim1000\Omega$，这时接触 36V 电压，触电者的身体可能有 36mA 以上的电流通过，时间长了会有生命危险。

3）发生触电事故原因及预防措施

① 触电原因

焊条电弧焊时发生的触电事故，有直接电击和间接电击两种。

a. 直接电击

直接电击，是指人体直接接触电焊设备的带电体或靠近高压电网而发生的触电事故。发生直接电击的原因主要有：

（a）手或身体的某部位接触到焊条、焊钳的带电部分，而脚和身体的其他部分对地或金属结构之间无绝缘保护。在金属容器、管道及金属结构上的焊接或在阴雨天、潮湿地方的焊接以及焊工身体大量出汗时，容易发生这类触电事故。

（b）在接线或调节焊接电流时，手或身体某部位触及接线柱、极板和绝缘破损的电缆线。

（c）高处作业时，触及或靠近高压电线。

b. 间接电击

间接电击，是指人体触及意外带电体而发生的触电事故。所谓意外带电体是指正常不带电时，因绝缘损坏或电器线路发生故障时才带电的带电体。如漏电的焊机外壳、绝缘损坏的电缆等。发生间接电击的主要原因有：

（a）人体触及漏电的焊机外壳或绝缘破损的电缆。

（b）初级绕组与次级绕组之间的绝缘损坏，使次级绕组带有初级电压，手或身体的某部位触及二次回路的裸导体。

（c）利用厂房的金属结构、轨道、管道或其他金属物体作为焊接回路线而发生的触电事故。

② 防触电事故的措施

a. 隔离防护

电弧焊的设备要有防止人体触及带电体的隔离防护装置，1∶1安全隔离变压器则是一种有效的隔离防护装置。此外焊机的接线端应在防护罩内。焊机的电源线应设置在靠墙处。焊机与其他设备以及焊机与墙之间应留有 1m 宽的通道。

b. 绝缘良好

电弧焊的设备和带电体，都必须有良好的符合标准的绝缘，绝缘电阻不得小于 $1M\Omega$。

c. 正确使用劳动保护用品

d. 安全措施

为防止电弧焊接时，人体触及漏电设备的金属外壳，应采取的安全措施有：

（a）保护接地

当电源为三相三线制或单相制系统时，应安设保护接地线。保护接地的方法是用导线将焊机外壳与大地连接起来。其作用是当外壳漏电时，外壳对地形成一个良好的电流通路使电压降至安全电压以下或线路保护装置动作，切断电源，从而有效地防止因人体触及外壳而发生触电。

严禁将氧气以及乙炔等易燃易爆气体及其液体管道作为自然接地极。对保护接地的要求为：接地导线的电阻值不得超过 4Ω，自然接地极的电阻值超过 4Ω 时，应采用人工接地。接地线应采用导电性良好的整根导线，其中间不得有接头，更不允许设置熔断器或开关。导线的截面积不得小于 $12mm^2$。

（b）保护接零

当电源为三相四线制系统时，应安设保护接零线。保护接零线的方法是用导线将电焊机外壳与零线相接，其作用是一旦焊机因绝缘损坏而外壳带电时，绝缘破损的这一相电源与零线短路，产生强大的电流而使该相熔断器熔断，切断电源使外壳带电的现象立即终止，从而保证人身的安全。对保护接零线的要求为：接零导线要有足够的截面积，在接零导线中不准设置熔断器或开关，也不得有接头，以确保零线回路不中断。

4）发生电伤事故的原因及预防措施

① 发生电伤事故的原因

a. 当焊接回路处于短路状态时，闭合电源开关；

b. 正在进行焊接操作时（电弧正在燃烧），拉开电源开关。

以上两种情况都会在开关的接触点处产生电弧，引起电伤事故。

② 电伤事故的预防措施

a. 严禁随意将焊接回路短路和在其短路状态下去接通电源；

b. 正在进行焊接操作时，禁止切断电源；

c. 接通或切断电源时，操作要准确，动作要迅速，并要求在电源开关的侧面进行操作；

d. 选用带有灭弧装置的电源开关；

e. 按规定穿戴个人防护用品。

5）焊机的使用与保养

① 焊机的使用

a. 使用焊机时，电源电压等有关技术参数，必须符合焊机铭牌上的规定，禁止超载使用焊机；

b. 调节电流或改变极性时，应在空载状态下进行；

c. 焊机不允许长时间短路，应特别注意不要使焊钳直接与工件接触而造成短路；

d. 工作完毕或临时离开工作现场，应及时切断焊机的电源。

② 焊机的维护保养

a. 焊机应放置在干燥通风处，保持焊机的整洁；

b. 移动焊机时，应避免焊机的剧烈震动；

c. 应经常检查焊接电缆和接线板是否损坏，接线柱的螺母是否松动，导线的绝缘层是否完好，电流调节机构是否灵活、完好。

③电焊机的常见故障及排除方法

手工电弧机的常见故障及排除方法见表 7-3。

交流弧焊机常见故障及排除方法 表 7-3

故障现象	故障原因	排除方法
焊接变压器过热	变压器过载 变压器绕组短路	减小焊接电流 修理短路处的线圈，消除短路现象
焊机冒烟	超载、绝缘烧坏 电源电压太高或一次线路接错 焊机受潮、焊机内部线路短路	切断电源检查焊机内绝缘情况，修复绝缘 检查一次线路的接线 防雨、放通风处或烘干、消除短路现象
焊接电流不稳定	动铁芯在焊接位置不稳定 焊接电缆与焊件接触不良	将手柄或动铁芯固定 使之接触良好
焊接电流过小	焊接电缆线太长 焊接电缆线成盘形 接头松动或接触不良	减短电缆长度或增大线径 放开电缆线取直 固定接头，使其接触良好

硅整流式直流弧焊机常见故障及排除方法见表 7-4。

硅整流式直流弧焊机常见故障及排除方法 表 7-4

故障现象	故障原因	排除方法
焊机空载电压太低	网路电压过低 变压器初级线圈匝间短路 磁力启动器接触不良	调整电压致额定值 消除短路故障 检修磁力器使其接触良好

故障现象	故障原因	排除方法
焊接电流调节失灵	控制线圈匝间短路 焊接电流控制器接触不良 控制整流回路元件损坏	消除短路现象 检修控制器，使之接触良好 更换元件
焊接电流不稳定	主回路交流接触器抖动 风压开关抖动 控制绕组接触不良	消除抖动现象 使其接触良好
焊接过程中焊接电压突然降低	主回路全部或部分产生短路 整流元件击穿 控制回路断路	检修线路 更换整流元件，检查保护线路 检修控制回路
风扇电机不转	熔断器熔断 电动机引线或绕组断线 开关接触不良	更换熔断器 检修或更换电动机 检修或更换开关
电表无指示	电表或相应接线短路 主回路出故障 饱和电抗器和交流绕组断线	修复或更换电表 排除故障 检修
焊机外壳带电	初级线圈或次级线圈碰壳 电源线误碰机壳 焊接电缆误碰机壳	检修碰机壳的线路，消除碰壳
导线接头处过热	接线柱上螺丝未旋紧	旋紧螺丝

6）焊条电弧焊的安全防护技术

焊条电弧焊操作时，必须注意安全与防护，安全与防护技术主要有防止触电、弧光辐射、火灾、爆炸和有毒气体与烟尘中毒等。

① 防止触电

焊条电弧焊时，电网电压和焊机输出电压以及手提照明灯的电压等都会有触电危险。因此，要采取防止触电措施。

焊接电源的外壳必须要有良好可靠的接地或接零，焊接电缆和焊钳绝缘要良好。如有损坏，要及时修理。焊条电弧焊时，要穿绝缘鞋，戴电焊手套。在锅炉、压力容器、管道、狭小潮湿的地沟内焊接时，要有绝缘垫，并有人在外监护。使用手提照明灯时，电压不超过安全电压 36V，高空作业时不超过 12V。高空作业时，在接近高压线 5m 或离低压线 2.5m 以内作业，必须停电，并在电闸上挂警告牌，设人监护。万一有人触电，要迅速切断电源，并及时抢救。

② 防止弧光辐射

焊接电弧强烈的弧光和紫外线对眼睛和皮肤有损害，焊条电弧焊时，必须使用带弧焊护目镜片的面罩，并穿工作服，戴电焊手套。多人焊接操作时，要注意避免相互影响，宜设置弧光防护屏或采取其他措施，避免弧光辐射的交叉影响。

隔绝火星。6 级以上大风时，没有采取有效的安全措施，不能进行露天焊接作业和高空作业。焊接作业现场附近应有消防设施。电焊作业完毕应拉闸，并及时清理现场，彻底消除火种。

③ 防止火灾

在焊接作业点火源 10m 以内、高空作业下方和焊接火星所及范围内，应彻底清除有机灰尘、木材、木屑、棉纱棉丝、草垫干草、石油、汽油、油漆等易燃物品。如有不能撤离的易燃物品，如木材、未拆除的隔热保温的可燃材料等，应采取可靠的安全措施，如用水喷湿，覆盖湿麻袋、石棉布等。

④ 防止爆炸

在焊接作业点 10m 以内，不得有易爆物品。在油库、油品室、乙炔站、喷漆室等有爆炸性混合气体的室内，严禁焊接作业。没有特殊措施时，不得在内有压力的压力容器和管道上焊接。在进行装过易燃易爆物品的容器焊补前，要将盛装的物品放尽，并用水、水蒸气或氮气置换，清洗干净，用测爆仪等仪器检验分析气体介质的浓度。焊接作业时，要打开盖口，操作人员要躲离容器孔口。

⑤ **防止有毒气体和烟尘中毒**

焊条电弧焊时会产生可溶性氟、氟化氢、锰、氮氧化物等有毒气体和粉尘，导致氟中毒、锰中毒、电焊尘肺等，尤其是碱性焊条在容器、管道内部焊接更甚。因此，要根据具体情况采取全面通风换气、局部通风、小型电焊排烟机组等通风排烟尘措施。

4. 气焊与气割

气焊与气割作业是现代工业生产制造及设备维修中不可缺少的一项重要的加工工艺，广泛应用于各个工业部门，尤其是在冶金、造船、车辆、机械、建筑施工等工业企业，应用得更为普遍。

（1）气焊与气割概述

1）气焊

气焊是利用可燃气体与助燃气体混合燃烧的火焰去熔化工件接缝处的金属和焊丝而达到金属间牢固连接的方法，如图 7-23 所示。它是利用化学能转变成热能的一种熔化焊接方法，主要应用于薄钢板、低熔点材料（有色金属及其合金）、铸铁件、

图 7-23

硬质合金刀具等材料的焊接，以及磨损、报废零件的补焊、构件变形的火焰矫正等。

① 气焊应用的设备

气焊应用的设备及工具包括氧气瓶、乙炔瓶（或乙炔发生器）、回火保险器、焊炬、减压器及氧气输送管、乙炔输送管等。

气焊设备组成如图 7-24 所示。

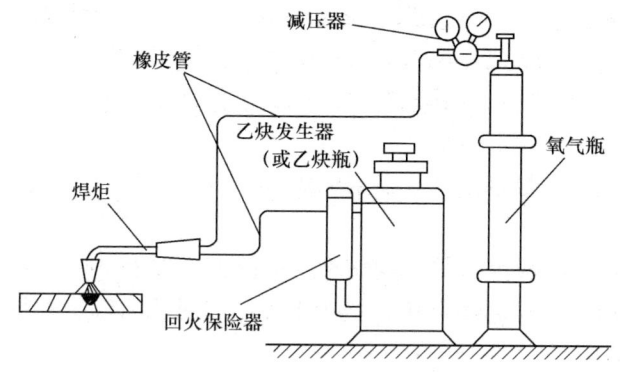

图 7-24　气焊设备组成

② 气焊用材料

a. 气焊丝（填充材料）

气焊用的焊丝起填充金属的作用，焊接时与熔化的母材一起组成焊缝金属。因此，应根据母材的化学成分、机械性能选用相应成分或性能的焊丝，而且化学成分必须符合有关国家标准要求。焊丝可分为低碳钢、铸铁、青铜和铝等，也可以用被焊材料切下的条料作焊丝。

在气焊过程中正确选用焊丝是很重要的，因为它不断地送入熔池并与熔化的金属熔合成焊缝，所以，焊丝的质量直接影响着焊缝的质量。一般对气焊丝有如下要求：

（a）焊丝的化学成分应基本上与焊件符合，以保证焊缝具有足够的力学性能；

（b）焊丝表面应无油脂、锈斑及油漆等污物；

（c）焊丝应能保证焊缝具有必要的致密性，即不产生气孔及夹渣等缺陷；

（d）焊丝的熔点应与焊件熔点相近，并在熔化时不应有强烈的熔化飞溅和蒸发现象。

b. 气焊熔剂（气焊粉）

焊接有色金属、铸铁和不锈钢等材料时，要采用气焊熔剂，用以消除覆盖在焊材及熔池表面上的难熔的氧化膜和其他杂质，并在熔池表面形成一层熔渣，保护熔池金属不被氧化，排除熔池中的气体、氧化物及其他杂质，提高熔化金属的流动性，使焊接顺利并保证质量和成形。

气焊时，熔剂的选择要根据焊件的成分及其性质而定。其要求如下：

（a）熔剂应具有很强的化学反应能力，即能迅速溶解一些氧化物，或与一些高熔点化合物作用后，生成新的低熔点和易挥发的化合物。

（b）熔剂熔化后黏度要小，流动性要好，产生的熔渣熔点要低，密度要小，熔化后易于浮在熔池表面。

（c）不应对焊件有腐蚀等作用，生成的熔渣要容易清除等。

气焊熔剂按所起的作用不同可分为化学作用气焊熔剂和物理溶解气焊熔剂两大类，常用气焊熔剂的牌号、性能和用途见表7-5。

气焊熔剂的牌号、性能和用途 表 7-5

熔剂牌号	代号	名称	基本性能	用途
气剂 101	CJ101	不锈钢及耐热钢气焊熔剂	熔点为 900℃，有良好的湿润作用，能防止熔化金属被氧化，焊后熔渣易清除	不锈钢及耐热钢气焊时的助熔剂
气剂 201	CJ201	铸铁气焊熔剂	熔点约为 650℃，呈碱性反应，具有潮解性，能有效地去除铸铁在气焊时产生的硅酸盐和氧化物，有加速金属熔化的功能	铸铁件气焊时的助熔剂

熔剂牌号	代号	名称	基本性能	用途
气剂 301	CJ301	铜气焊熔剂	系硼基盐类，易潮解，熔点约为 650℃，呈酸性反应，能有效地熔解氧化铜和氧化亚铜	铜及铜合金气焊时的助熔剂
气剂 401	CJ401	铝气焊熔剂	熔点为 650℃，呈碱性反应，能有效地破坏氧化铝膜，因极易吸潮，在空气中能引起铝的腐蚀，焊后必须把熔渣清除干净	铝及铝合金气焊时的助熔剂

③ 气焊常用的气体及氧乙炔火焰特性

气焊应用的气体包括可燃气体和助燃气体；可燃气体主要有乙炔、液化石油气和氢气等，一般以乙炔气作可燃气的最为普遍。助燃气体是氧气。

乙炔与氧气混合燃烧的火焰称为氧乙炔焰，按氧气与乙炔的混合比不同可分为中性焰、碳化焰和氧化焰三种。纯乙炔焰和氧乙炔焰构造和形状见图 7-25。

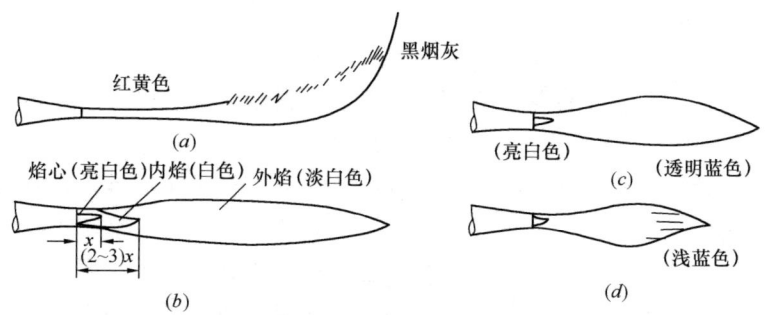

图 7-25 纯乙炔焰和氧乙炔焰构造和

(a) 纯乙炔焰；(b) 碳化焰；(c) 中性焰；(d) 氧化焰

a. 中性焰

氧气与乙炔的混合比为 $1\sim1.2$ 时的火焰称为中性焰。其特性是燃烧后既无过剩的氧，又无过剩的乙炔。焊接时主要应用中性焰。中性焰有时也称为轻微碳化焰，火焰由焰心、内焰和外焰三部分组成，其中内焰微微可观。

在中性焰的焰心与内焰之间，燃烧生成的一氧化碳（CO）、氢气（H_2）与熔化金属相作用，使氧化物还原。内焰温度达 $3050\sim3150℃$，所以用中性焰焊接时，都应用内焰来熔化金属。中性焰可适用于焊接低碳钢、中碳钢、低合金钢、不锈钢、紫铜、锡青铜、铅、铝及其合金、镁合金等材料。

b. 碳化焰

氧气与乙炔的混合比小于 1 时的火焰称为碳化焰。其特性是乙炔过剩，火焰比中性焰长，内焰的最高温度为 $2700\sim3000℃$。由于过剩的乙炔焰分解为碳（C）和氢（H_2），游离状态的碳会渗到熔池中去，使焊缝金属的含碳量增高，所以用碳化焰焊接低碳钢，会使焊缝强度提高，但塑性降低。另外，过多的氢进入熔池，会使焊缝产生气孔及裂纹，因此，碳化焰不适用于焊接低碳钢及低合金钢，而适用于焊接高碳钢、高速钢、铸铁、硬质合金等材料。

c. 氧化焰

氧气和乙炔的混合比大于 1.2 时的火焰称为氧化焰。其特性是有过剩的氧，氧化反应剧烈，整个火焰缩短，而且内焰与外焰层次不清，最高温度为 $3100\sim3300℃$。

氧化焰具有氧化性，如果用来焊接一般的钢件，则焊缝中的气孔和氧化物是较多的，同时熔池产生严重的沸腾现象，使焊缝的强度、塑性和韧性变坏，严重地降低焊缝质量。除了锰钢、黄铜外，一般钢件的焊接不能用氧化焰，因此这种火焰很少被应用。

以上叙述的中性焰、碳化焰、氧化焰，因其性质不同，适用于焊接不同的材料。不同材料焊接时应采用的火焰种类详见表 7-6。

焊 接 材 料	火 焰 种 类	焊 接 材 料	火 焰 种 类
低、中碳钢	中性焰	铬镍钢	中性焰或乙炔稍多的中性焰
低合金钢	中性焰	锰 钢	氧化焰
紫 铜	中性焰	镀锌铁板	氧化焰
铝及铝合金	中性焰或轻微碳化焰	高速钢	碳化焰
铅、锡	中性焰	硬质合金	碳化焰
青 铜	中性焰或轻微氧化焰	高碳钢	碳化焰
不锈钢	中性焰或轻微碳化焰	铸 铁	碳化焰
黄 铜	氧化焰	镍	碳化焰或中性焰

④ 气焊工艺参数

气焊工艺参数包括焊丝的牌号及直径、气焊熔剂、火焰的性质及能率、焊炬的倾斜角度、焊接方向和焊接速度等。它们是保证焊接质量的主要技术依据。

a. 焊丝的牌号及直径

焊丝的牌号选择应根据焊件材料的机械性能或化学成分，选择相应性能或成分的焊丝。

焊丝直径的选用，要根据焊件的厚度来决定。焊接 5mm 以下板材时，焊丝直径要与焊件厚度相近，一般选用 1～3mm 焊丝。

若焊丝直径选用过细，焊接时焊件尚未熔化，而焊丝已很快熔化下滴，容易造成熔合不良等缺陷；相反，如果焊丝直径过粗，焊丝加热时间增加，使焊件过热就会扩大热影响区，同时导致焊缝产生未焊透等缺陷。

开坡口焊件的第一、二层焊缝焊接，应选用较细的焊丝，以后各层焊缝可采用较粗焊丝。焊丝直径还和焊接方法有关，一般右向焊时所选用的焊丝要比左向焊时粗些。

b. 气焊熔剂

气焊熔剂的选择要根据焊件的成分及其性质而定，一般碳素结构钢气焊时不需要气焊熔剂。而不锈钢、耐热钢、铸铁、铜及铜合金、铝及铝合金气焊时，则必须采用气焊熔剂，才能保证焊接质量。

c. 火焰的性质及能率

气焊火焰的性质，对焊接质量关系很大，应该根据不同材料的焊件正确地选择和掌握火焰的成分。当混合气体内乙炔量过多时，会引起焊缝金属渗碳，而使焊缝的硬度和脆性增加，同时还会产生气孔等缺陷；相反混合气体内氧气量过多时会引起焊缝金属的氧化而出现脆性，使焊缝金属的强度和塑性降低。

气焊火焰的能率主要是根据每小时可燃气体（乙炔）的消耗量（1/h）来确定，而气体消耗量又取决于焊嘴的大小。所以，一般以焊炬型号及焊嘴号码大小来表示火焰能率大小。焊炬型号及焊嘴号码大小决定了对焊件加热的能量大小和加热的范围大小。如果焊件较厚，金属材料熔点较高，导热性较好（如铜、铝及合金），焊缝又是平焊位置，则应选择较大的火焰能率，才能给予焊件足够的热量，保证焊件焊透；如果焊接薄板或其他位置焊缝时，为防止焊件被烧穿或焊缝组织过热，火焰能率要适当减小。但应该指出的是，在保证焊接质量的前提下，应尽量选择较大的火焰能率，以提高生产率。

d. 焊炬的倾斜角度

焊炬倾斜角度的大小，主要取决于焊件的厚度和母材的熔点以及导热性。若焊件厚、导热性及熔点高，应采用较大的焊炬倾斜角，使火焰的热量集中；相反，则采用较小的倾斜角。根据上述特点，可按照焊件的厚度、导热性以及熔点等因素灵活地选用。

焊接碳素钢时，焊炬倾斜角与焊件厚度的关系如图 7-26 所示。焊件越厚，焊炬的倾斜角越大；不同材料的焊件，选用的焊炬倾斜角也有差别。例如在焊接导热性较大的焊件时，焊炬倾斜角为 $60°\sim80°$，而焊接低熔点铝及铝合金时，焊炬倾斜角接近 $10°$。

焊炬的倾斜角在焊接过程中是需要改变的，在焊接开始时，

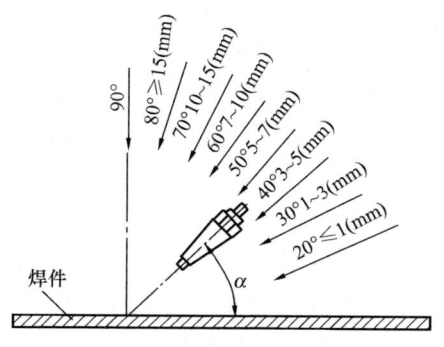

图 7-26　焊炬倾斜角与焊件厚度关系

为了较快地加热焊件和迅速地形成熔池，采用的焊炬倾斜角为 80°～90°。当焊接结束时，为了更好地填满弧坑和避免焊穿，可将焊炬的倾斜角减小，使焊炬对准焊丝加热，并使火焰上下跳动，断续地对焊丝和熔池加热。

　　在气焊过程中，焊丝与焊件表面的倾斜角一般为 30°～40°，它与焊炬中心线的角度为 90°～100°，如图 7-27。

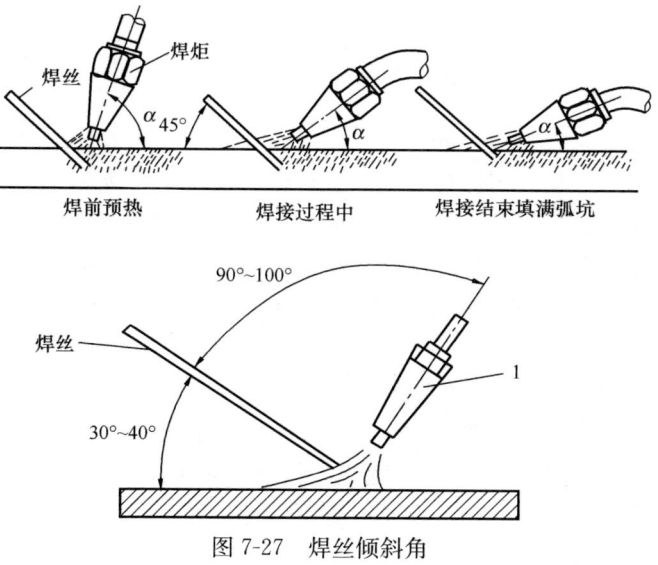

图 7-27　焊丝倾斜角

e. 焊接方向

气焊时，按照焊炬和焊丝移动的方向，可分为左向焊法和右向焊法两种。这两种方法对焊接生产率和焊缝质量影响很大。

右向焊法如图 7-28a 所示，焊炬指向焊缝，焊接过程自左向右，焊炬在焊丝前面移动。焊炬火焰直接指向熔池，并遮盖整个熔池，使周围空气与熔池隔离，所以能防止焊缝金属的氧化和减少产生气孔的可能性，同时还能使焊好的焊缝缓慢地冷却，改善了焊缝组织。由于焰心距熔池较近且火焰受焊缝的阻挡，火焰的热量较为集中，火焰的利用率也较高，还可使熔深增加和提高生产率。所以右向焊法适合焊接厚度较大、熔点及导热性较高的焊件。但右向焊法不易掌握，一般采用较少。

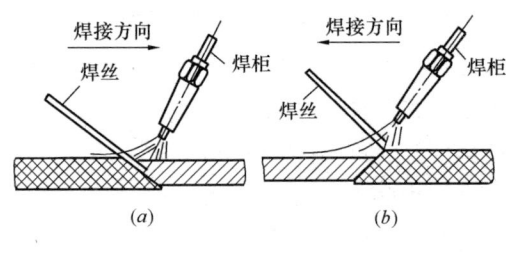

图 7-28

(a) 左向焊法；(b) 右向焊法

左向焊法如图 7-28b 图所示，焊炬指向焊件未焊部分，焊接过程自右向左，而且焊炬是跟着焊丝游走。由于火焰指向焊件未焊部分对金属有预热作用，因此焊接薄板时生产率很高，同时这种方法操作简便，容易掌握，是普遍应用的方法。但左向焊法缺点是焊缝易氧化，冷却较快，热量利用低，故适用于薄板的焊接。

f. 焊接速度

一般情况下，厚度大、熔点高的焊件，焊接速度要慢些，以免产生未熔合的缺陷；厚度小、熔点低的焊件，焊接速度要快些，以免烧穿和使焊件过热，降低产品质量。另外，焊接速度还要根据焊工的操作熟练程度、焊缝位置及其他条件来选择。在保证焊接质量的前提下，应尽量加快焊接速度，以提高生产率。

2）气割

① 气割原理

气割是利用可燃气体与氧气混合燃烧的火焰热能将工件切割处预热到燃点后，喷出高速切割氧流，使金属剧烈燃烧并放出热量，利用切割氧流把熔化状态的金属氧化物吹掉，从而实现切割的方法，如图 7-29 所示。金属的气割过程实质是铁在纯氧中的燃烧过程，而不是熔化过程。可燃气体与氧气的混合及切割氧的喷射是利用割炬来完成的，气割所用的可燃气体主要是乙炔、液化石油气和氢气。气割时应用的设备工具除割炬外均与气焊相同。

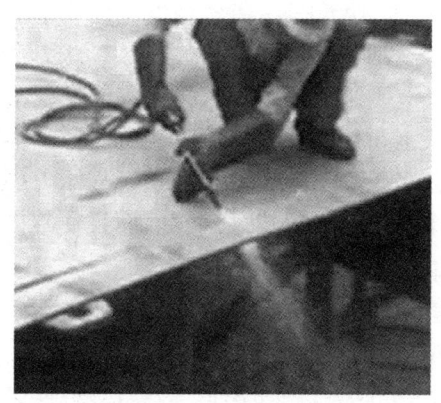

图 7-29

② 气割要求

气割过程是预热—燃烧—吹渣过程，但并不是所有金属都能满足这个过程的要求，只有符合下列条件的金属才能进行气割：

　　a. 金属在氧气中的燃烧点应低于其熔点；

　　b. 气割时金属氧化物的熔点应低于金属的熔点；

　　c. 金属在切割氧流中的燃烧应是放热反应；

d. 金属的导热性不应太强；

e. 金属中阻碍气割过程和提高钢的可淬性的杂质要少。

符合上述条件的金属有纯铁、低碳钢、中碳钢和低合金钢以及钛等。其他常用的金属材料如：铸铁、不锈钢、铝和铜等，则必须采用特殊的气割方法（如等离子弧切割等）。目前气割工艺在工业生产中得到了广泛的应用。

③ 气割工艺参数

气割工艺参数主要包括切割氧压力、气割速度、预热火焰能率、割嘴与割件的倾斜角度、割嘴离割件表面的距离等。气割工艺参数的选择正确与否，直接影响到切口表面的质量。而气割工艺参数的选择又主要取决于割件厚度。

a. 切割氧压力

在割件厚度、割嘴型号、氧气纯度都已确定的条件下，切割氧压力的大小对气割有极大影响。如果氧气压力不够，氧气供应不足，则会使金属燃烧不完全，这样不仅降低气割速度，而且不能将熔渣全部从割缝处吹除，使割缝的背面留下很难清除干净的挂渣，甚至还会出现割不透现象。如果氧气压力过高，则过剩的氧气起了冷却作用，不仅影响气割速度而且使割口表面粗糙，割缝加大，同时也使得氧气消耗量增大。

一般选择氧气压力的根据是：随割件厚度的增加而加大，或随割嘴号码的增大而加大；氧气纯度降低时，由于气割时间增加，要相应增大氧气压力。当割件厚度小于 100mm 时，其氧气压力可参照表 7-7 选用。

氧气纯度对气割速度、气体消耗量以及割缝质量有很大的影响。氧气的纯度低，金属氧化缓慢，使气割时间增加，而且气割单位长度割件的氧气消耗量也增加。例如在氧气纯度为 97.5～99.5％的范围内，每降低 1％时，1m 长的割缝气割时间增加 10～15％，而氧气消耗量增加 25～35％。图 7-30 中曲线 1 即表示切割氧纯度与气割时间的关系，曲线 2 表示切割氧纯度与氧气消耗量的关系。

钢板的气割厚度与气割速度、氧气压力的关系　　　表 7-7

钢板厚度（mm）	气割速度（mm/min）	氧气压力（MPa）
4	450～500	0.2
5	400～500	0.3
10	340～450	0.35
15	300～375	0.375
20	260～350	0.4
25	240～270	0.425
30	210～250	0.45
40	180～230	0.45
60	160～200	0.5
80	150～180	0.6
100	130～165	0.7

b. 气割速度

气割速度与割件厚度和使用的割嘴形状有关。割件愈厚，气割速度愈慢；反之割件愈薄，则气割速度越快。气割速度太慢，会使割缝边缘熔化；速度过快，则会产生很大的后拖量（沟纹倾斜）或割不穿。气割速度的正确与否，主要根据割缝后拖量来判断。所谓后拖量，就是切割面上的切割氧流轨迹的始点与终点在水平方向上的距离，如图 7-31 所示。

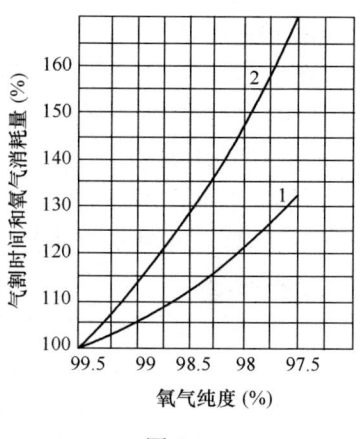

图 7-30

气割时产生后拖量的原因主要是：

（a）切口上层金属在燃烧时所产生的气体冲淡了切割氧气流，使下层金属燃烧缓慢。

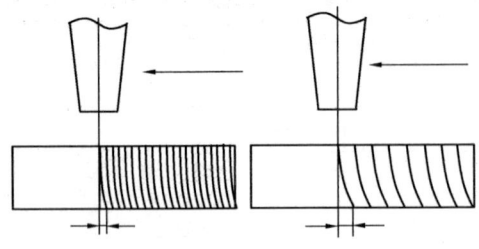

图 7-31

（b）下层金属无预热火焰的直接预热作用，因而火焰不能充分地对下层金属加热，使割件下层不能剧烈燃烧。

（c）割件下层金属离割嘴距离较大，氧流风线直径增大，切割氧气流吹除氧化物的动能降低。

（d）切割速度过快，来不及将下层金属氧化而造成后拖量，有时因后拖量过大而未能将割件割穿，使气割过程中断。

切割的后拖量是不可避免的，尤其是在切割厚钢板时更为显著。因此，要求采用的气割速度，应该以使切口产生的后拖量较小为原则，以保证气割质量。

c. 预热火焰能率

预热火焰的作用是把金属割件加热，并始终保持能在氧气流中燃烧的温度，同时使钢材表面上的氧化皮剥离和熔化，便于切割氧气流与铁化合。预热火焰对金属加热的温度，低碳钢时约在 $1100\sim1150℃$。目前采用的可燃气体有乙炔和丙烷两种，由于乙炔与氧燃烧后具有较高的温度，因此气割时间比丙烷短。

气割时，预热火焰均采用中性焰或轻微的氧化焰。碳化焰不能使用，因为碳化焰中有剩余的碳，会使割件的切割边缘增碳。调整火焰时，应在切割氧射流开启前进行，以防止预热火焰发生变化。

预热火焰的能率以可燃气体（乙炔）每小时消耗量（1/h）表示。预热火焰能率与割件厚度有关。割件越厚，火焰能率应越大，但火焰能率过大时，会使割缝上缘产生连续珠状钢粒，甚至熔化成圆角，同时造成割件背面粘渣增多而影响气割质量。当火焰能率过小时，割件得不到足够的热量，迫使气割速度减慢，甚至使气割过程发生困难，这在厚板气割时更应注意。

当气割薄钢板时，预热火焰能率要小。如果气割速度快，可采用稍大些的火焰能率，但割嘴应离割件表面远些，并保持一定的倾斜角度，防止气割中断；而在气割厚钢板时，由于气割速度较慢，为了防止割缝上缘熔化，可采用相对较弱的火焰能率。

d. 割嘴与割件的倾斜角

割嘴与割件的倾斜角度，直接影响气割速度和后拖量。当割嘴沿气割相反方向倾斜一定角度时，能使氧化燃烧而产生的熔渣吹向切割线的前缘，这样可充分利用燃烧反应产生的热量来减少后拖量，从而促使气割速度的提高。进行直线切割时，应充分利用这一特性。割嘴倾斜角大小，主要根据割件厚度而定。如果倾斜角选择不当，不但不能提高气割速度，反而使气割发生困难，同时，增加氧气的消耗量。

当气割 6～30mm 厚钢板时，割嘴应垂直于割件。气割小于6mm 钢板时，割嘴可沿气割相反方向倾斜 5°～10°。气割大于30mm 厚钢板时，开始气割应将割嘴沿切割方向倾斜 5°～10°，待割穿后割嘴垂直于割件，当快割完时，割嘴逐渐沿切割相反方向倾斜 5°～10°。割嘴的倾斜角如图 7-32 所示。

e. 割嘴离工件表面的距离

为了减少周围空气对切割氧的污染而保持其纯度，同时又为了充分利用高速氧气流的动能，在气割过程中，割嘴与割件表面的距离越近，越能提高速度和质量。但是距离过近，预热火焰会将割缝上缘熔化，被剥离的氧化皮会蹦起来堵塞嘴孔造成回烧、逆火现象，甚至烧坏割嘴。所以割嘴与割件表面的距

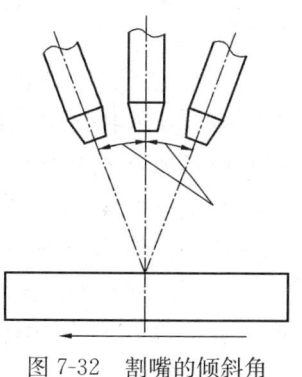

图 7-32　割嘴的倾斜角

离又不能太近。选择割嘴与割件表面的距离要根据预热火焰的长度和割件厚度，并使得加热条件最好。在通常情况下其距离为 3～5mm；当割件厚度小于 20mm 时，火焰可长些，距离可适当加大；当割件厚度大于或等于 20mm 时，由于气割速度放慢，火焰应短些，距离应适当减小。

当气割工艺参数选定后，气割质量的好坏还与钢材质量及表面状况（氧化皮、涂料等）、割缝的形状（直线、曲线或坡口等）等因素有关。

3）气焊与气割的优缺点

与电焊相比较，气焊、气割有其不可替代的优势，但是同时也存在着一定的缺点。

气焊的优点是：设备简单、使用灵活；对铸铁及某些有色金属的焊接有较好的适应性；在电力供应不足的地方需要焊接时，气焊可以发挥更大的作用。其缺点是：生产效率较低；焊接后工件变形和热影响区较大；较难实现自动化。

气割的优点是：设备简单、使用灵活。其缺点是对切口两侧金属的成分和组织产生一定的影响，以及引起被割工件的变形等。

4）气焊与气割的安全特点

气焊和气割时的危险性，主要是容易形成爆炸和火灾，以及焊接有色金属引起的中毒两大类危险事故。

① 爆炸和火灾

爆炸和火灾是气焊和气割中的主要危险。气焊和气割应用的乙炔、电石、液化石油气和氧气等，都是属于容易发生爆炸和着火危险的物质，其设备乙炔发生器、氧气瓶、乙炔瓶和液化石油气瓶等，是具有爆炸和着火危险的压力容器，在焊补燃料容器和管道时，还会遇到许多其他易燃易爆气体及各种压力容器，同时又使用明火，而且操作过程中的回火、四处飞溅的火星又是危险的着火源。若焊接设备和安全装置有故障，或者操作人员违反安全操作规程进行作业等，上述不安全因素的同时存在，容易构成爆炸和火灾事故的条件。

② 焊接有色金属引起的中毒

在焊接镁、铝和铜等有色金属及其合金时，除了蒸发出有毒的金属氧化物蒸汽外，焊粉还会散发出氯和氟盐的燃烧产物，如黄铜在焊接过程中蒸发的大量锌蒸汽，铅在焊接过程中蒸发的铅和氧化铅蒸汽等有害物质。在焊补操作中，还会遇到产生其他有毒和有害气体，尤其是在密闭容器、管道内的气焊、气割操作等均会对焊接作业人员造成危害，也有可能造成焊工中毒。

此外，气焊和气割还会发生灼烫、高处坠落和物体打击工伤事故。

（2）气焊与气割常用气体

气焊与气割常用的可燃气体有乙炔、液化石油气、氢气等；常用的助燃气体是氧气。

1）乙炔

① 乙炔的物理化学性质

乙炔（C_2H_2），又名电石气，是不饱和的碳氢化合物，在常温和大气压力下，它是一种无色气体，工业用乙炔中，因为混有硫化氢（H_2S）及磷化氢（PH_3）等杂质，故具有特殊的臭味。在标准状态下，密度为 $1.17kg/m^3$，比空气稍轻，$-83℃$时乙炔可变成液体，$-85℃$时乙炔将变为固体，液体和固体乙炔在一定条件下可能因摩擦和冲击而爆炸。

乙炔是理想的可燃气体，与空气混合燃烧时所产生的火焰温度为 2350℃，而与氧气混合燃烧时所产生的火焰温度为 3100～3300℃，因此用它足以熔化金属以进行焊接，乙炔完全燃烧反应式为：$2C_2H_2+5O_2=4CO_2+2H_2O+Q$（放热），从式中可得出：1 体积的乙炔完全燃烧需要 2.5 体积的氧。

② 乙炔的爆炸性及溶解性

乙炔是一种危险的易燃易爆气体。它的自燃点低（305℃），点火能量小（0.019 毫焦）。在一定条件下，很容易因分子的聚合、分解而发生着火、爆炸。

a. 纯乙炔的分解爆炸性

纯乙炔的分解爆炸性，首先决定于它的压力和温度，同时与接触介质、乙炔中的杂质、容器形状等有关。

（a）当温度超过 200～300℃时，乙炔分子就开始聚合，而形成其他更复杂的化合物，如苯（C_6H_6）、苯乙烯（C_8H_8）、萘（$C_{10}H_8$）、甲苯（C_7H_8）等。聚合作用是放热的，气体温度越高，聚合作用速度越快，因而放出的热量就会促成更进一步的聚合。当温度高于 500℃时，未聚合的乙炔就会发生爆炸分解。如果在聚合过程中将热量急速排除，则反应只限于一部分乙炔的聚合作用，而分解爆炸则可避免。

乙炔是吸热化合物，即由元素组成乙炔时需要消耗大量的热，当乙炔分解时即放出它在生成时所吸收的全部热量：$C_2H_2 \rightarrow 2C + H_2 + 226kJ/mol$。分解时生成物是细粒固体碳及氢气。如果这种分解是在密闭容器（如乙炔瓶）内进行的，则由于温度的升高，压力急剧增大 10～13 倍而引起爆炸。

增加压力也能促使和加速乙炔的聚合和分解。温度和压力对乙炔的聚合作用与爆炸分解的关系可用图 7-33 的曲线表示。从图中可以看出，在温度等于或低于 540℃，压力小于 0.3MPa 时，乙炔主要是聚合过程。当压力为 150kPa，而温度超过 580℃时，就能形成乙炔分解爆炸。压力越高，聚合作用能促进乙炔分解爆炸所需要的温度就越低。

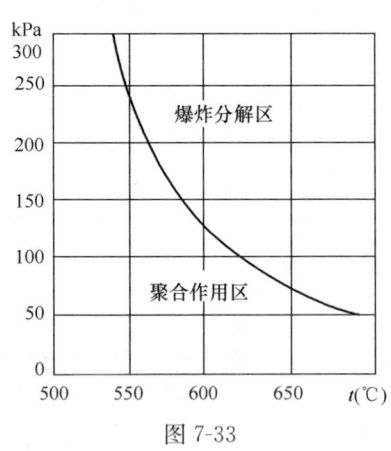

图 7-33

（b）乙炔的分解爆炸与触媒剂有关，当压力为 0.4MPa 时，与发热的小铁管表面接触而产生爆炸的最低温度为：有铁屑时为 520℃；有黄铜时为 500～520℃；有活性炭时为

400℃；有碳化钙时为 500℃；有氧化铁时为 280℃；有氧化铜时为 240℃；有氧化铝时为 490℃；有紫铜屑时为 460℃；有铁锈（氧化铁）时为 280～300℃。这些触媒剂能把乙炔分子吸附在自己表面上，结果使乙炔的局部浓度增高而加速了乙炔分子之间的聚合和爆作分解。

（c）乙炔的分解爆炸与存放的容器形状和大小有关。容器的直径越小，越不容易爆炸。在毛细管中，由于管壁冷却作用及阻力，爆炸的可能性会大为降低。根据这个原理，目前使用的乙炔胶管孔径都不太大，管壁也比较薄，对防止乙炔在管道内爆炸是有利的。

（d）乙炔与铜、银、水银等金属或其盐类长期接触时，会生成乙炔铜（Cu_2C_2）和乙炔银（Ag_2C_2）等爆炸性混合物，当受到摩擦冲击时就会发生爆炸。因此凡供乙炔使用的器材都不能用银和含铜量 70％ 以上的铜合金制造。

（e）乙炔与氯、次氯酸盐等化合，在日光照射下以及加热等外界条件下就会发生燃烧和爆炸。所以乙炔燃烧失火时，绝对禁止使用四氯化碳灭火。

b. 乙炔与空气、氧气和其他气体混合气的爆炸性

（a）乙炔及其他可燃气体凡与空气或氧气混合时就提高了爆炸危险性。乙炔和其他可燃气体与空气和氧气混合气的爆炸（发火）范围见表 7-8。

可燃气体与空气和氧气混合气的爆炸极限　　表 7-8

可燃气体名称	可燃气体在混合气中含量（％容积）	
	空气中	氧气中
乙炔	2.2～81.0	2.8～93.0
氢	3.3～81.5	4.6～93.9
一氧化碳	11.4～77.5	15.5～93.9
甲烷	4.8～16.7	5.0～59.2
天然气	4.8～14.0	
石油气	3.5～16.3	

乙炔与空气或纯氧的混合气如果其中任何一种达到了自燃温度（与空气混合气体的自燃温度为 305℃，与氧气混合气体的自燃温度为 300℃），则在大气压力下也能爆炸。是否会达到自燃温度而导致爆炸，基本上只取决于其中乙炔的含量。

（b）乙炔中混入与其不发生化学反应的气体，如氮气、甲烷、一氧化碳、水蒸气、石油气等，或把乙炔熔解在液体里，能够降低乙炔的爆炸性。这是因为乙炔分子之间被其他气体或液体的微粒所隔离，因而使进行爆炸的连锁反应条件变坏的缘故。

乙炔能够溶解在许多液体中，特别是有机液体中，如丙酮等。在 15℃、0.1MPa 时，1 升丙酮能溶解 23 升乙炔，在压力增大到 1.42MPa 时，1 升丙酮能溶解乙炔约 400 升。人们就是利用乙炔能大量溶于丙酮溶液中这个特性，将乙炔装入乙炔瓶内来储存、运输和使用的。

③ 乙炔中的杂质及毒性

a. 乙炔中含磷化氢

工业用的乙炔中经常含有磷化氢（PH_3）。这是由于电石中含有少量磷化钙等杂质，当电石与水接触时生成磷化氢。

乙炔中磷化氢的含量取决于电石的纯度。在未经净化的乙炔内，可能含有 0.03%～1.8%（容积）的磷化氢。磷化氢的自燃点很低。气态磷化氢（PH_3）在温度为 100℃ 时，就会自燃，而液态磷化氢（P_2H_4）甚至在稍低于 100℃ 时也会自燃。因而，当乙炔中含有空气，又有磷化氢存在时，就可能构成乙炔—空气混合气的爆炸起火。

b. 乙炔中含硫化氢

硫化氢（H_2S）是由于电石中含有硫化钙、硫化铝和碳酸钙等杂质，经水分解而生成的。乙炔中硫化氢的含量，在很大程度上，取决于硫化钙与水的作用。因硫化氢能溶解于水，并在其生成与分解时，与水的温度有关。如在充足的水中进行分解时，可以减少乙炔中硫化氢的含量。乙炔中硫化氢含量的范围是0.08%～1.5%（容积）。

硫化氢和磷化氢都是乙炔中的有害杂质。在焊接时，其中的硫和磷可能转移到熔接处的金属中，而使焊缝质量变坏。所以，一般规定，乙炔中磷化氢的含量不得超过 0.2%；硫化氢的含量应小于 0.1%（按容积计算）。

c. 乙炔中含空气

乙炔中的空气一般是在乙炔发生器装换电石时进入的，也可能有溶解在水中的空气和吸附在电石表面上的空气混入乙炔里。因为空气和乙炔混合比在很宽的范围内都能使乙炔燃烧和爆炸，所以它是有害的杂质，应尽量减少其含量。在通常情况下，由固定式乙炔发生器制取的乙炔中，空气的含量不超过 0.5%。而用移动式发生器制取的乙炔中，空气的含量不超过 1%～1.5%。乙炔中空气的含量超过 10% 时，就不能用于火焰加工。

d. 乙炔的毒性

乙炔中毒现象比较少见，它主要表现为中枢神经系统损伤。其症状轻度的表现为：精神兴奋、多言、嗜睡，走路不稳等；重度的表现为：意识障碍、呼吸困难、发呆、瞳孔反应消失、昏迷等。也有表现为狂躁、无故哭笑等精神症状。

2）液化石油气

液化石油气(简称石油气)是石油炼制工业的副产品，其主要成分是丙烷(C_3H_8)，大约占 50%～80%，其余是丙烯(C_3H_6)、丁烷(C_4H_{10})、丁烯(C_4H_8)等，在常温和大气压力下，组成石油气的这些碳氢化合物以气态存在。但是只要加上不大的压力(一般为 0.8～1.5MPa)即变为液体，液化后便于装入瓶中贮存和运输。在标准状态下，石油气的密度为 1.8～2.5kg/m^3，比空气重，但其液体的比重则比水、汽油轻。

石油气燃烧的温度比乙炔火焰温度低，丙烷在氧气中燃烧的温度为 2000～2850℃，用于气割时，金属预热时间需稍长，但可减少切口边缘的过烧现象，切割质量较好，在切割多层迭板时，切割速度比乙炔快 20%～30%。石油气除越来越广泛地应用于钢材的切割外，还用于焊接有色金属。国外还采用乙炔与石油气混合后作为焊接气源。

石油气有以下特点和安全要求：

① 石油气易挥发，闪点低，其中的主要成分丙烷挥发点为 $-42℃$，闪点 $-20℃$，所以在低温时，它的易燃性就是很大的。

② 石油气燃烧的化学反应式（以丙烷为代表）为：$C_3H_8 + 5O_2 = 3CO_2 + 4H_2O + 2350kJ/mol$，即一份丙烷（石油气）需要五份氧气与之化合（但实际需要量要比理论上多 10%）才能完全燃烧。若供氧不足，燃烧不充分，会产生一氧化碳，使人中毒，严重时有致命危险。

③ 组成石油气的几种气体都能和空气形成爆炸性混合气，但是它们的爆炸极限范围比较窄。例如丙烷、丁烷和丁烯的爆炸极限分别为 $2.17\% \sim 9.5\%$；$1.15\% \sim 8.4\%$ 和 $1.7\% \sim 9.6\%$，比乙炔要安全得多。但石油气和氧气混合气有较宽的爆炸极限，范围为 $3.2\% \sim 64\%$，有关石油气与氧气混合的燃烧爆炸性能见表 7-9。

液化气－氧气混合气的燃爆范围 表 7-9

序号	液化气在混合气中占的体积百分数	燃爆情况
1	3.2	爆声微弱
2	6.0	有爆声
3	6.7	有爆声
4	12.9	有爆声
5	19.1	爆声较响
6	33.1	爆声响
7	36.2	爆声响
8	43.0	爆声响
9	51.5	爆声强烈发光
10	64.0	爆声强烈发光

④ 气态石油气比空气重（比重约为空气的 1.5 倍），易于向低处流动而滞留积聚，液化石油气比汽油轻，能飘浮在水沟的液

面上，随水流动并在死角处聚集，而且易挥发。如果以液体流动会扩散成 350 倍的气体，在使用、贮存石油气时，应采取安全措施，如暖气沟进出口应砌砖抹灰，电缆沟进出口应填装沙土，下水道应装水封等，室内应有良好通风。通风口除设在高处外，还应设在低处，有利于对流。

⑤ 石油气对普通橡胶导管和衬垫有腐蚀性，能引起漏气，必须采用耐油性强的橡胶导管和衬垫，不能随便更换而采用普通橡皮管和衬垫。

⑥ 石油气瓶内部的压力与温度成正比。在零下 40℃ 时，压力为 0.1MPa，在 20℃ 时为 0.7MPa，40℃ 时为 2MPa。所以石油气瓶与热源、暖气、电等应保持 1.5m 以上的安全距离，更不许用火烤。

⑦ 石油气有一定毒性，空气中含量很少时，人呼吸了一般不会中毒，但当它的浓度较高时，就会引起人的麻醉，在浓度大于 10% 的空气中停留三分钟后，就会使人头脑发晕。

⑧ 石油气点火时，要先点燃引火物后再开气，不得颠倒次序。

3) 氢气

氢是一种无色无味的气体，比重 0.07，比空气轻 14.38 倍，是最轻的气体。它具有最大的扩散速度和很强的导热性，其导热效能比空气大七倍，极易漏泄，点火能力低，被公认为是一种极危险的易燃易爆气体。

氢在空气中的自燃点为 560℃，在氧气中的自燃点为 450℃。

氢氧火焰的温度可达 2770℃，氢具有很强的还原性。在高温下，它可以从金属氧化物中夺取氧而使金属还原。它广泛地被应用于水下火焰切割，以及某些有色金属的焊接和氢原子焊等。

氢与空气混合可形成爆鸣气，其爆炸极限为 4%～80%，氢与氧混合气的爆炸极限为 4.65%～93.9%，氢与氯气的混合物为 1∶1 时，见光即行爆炸，当温度达 240℃ 时即能自燃。氢与氟化合时能发生爆炸，甚至在阴暗处也会发生爆炸，因此它是一种很不安全的气体。

4）氧气

① 氧气的性质

在常温、常压下氧是气态（即氧气），分子式为 O_2。氧气是一种无色、无味、无毒的气体，在标准状态（0℃，0.1MPa）下，氧气的密度是 1.429kg/m³，比空气略重（空气为 1.293kg/m³）。当温度降到 −183℃ 时，氧气由气态变成淡蓝色的液体。当温度降到 −218℃ 时，液态氧就会变成淡蓝色的固体。

氧气本身不能燃烧，但它是一种化学性质极为活泼的助燃气体。氧气几乎能与自然界的一切元素（除隋性气体外）相化合，这种化合作用称为氧化反应，剧烈的氧化反应称为燃烧。氧气的化合能力可随着压力的加大和温度的升高而增强。因此，如果当工业中常用的高压氧气与油脂等易燃物质相接触时，就会发生剧烈的氧化反应而使易燃物自行燃烧，这样在高压和高温作用下，促使氧化反应更加剧烈从而引起爆炸。因此在使用氧气时，切不可使氧气瓶瓶阀、氧气减压器、焊炬、割炬、氧气皮管等沾染上油脂。

② 对氧气纯度的要求

氧气的纯度对气焊与气割的质量、生产率以及氧气本身的消耗量都有直接影响。气焊与气割对氧气的要求是纯度越高越好；氧气纯度越高，工作质量和生产率越高，而氧气的消耗量却大为降低。氧气不纯，主要是一些氮气混在里面，这种气体不但不能帮助燃烧，相反还要消耗大量的热，使火焰的温度降低，并且在焊接时会使金属焊缝氮化，严重地影响焊缝金属的质量。气割时，若氧气的纯度低于 97.5％，将使燃烧效率显著下降，切割的速度也将随着显著下降，切割断面的粗糙度变粗，切口底部的熔渣也很难清除。特别是气割大厚度钢料时，会造成后拖量太大，甚至割不透，使切割质量低劣、效率降低。试验研究表明：当氧气纯度从 99.5％ 提高到 99.8％ 时，切割速度提高约 12％；当纯度从 99.5％ 下降到 98％ 时，切割速度下降 25％；当纯度达

99.6％时，即可获得无粘渣切割。气割时，氧气纯度不应低于98.5％。

工业用氧气的纯度分为两级，一级纯度不低于99.2％，常用于质量要求较高的气焊；二级纯度不低于98.5％，常用于气割。

③ 氧气的制取

工业上常采用液化空气分离法制取大量氧气。空气中氧气占21％，氮气占78％，其余气体只占1％（按体积计算）。将空气冷却压缩为液体，利用液态氧和氮的不同汽化温度，把氮和氧两种气体分离出来。其制取的基本过程是：先用高压将空气压缩，再经冷却器使压缩空气的温度降低，然后储入液化器。液化的空气经分油器除去其中的油脂和水分，再在分馏器内将氮和氧分离，液体氮比液体氧沸点低，液体氮在−195.8℃时，即开始沸腾气化出去，剩下的便是液体氧。当温度提高到−182.96℃时，开始沸腾气化成氧气，把气化的氧气输入储气缸内，再经压缩机将氧气压缩到12MPa或15MPa，然后装入氧气瓶中即可储存使用。

5) 特利Ⅱ气

特利Ⅱ气主要以丙烯为原料，再辅以一定比例的添加剂，经过物理混合而成，是金属切割、加热、焊接的一种新型气体，可以用来代替溶解乙炔。特利Ⅱ气与溶解乙炔相比有如下特点：

① 特利Ⅱ气的单瓶充装量是乙炔的2.5～3倍，增加了气瓶的使用周期。

② 特利Ⅱ气在空气中的爆炸极限仅为2.4％～10.5％，而溶解乙炔则是2.2％～81.0％，所以较乙炔安全，无分解爆炸危险。

③ 在使用过程中，特利Ⅱ气不发生逆火。

④ 特利Ⅱ气切割精度比溶解乙炔高，割缝较光滑，而且在切割过程中没有熔渣回跳引起的灭火及回火引起的工作中断。

⑤ 特利Ⅱ气在使用过程中对环境无污染、对人体也无害。

使用特利Ⅱ气的主要缺点是：预热时间稍长。

（3）气焊与气割设备、工具

1）气焊与气割设备

气瓶是气焊与气割的主要设备，它是用来贮存和运输气体的一种承压容器。气焊与气割用的气瓶主要有氧气瓶，它属于压缩气瓶；乙炔瓶，它属于溶解气瓶；液化石油气瓶，它属于液化气瓶。

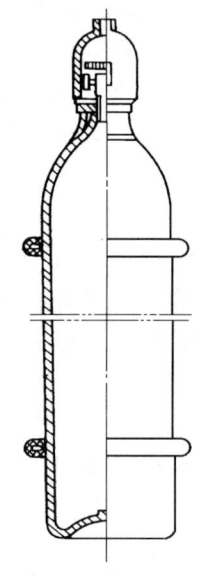

图 7-34　氧气瓶

① 氧气瓶

a. 氧气瓶的构造

氧气瓶是贮存和运输氧气的专用高压容器，其构造如图 7-34 所示。它是由瓶体、胶圈、瓶阀、瓶箍和瓶帽五部分组成。瓶阀的一侧装有安全膜，当瓶内压力超过规定值时安全膜片自行爆破，从而保护了气瓶的安全。瓶体外部装有两个防振胶圈，瓶体和瓶帽外表面漆成天蓝色，并用黑漆写明"氧气"字样，以区别于其他气瓶。为使氧气瓶能平稳竖立的放置，制造时把底部挤压成凹面形状。为使搬运时防止氧气瓶阀意外的碰撞，在瓶体上部收口处，装置一个带有内螺纹的瓶帽。

氧气瓶是用优质碳素钢或低合金钢压制成的无缝气瓶。在出厂前，都要经过严格检验，并需对瓶体进行水压试验。试验压力应达到工作压力的 1.5 倍，即 15MPa×1.5＝22.5MPa。氧气瓶一般使用 3 年后应进行复验；复验内容有水压试验和检验瓶壁腐蚀情况。有关气瓶的容积、重量、出厂日期、制造厂名、工作压力，以及复验情况等项说明，都应在钢瓶收口处钢印中反映出来。目前我国生产的氧气瓶的规格，见表 7-10 所示。最常用的容积为 40L，在 15MPa 压力下，可以储存氧气 6000L，即 6m³。

	工作压力(MPa)	容积(L)	瓶体外径(mm)	瓶体高度(mm)	质量(kg)	水压试验压力(MPa)	采用瓶阀规格
颜色							

氧气瓶的规格 表 7-10

颜色	工作压力(MPa)	容积(L)	瓶体外径(mm)	瓶体高度(mm)	质量(kg)	水压试验压力(MPa)	采用瓶阀规格
天蓝	15	33	φ219	1150±20	45±2	22.5	QF-2型铜阀
		40		1370±20	55±2		
		44		1490±20	57±2		

b. 氧气瓶阀

氧气瓶阀是控制氧气瓶内氧气进出的阀门。国产的氧气阀门构造分为两种：一种是活瓣式，另一种是隔膜式。隔膜式阀门气密性好，但容易损坏，使用寿命短。因此目前多采用活瓣式阀门，其结构如图 7-35 所示。

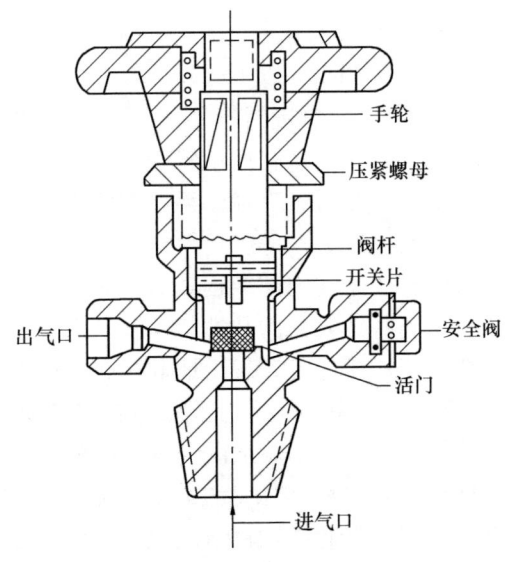

图 7-35 氧气瓶阀

活瓣式瓶阀结构主要有阀体、密封垫圈、手轮、压紧螺母、阀杆、开关片、活门及安全装置等组成。除手轮、开关片、密封垫圈外，其余都是由黄铜或青铜压制和机械加工而成的。为使瓶口和瓶阀紧密结合，将阀体和氧气瓶口结合的一端，加工成锥形管螺纹，以旋入气瓶口内；阀体的出气口处，加工成定型螺纹，用以连接减压器。阀体的出气口背面，装有安全装置。

使用氧气时，将手轮逆时针方向旋转，是开启氧气阀门。旋转手轮时，阀杆也随之转动，再通过开关片使活门一起转动，造成活门向上或向下移动。活门向上移动，气门开启，瓶内的氧气从出气口喷出。活门向下压紧时，由于活门内嵌有用尼龙材料制成的气门垫，因此可以使活门密闭。瓶阀活门上下移动的范围为1.5～3mm。

② 乙炔瓶

a. 乙炔瓶的构造

乙炔瓶是贮存和运输乙炔气用的压力容器。在 15℃ 时，限定乙炔的充装压力为 1.5MPa 以下，且一般分两次充装，第一次充装后应静置不少于 8h，再进行第二次充装。乙炔瓶主要是由瓶体、瓶阀、瓶帽、瓶座及多孔性填料等部分组成。其外形和氧气瓶相似，但比氧气瓶略短、直径略粗，瓶体表面涂白漆，并印有"乙炔气瓶"、"不可近火"等红色字样。因乙炔不能用高压压入瓶内贮存，所以乙炔瓶的内部结构较氧气瓶要复杂得多。乙炔瓶内有微孔填料布满其中，而微孔填料中浸满丙酮，利用乙炔易溶解丙酮的特点，使乙炔稳定、安全地贮存在乙炔气瓶中，具体构造如图 7-36 所示。瓶阀下面中心连接一锥形不锈钢网，内装石棉或毛毡，其作用是帮助乙炔从丙酮溶液中分解出来。瓶内的填料要求多孔且轻质，以前多用活性炭、木屑、硅藻土、浮石、硅酸钙、石棉纤维等合制而成，目前硅酸钙得到广泛应用。

为使气瓶能平稳直立放置，在瓶底部焊有底座，瓶阀装有瓶帽。为了保证安全使用，在靠近收口处装有易熔塞，一旦气瓶温度达到 100℃ 左右，易熔塞即熔化，使瓶内气体外逸，起到泄压作用。另外瓶体装有两道防震胶圈。

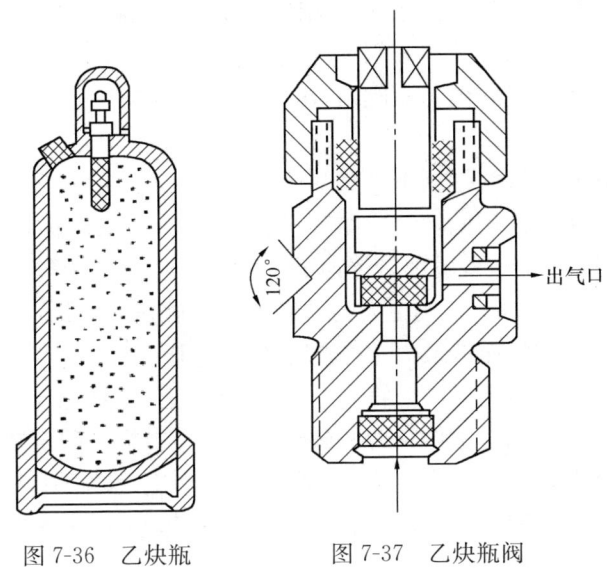

图 7-36　乙炔瓶　　　　图 7-37　乙炔瓶阀

乙炔瓶的瓶体是由优质碳素结构钢或低合金结构钢焊制而成。乙炔瓶出厂前，需经严格检验，并做水压试验。乙炔瓶的设计压力为 3MPa，试验压力应高出 1 倍，即试验压力为 6MPa。在靠近瓶口的部位，应标注出容量、重量、制造年月、最高工作压力、试验压力等内容。使用期间，要求每 3 年进行一次技术检验，发现有渗漏或填料空洞等现象，应报废或更换。

乙炔瓶的容量为 40L，一般乙炔瓶中能溶解 6～7kg 乙炔。使用乙炔时应控制排放量，不能任意排放，否则会连同丙酮一起喷出，造成危险。

b. 乙炔瓶阀

乙炔瓶阀是控制乙炔瓶内乙炔进出的阀门，它的构造如图 7-37 所示。乙炔瓶阀主要包括阀体、阀杆、密封垫圈、压紧螺母、活门和过滤件等几部分。乙炔阀门没有手轮，活门开启和关闭是靠方形套筒扳手完成。当方形套筒扳手按逆时针方向旋转阀杆上端的方形头时，活门向上移动是开启阀门，反之则是关闭。

乙炔瓶阀体是由低碳钢制成，阀体下端加工成锥形尾，以使其旋入瓶体上口。由于乙炔瓶阀的出气口处无螺纹，因此使用减压器时必须带有夹紧装置与瓶阀结合。

③ 液化石油气瓶

液化石油气瓶是用于贮存和运送液化石油气的压力容器，按用量及使用方式不同，气瓶贮存量有 10kg、15kg、36kg 等多种规格，其中 15kg 是民用最普遍的一种；如企业用量较大，还可以制造容量为 1t、2t 或更大的贮气罐。气瓶材质选用 16 锰钢或优质碳素钢，气瓶的最大工作压力为 1.6MPa，水压试验 3MPa。气瓶通过试验鉴定后，应将制造厂名、编号、重量、容量、制造日期，试验日期、工作压力、试验压力等项内容，固定在气瓶的金属铭牌上，应标有制造厂检验部门的钢印。气瓶外表涂银灰色，并标有"液化石油气"红色字样。具体规格见表 7-11，具体构造如图 7-38 所示，瓶阀结构如图 7-39 所示。

液化石油气瓶规格　　　　　　　　表 7-11

	ysp-10	ysp-15	ysp-50
钢瓶内直径（mm）	314	314	400
水容积（L）	＞23.5	＞35.5	＞118
底座外直径（mm）	300	300	400
护罩外直径（mm）	190	190	190
钢瓶高度（mm）	535	680	1215
充装重量（kg）	≤10	≤15	≤50

2）气焊与气割工具

① 焊炬

a. 焊炬的作用及其分类

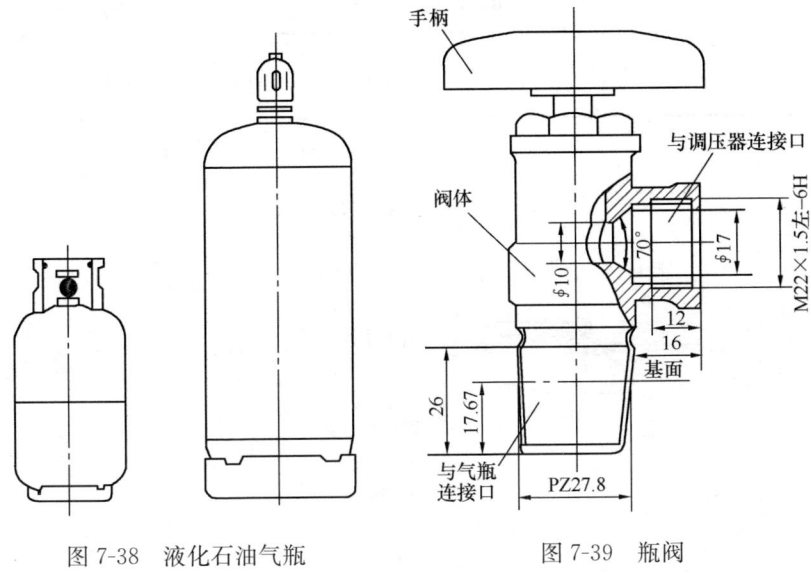

图 7-38　液化石油气瓶　　　　　　图 7-39　瓶阀

　　焊炬又称焊枪，是气焊的主要工具。它的作用是将可燃气体和氧气按一定比例均匀地混合，并以一定的速度从焊嘴喷出，形成一定能率、一定成分、适合焊接要求和燃烧稳定的火焰。焊炬的好坏直接影响焊接质量，因此要求焊炬具有良好的调节和保持氧气与可燃气体比例及火焰大小的性能，并使混合气体喷出速度等于或大于燃烧速度，以使火焰稳定的燃烧。同时还要求焊炬的重量要轻，使用时操作方便、安全可靠。

　　焊炬按可燃气体与氧气混合方式的不同可分为：射吸式焊炬和等压式焊炬两类。其构造及特点见表 7-12。等压式焊炬使用的是中压和高压乙炔，因此一般较少使用。目前我国广泛使用的是射吸式焊炬，这种焊炬的工作原理是利用氧气高速射入吸管并从喷嘴喷出时产生的射吸力，将低压乙炔吸入射吸管，因此它可适用于 0.001～0.1MPa 的低压和中压乙炔。表 7-13 列出了几种常用射吸式焊炬的型号及其有关参数。

焊炬的构造及特点

表 7-12

类别	结 构 图	工作原理	优点	缺点
射吸式	乙炔 氧气	靠喷射器（喷射和射吸管）的射吸作用调节氧和乙炔的流量，保证乙炔与氧按一定的比例混合。射吸作用主要利用高压氧从喷射嘴喷出产生的射吸力	工作压力在 0.01MPa 以上即可使用，通用性强，低、中压乙炔都可使用	较易回火
等压式	氧气 乙炔	乙炔靠自己的压力和氧在焊嘴接头与焊嘴的空隙内混合，因此使用乙炔的压力与氧相等或接近	结构简单，火焰燃烧稳定，回火可能比射吸式小	只能使用中压、高压乙炔，不能用低压乙炔

射吸式焊炬型号及其参数

表 7-13

型 号	焊接低碳钢厚度/mm	氧气工作压力/MPa	乙炔使用压力/MPa	可换焊嘴数
H01-2	0.5～2	0.1～0.25		
H01-6	2～6	0.2～0.4	0.001～0.10	5
H01-12	6～12	0.4～0.7		
H01-20	12～20	0.6～0.8		

型号	焊嘴孔径/mm				
	1	2	3	4	5
H01-2	0.5	0.6	0.7	0.8	0.9
H01-6	0.9	1.0	1.1	1.2	1.3
H01-12	1.4	1.6	1.8	2.0	2.2
H01-20	2.4	2.6	2.8	3.0	3.2

注：型号中 H 表示焊炬，0 表示手工，1 表示射吸式，后缀数字表示焊接低碳钢最大厚度，单位为 mm。

b. 使用焊炬时应注意的事项

（a）使用前必须检查其射吸情况。先将氧气橡皮管紧接在氧气接头上，使焊炬接通氧气。此时先开启乙炔调节阀，再开启氧气调节阀，用手指按在乙炔接头上。如果手指感到有一股吸力，则表明射吸作用正常。如果没有吸力，甚至氧气从乙炔接头中倒流出来，则说明没有射吸能力，必须进行修理，否则严禁使用。

（b）焊炬射吸检查正常后，再把乙炔橡皮管接在乙炔接头上。一般要求氧气进气接头必须与氧气橡皮管连接牢固，即用卡箍或退火的铁丝拧紧。而乙炔进气接头与乙炔橡皮管应避免连接太紧，以不漏气并容易插上和容易拔下为准。同时应检查其他各气体通道、各气体调节阀处和焊嘴处是否正常及是否有漏气情况。

（c）上述检查合格后才能点火。点火时，应把氧气调节阀稍微打开，然后打开乙炔调节阀。点火后，应立即调整火焰，使火焰达到正常形状。如果调整不正常或有灭火现象，应检查是否漏气或管路堵塞，并进行修理。点火时，也可以先打开乙炔调节阀，点燃乙炔并冒烟灰，此时立即打开氧气调节阀调节火焰。这种点火方法可避免点火时的鸣爆现象，而且在送氧后一旦发生回火便立即关闭氧气，防止回火爆炸；还能较容易地发现焊炬是否堵塞等毛病，有利于安全操作。其缺点是稍有烟灰，影响卫生。

（d）停止使用时，应先关闭乙炔调节阀，然后再关闭氧气调节阀，以防止火焰倒袭和产生烟灰。在使用过程中若发生回火，应迅速关闭乙炔调节阀，同时关闭氧气调节阀。等回火熄灭后，再打开氧气调节阀，吹除残留在焊炬内的余焰和烟灰，并将焊炬的手柄前部放在水中冷却。

（e）在使用过程中，如发现气体通路或阀门有漏气现象，应立即停止工作，消除漏气后，才能继续使用。

（f）焊炬各气体通路均不得沾染油脂，以防氧气遇到油脂而燃烧爆炸。再者，焊嘴的配合面不能碰伤，以防止因漏气而影响使用。

（g）焊炬停止使用后应挂在适当的场合，或拆下橡皮管将焊炬存放在工具箱内。严禁将带气源的焊炬存放在工具箱内。

c. 焊炬常见的故障及排除方怯

（a）出现"叭、叭"响声和连续灭火现象。是因焊炬使用时间过长，乙炔中的杂质，特别是氢氧化钙等烟灰在射吸管内壁附着太厚所致。排除时用比射吸管孔径细的齐头钢丝刮除里面的烟灰，尤其是在射吸管孔端部 10mm 处，更要清除干净。

（b）射吸能力小，火焰较小。是因氧气阀针积灰较厚或因氧气阀针弯曲和射吸管孔与氧气调节阀孔不同轴引起，应清除积灰并调直阀针。

（c）没有射吸能力，同时还出现逆流现象。是因射吸管孔处有杂质或焊嘴堵塞。如果焊嘴没有堵塞，应把乙炔橡皮管卸下来，用手指堵住焊嘴并开启氧气调节阀使氧气倒流，将杂质从乙炔管接头吹出。必要时可把混合气管卸下来，清除内部杂质。如果焊嘴堵塞，可用通针及砂布将飞溅物清除干净。

（d）点燃后火焰忽大忽小。是因氧气阀针杆的螺纹磨损，配合间隙过大，使阀针和针孔不同轴引起，须更换氧气阀针。

（e）乙炔接头处倒流。主要是与氧气阀针相吻合的喷嘴松动而漏气，应拧紧。

（f）在焊接大型焊件或预热焊件时，出现连续灭火等现象。原因是焊嘴和混合气管温度过高或焊嘴松动。这时应关闭乙炔，将焊嘴浸入水中冷却或拧紧焊嘴，或将石棉绳用水湿润后，将焊嘴和混合气管缠绕包裹住。

② 割炬

a. 割炬的作用及其分类

割炬的作用是使氧与乙炔按比例进行混合，形成预热火焰，并将高压纯氧喷射到被切割的工件上，使被切割金属在氧射流中燃烧，氧射流把燃烧生成的熔渣（氧化物）吹走而形成割缝。割炬是热切割工件的主要工具。

割炬按预热火焰中氧气和乙炔的混合方式不同分为射吸式和等压式两种，其中以射吸式割炬的使用最为普遍。其构造如图7-40所示。

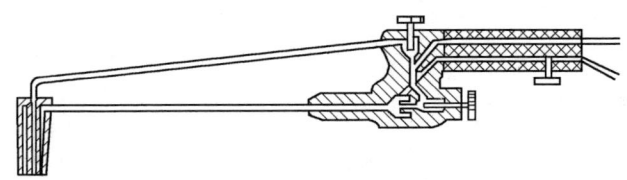

图 7-40　射吸式割炬

表 7-14 和表 7-15 分别列出了射吸式氧-乙炔割炬和氧-液化石油气割炬的型号及其有关系数。根据不同的切割厚度，割炬应配用不同号数（不同切割氧孔径）的割嘴。按结构形式的不同，割嘴可分为环形（组合式）、梅花形（整体式）和精密快速切割用的扩散式割嘴，如图7-41所示。与环形和梅花形所不同的是，扩散式割嘴能喷射出超音速切割气流，其切割氧气流孔道为先收缩后扩散的拉瓦尔喷管形。采用这种割嘴，切割速度可比普通热切割提高 40% ～

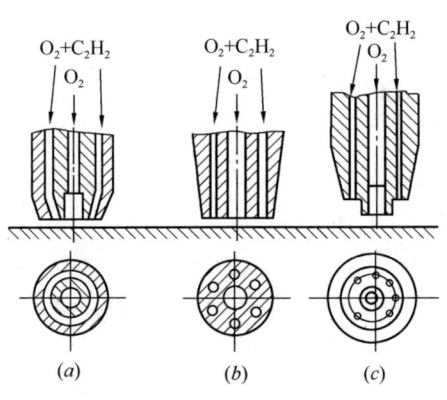

图 7-41　割嘴形式

(a) 环形；(b) 梅花形；(c) 扩散式

173

100%，且切割尺寸精度高、表面粗糙度低。扩散式割嘴用于氧-乙炔的 GK1 型和用于氧—丙烷的 GK33 型，其氧流孔道收缩部位的直径（喉径）随切割厚度的增加而增大。

氧-乙炔射吸式割炬型号及其有关参数　　表 7-14

型号	割嘴号码	割嘴形式	切割低钢厚度/mm	切割氧孔径/mm	气体压力/MPa 氧气	气体压力/MPa 乙炔	气体消耗量/(L·min⁻¹) 氧气	气体消耗量/(L·min⁻¹) 乙炔
G01-30	1	环形	3～10	0.7	0.2		13.3	3.5
	2		10～20	0.9	0.25		23.3	4.0
	3		20～30	1.1	0.3		26.7	5.2
G01-100	1	梅花形	10～25	1.0	0.3	0.001～0.1	36.7～45	5.8～6.7
	2		25～50	1.3	0.4		58.2～71.7	7.7～8.3
	3		50～100	1.6	0.5		91.7～121.7	9.2～10
G01-300	1	梅花形	100～150	1.8	0.5		150～180	11.3～13
	2		150～200	2.2	0.65		183～233	13.1～18.3
	3	环形	200～250	2.6	0.8		242～300	19.2～20
	4		250～300	3.0	1.0		167～433	20.8～26.7

注：型号中 G 表示割炬，0 表示手工，1 表示射吸式，后缀数字表示气割低碳钢最大厚度 mm。

氧-液化石油气割炬及其参数　　表 7-15

型号	结构型式	割嘴号码	切割氧孔径/mm	切割厚度/mm	可换割嘴数	气体压力/MPa 氧气	气体压力/MPa 液化石油气
G07-100	射吸式	1～3	φ1～1.3	100	3	0.7	0.03～0.05
G07-100		3～4	φ2.4～3.0	300	4	1.0	

进行氧-液化石油气火焰切割时，可采液化石油气割炬，也可以用氧-乙炔割炬改制，即将氧-乙炔割炬混合室预热氧喷嘴的孔径及射吸管的孔径扩大以增加供氧量；缩小乙炔气接头进气口孔径，加大割嘴的混合气喷出截面积，以降低流出速度。这种改制是因为液化石油气的燃烧特性不同于乙炔。

除上述手工割炬外，半自动气割机在我国应用也十分广泛。如 CG1-30 型半自动热切割机，不仅可以对 5～60mm 厚的钢板进行直线、斜面和 V 形坡口等形状的切割并一次成形，而且可以对直径大于 200mm 的圆周进行切割，其切割速度为 5～75cm/min。另外，还有仿形和直角坐标式自动气割机、光电跟踪和数控气割机等。这些半自动和自动化气割机在生产中的应用，不仅提高了生产效率和切割质量，而且还降低了作业人员的劳动强度，改善了劳动条件。

b. 使用割炬时应注意的事项

（a）选择合适的割嘴。应根据切割工件的厚度，选择合适的割嘴。装配割嘴时，必须使内嘴和外嘴保持同心，以保证切割氧射流位于预热火焰的中心，安装割嘴时注意拧紧割嘴螺母。

（b）检查射吸情况。射吸式割炬经射吸情况检查正常后，方可接上乙炔皮管，以不漏气并容易插上、拔下为准。使用等压式割炬时，应保证乙炔有一定的工作压力。

（c）火焰熄灭的处理。点火后，当拧预热氧调节阀调整火焰时，若火焰立即熄灭，其原因是各气体通道内存有脏物或射吸管喇叭口接触不严，以及割嘴外套与内嘴配合不当。此时，应将射吸管螺母拧紧；无效时，应拆下射吸管，清除各气体通道内的脏物及调整割嘴外套与内套间隙，并拧紧。

（d）割嘴芯漏气的处理。预热火焰调整正常后，割嘴头发出有节奏的"叭、叭"声，但火焰并不熄灭，若将切割氧开大时，火焰就立即熄灭，其原因是割嘴芯处漏气。此时，应拆下割嘴外套，轻轻拧紧嘴芯，如果仍然无效，可再拆下外套，并用石棉绳垫上。

（e）割嘴头和割炬配合不严的处理。点火后火焰虽正常，但打开切割氧调节阀时，火焰就立即熄灭。其原因是割嘴头和割炬配合面不严。此时应将割嘴拧紧，无效时应拆下割嘴，用细砂纸轻轻研磨割嘴头配合面，直到配合严密。

（f）回火的处理。当发生回火时，应立即关闭切割氧调节阀，然后关闭乙炔调节阀及预热氧调节阀。在正常工作停止时，应先关切割氧调节阀，再关乙炔和预热氧调节阀。

（g）保持割嘴通道清洁。割嘴通道应经常保持清洁光滑，孔道内的污物应随时用通针清除干净。

（h）清理工件表面。工件表面的厚锈、油水污物要清理掉。在水泥地面上切割时应垫高工件，以防锈皮和熔渣在水泥地面上爆溅伤人。

前面介绍的焊炬使用方法，基本上也适用于割炬。

③ 减压器

a. 减压器的作用

（a）减压作用

储存在气瓶内的气体都是高压气体，譬如氧气瓶内的氧气压力最高达 15MPa，乙炔瓶内的乙炔压力最高达 1.5MPa，而气焊气割工作中所需的气体工作压力一般都是比较低的，氧气的工作压力一般要求为 0.1～0.4MPa，乙炔的工作压力则更低，最高也不会大于 0.15MPa，因此在气焊气割工作中必须使用减压器，把气瓶内气体压力降低后才能输送到焊炬或割炬内使用。

（b）稳压作用

气瓶内气体的压力是随着气体的消耗而逐渐下降的，这就是说在气焊气割工作中气瓶内的气体压力是时刻变化着的。但是在气焊气割工作中所要求的气体工作压力必须是稳定不变的。因此就需要使用减压器稳定气体工作压力，使气体工作压力不随气瓶内气体压力的下降而下降。

b. 减压器的分类

减压器按用途不同可分为集中式和岗位式两类；按构造不同可分为单级式和双级式两类；按工作原理不同可分为正作用式和反作用式两类。目前国内生产的减压器主要是单级反作用式和双级混合式两类。

c. 单级式减压器

单级式减压器按工作原理不同分为反作用式和正作用式两

种。现以单级反作用式减压器-QD-1 型氧气减压器（图 7-42）为例说明它的工作原理。

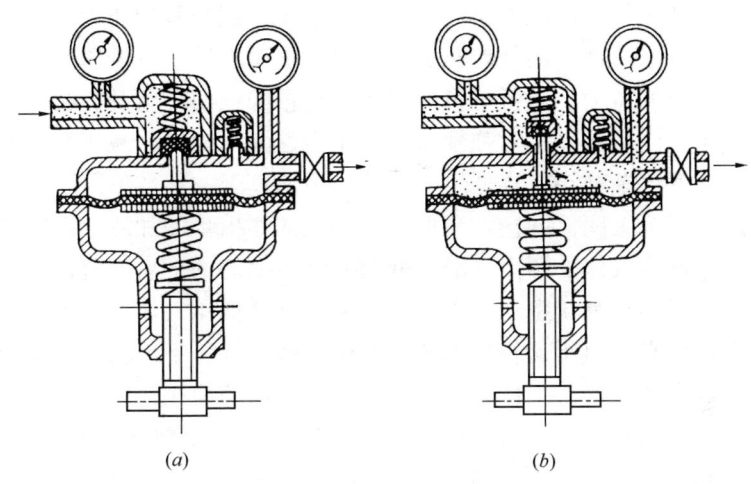

图 7-42　QD-1 型氧气减压器

单级反作用式减压器的工作原理是当减压器停止工作时，调压螺钉向外旋出，主弹簧处于松弛状态。此时，减压活门上受到两个力的作用：一个是由气瓶流入高压室的高压气体的压力，这个压力向下；另一个是由副弹簧产生的压力，这个力也向下，两个力都促使减压活门关闭，所以这时减压活门紧紧地压盖在活门座上，高压气体不能从高压室流入低压室。

在使用减压器时，可把调节螺栓向内旋入，主弹簧受压缩而产生向上的压力，此压力通过弹性薄膜而由传动杆传递到减压活门上。此时减压活门受到三个力：第一是主弹簧向上的压力，第二是副弹簧向下的压力，第三是高压气体向下的压力。当主弹簧向上的压力大于高压气体与副弹簧向下的压力时，则减压活门就离开活门座而开启了，高压气体也从高压室流入低压室。

高压气体从高压室流入低压室时，由于体积的膨胀而使压力降低下来成为低压气体，这就是减压器的减压作用。气体流入低压室后，对弹性薄膜产生压力，此项压力通过传动杆而传递到减压活门上，压力的方向是向下的。因此在减压器正常工作时，减压活门受到四个力：主弹簧的压力是向上的，而副弹簧、高压气体以及低压气体的压力是向下的。由于主、副弹簧的压力是固定的，所以减压活门的开启与关闭主要取决于低压室内低压气体对弹性薄膜的压力。当低压室的气体输出量降低而压力升高时，也即低压室内低压气体对弹性薄膜的压力逐渐增高时，减压活门的开启度就逐渐减小，当低压气体的压力增高至一定数值时，减压活门就完全关闭。同样，当低压室的气体输出量增加时，也即低压室内低压气体的压力逐渐降低时，减压活门的开启度就逐渐增大，使气体从高压室加速流入低压室，这样低压气体的压力又逐渐恢复正常。由于这种自动调节作用，就使低压室内低压气体的压力稳定地保持着工作压力，这就是减压器的稳压作用。

正作用式减压器与反作用式减压器的工作原理基本上相似，所不同的仅仅是在正作用式减压器内，高压气体有顶开减压活门的趋势。

单级式减压器不论是正作用式的还是反作用式的，都只能使输出气体的压力保持基本稳定，而不能保持绝对稳定。这是因为气瓶中高压气体的压力对单级式减压器减压活门的开启与关闭都起着一定的作用，即正作用式减压器内高压气体的压力促使减压活门开启；反作用式减压器内高压气体的压力促使减压活门关闭。而气瓶中高压气体的压力是随着气体的消耗而逐渐降低的，因此在正作用式减压器的工作过程中，促使减压活门开启的作用力必然是逐渐减小的，所以，低压室的气体压力即输出气体的压力会逐渐下降。而在反作用式减压器的工作过程中，输出气体的压力会逐渐上升。因此我们说正作用式减压器具有降压特性，而反作用式减压器具有升压特性。

（c）减压器的使用

a. 安装减压器之前，先逆时针方向缓慢旋转氧气瓶阀上的手轮（乙炔瓶用方孔套筒扳手打开瓶阀），利用瓶内高压气体的吹力吹除瓶阀出气口的污物，然后立即旋紧手轮（或扳手）关闭瓶阀。将减压器的进气口对准瓶阀上的出气口，使压力表处于垂直位置，然后用无油脂的扳手将螺母拧紧（乙炔减压器应顺时针转动紧固螺钉，依靠夹环将减压器固定在瓶阀上）。

b. 将输气橡胶软管插入减压器的出气口管接头上，并用铁丝或管卡夹紧。注意橡胶软管必须要按气体种类和相应的颜色正确使用，不能混用。

c. 逆时针方向缓慢的转动减压器上的调节螺栓，待完全旋松后，用手轮或方孔扳手缓慢的开启瓶阀，不可用力过猛，以防高压气体损坏减压器及高压表。

d. 瓶阀开启后，用肥皂水检查减压器各部位有无漏气现象。并检查压力表工作是否正常。

e. 工作时，可沿顺时针方向缓慢地转动调节螺栓，直至减压器的低压表指针指到所需要的工作压力为止。此时应注意：不能过快的旋转调节螺栓，以防高压气体冲坏弹性薄膜装置或使低压表损坏。

f. 停止工作时，应先顺时针方向旋转手轮或扳手关闭瓶阀，然后沿顺时针方向缓慢地旋转减压器的调节螺栓，使高压表的指针恢复到"0"。接着旋转焊炬或割炬的氧气及乙炔调节阀旋钮，放掉残留在胶管中的气体。待低压表的指针指到"0"时，再逆时针方向旋转减压器的调节螺栓，直至调节螺栓完全放松为止。

g. 氧气减压器上不得沾染油脂。如有油脂必须擦干净后才能使用。

h. 减压器在使用过程中如发生冻结，应用热水或蒸汽解冻，严禁明火烘烤。

i. 减压器必须定期校验，压力表必须定期校验。

j. 氧气减压气和乙炔减压器不得调换使用。

④ 橡胶软管

橡胶软管的作用是将气瓶内经降压后的气体输送至焊炬或割炬。气焊、热切割所用的橡胶软管应能承受足够的压力，且质地柔软、重量轻、抗老化能力强、便于操作使用。国产橡胶软管是用优质橡胶夹麻织物或棉织纤维制成。根据输送气体的不同，橡胶软管可分为氧气橡胶软管和乙炔橡胶软管；根据国家标准规定，氧气胶管为蓝色，工作压力为 1.5MPa，胶管内径为 8mm，外径为 18mm；乙炔胶管为红色，工作压力为 0.3MPa，胶管内径为 8mm，外径为 16mm。

使用和保存时，必须注意维护，保持胶管的清洁和不受损坏。存放温度为 $-15\sim40℃$，距离热源应不小于 1m。新胶管在使用时，必须先把胶管内的滑石粉吹除干净，防止焊割炬的通道被堵塞。在使用中应避免受外界挤压和机械损伤，不得将管身折叠。氧气与乙炔胶管不得相互混用和代用，不得用氧气吹除乙炔胶管的堵塞物。同时应随时检查和消除焊割炬的漏气、堵塞等缺陷，防止在胶管内形成氧气与乙炔混合气。若发生回火倒燃进入氧气胶管时，则该胶管不可继续使用，必须换新胶管。气割操作需要较大的氧气输出量，与氧气表高压端连接的气瓶（或氧气管道）阀门应全打开，以便保证提供足够的流量和稳定的压力。

橡胶软管的长度一般不应小于 5m，太长会增加气体流动的阻力，一般在 10～15m 为宜。若操作地点离气源较远时，可根据实际情况将两副橡胶软管用管接头连接起来使用，但必须用卡箍或细铁丝绑扎牢固。

⑤ 辅助工具

a. 气焊时使用的护目镜：主要是保护焊工的眼睛不受火焰亮光的刺激，以便在焊接过程中能够仔细观察熔池金属，又可防止飞溅金属微粒溅入眼睛内。护目镜的镜片颜色和深浅，应根据焊工的需要和被焊材料性质进行选用。颜色太深或太浅都会妨碍对熔池的观察，影响工作效率。一般宜用 3 号到 7 号的黄绿色镜片。

b. 使用手枪式点火枪点火最为安全方便。当用火柴点火时，必须把划着了的火柴从焊嘴或割嘴的后面送到焊嘴或割嘴上，以免手被烧伤。

c. 清理焊割缝的工具：钢丝刷、凿子、手锤、锉刀。

d. 连接和启闭气体通路的工具：钢丝钳、铁丝、皮管夹头、扳手等。

e. 清理焊嘴和割嘴用的通针。每个气焊工、气割工都应备有粗细不等的钢质通针一组，以便清除堵塞焊嘴或割嘴的脏物。

（4）气焊与气割安全技术

① 气焊与气割安全操作技术

a. 气焊与气割作业人员未经专门培训，不懂安全操作知识，不得进行气焊、气割作业。

b. 未经办理动用明火手续或未经主管部门（主管人）批准，不得进行气焊、气割作业。

c. 不了解作业地点有无易燃易爆物品，被气焊、气割工件内部是否有易燃易爆、有毒有害介质时，不得进行气焊、气割作业。

d. 盛装过易燃易爆等危险物体的容器，在没有彻底清理干净前及未经有关部门检查、批准的情况下，不得进行气焊、气割作业。

e. 用可燃材料作保温层的部位及火星能飞溅到的地方，应采取可靠的安全措施，否则不得进行气焊、气割作业。

f. 有压力或密封的管道、容器等未经确认已经释放压力，易燃易爆、有毒等危险化学品未经彻底置换并经检测浓度及氧含量合格的情况下，不得进行气焊、气割作业。

g. 禁火区内未经办理动火证、未经主管部门（主管人）批准，不得进行气焊、气割作业。

h. 进入设备、舱室等狭窄场所进行气焊、气割必须事先了解内部情况，如直接通入的电源、水管、蒸汽管、压力管等，首先要切断电源、气源或物料来源，并且作业时要挂警告牌（"不准合闸"、"不准启动"等），以引起其他人员注意。

i. 进入容器进行气焊、气割时，应有专人进行监护（监护人不得离开现场），并要和容器内的作业人员保持联系。

j. 对气焊、气割作业人员必须经常进行安全技术与消防知识培训，掌握安全防火知识，了解各种性能的灭火器材及其使用和灭火措施。

② 设备、工具安全使用技术

a. 气焊、热切割所使用的气体钢瓶减压器（氧气、乙炔、丙烷等）应注意保护好，防止损坏；当压力表指针失灵时应立即修理或调换。

b. 应经常检查使用的胶管，如发现裂纹、老化、烧焦、刺孔、漏气等应立即更换，防止发生漏气事故。

c. 对集体供气的汇流排操作应严格遵守安全操作规程，设备设施要有专人管理。

d. 使用前应检查焊炬、割炬是否正常，如发现漏气、阀门不严、无射吸力，应停止使用，并进行修理或更换。

e. 各种火焰切割机使用前应认真阅读说明书，严格按有关要求和安全操作规程进行操作，如有故障应送交专业修理人员进行修理。

③ 气瓶的安全使用

气焊、气割所用气瓶的充装、检验、使用和储运等都必须严格执行关国家标准，防止发生气瓶爆炸。

气焊、气割使用的钢瓶（氧气、乙炔等）应按有关安全操作规程进行摆放，防止摔倒；空、实瓶应分开放置；严禁氧气瓶和燃气瓶放在一起；开启钢瓶时要用专用工具或手柄；钢瓶在装、卸车及运输时，应轻装轻卸，避免撞击，彼此保持足够安全距离。氧气瓶不能与燃气瓶、油类及其他易燃物同车运输；现场使用的钢瓶应直立地面或置于专用瓶架上，或放在比较安全的地方，并固定好，防止倾倒。钢瓶要防止曝晒，放在阴凉地点。冬季发生冻结、结霜或出气不畅时严禁用明火加热，只能用 40℃以下的热水或蒸汽解冻瓶阀；空钢瓶要留有一定余压。

a. 氧气瓶的安全使用要点

（a）严禁接触和靠近油品及其他易燃品，严禁与乙炔等可燃气体的气瓶混放在一起或者同车运输，必须保证规定的安全距离。

（b）夏季使用时要放在阴凉地点或采取防晒措施，不得靠近热源。

（c）瓶内气体不得用尽，必须留有 0.1～0.2 MPa 的余压。

（d）瓶体要装防震圈，应轻装轻卸，避免受到剧烈振动和撞击，以防止因气体膨胀而发生爆炸。

（e）储运时，瓶阀应戴安全帽，防止损坏瓶阀而发生事故。

（f）不得手掌满握手柄开启瓶阀，且开启速度要缓慢；开启瓶阀时，人应在瓶体一侧且人体和面部应避开出气口及减压器的表盘。

（g）瓶阀冻结时，可用热水或蒸汽加热解冻，严禁敲击和火焰加热。

（h）现场使用的氧气瓶（及其他钢瓶）应直立或置于专用的瓶架上，或放在比较安全的地方，并固定好，防止倾倒。

（i）氧气瓶要加强检查、检测，防止错装发生事故。如：1992 年 2 月 17 日，山东某农药机械厂发生一起氢气瓶误装氧气，在准备使用，打开气瓶阀门放气时，发生爆炸事故，造成 4 人死亡，30 多人受伤，直接经济损失 37.88 万元，间接经济损失 31.68 万元，合计 69.55 万元

b. 乙炔瓶的安全使用要点

（a）不得靠近热源或在阳光下曝晒。

（b）必须直立存放和使用，禁止卧放使用。

（c）瓶内气体不得用尽，必须留有 0.05MPa 以上的余压。

（d）瓶阀应戴安全帽储运。

（e）瓶体要有防震圈，应轻装轻卸，防止因剧烈振动或撞击引起爆炸。

（f）瓶阀冻结，严禁敲击或火焰加热，只可用 40℃ 以下的热水或蒸汽加热瓶阀进行解冻，不许用热水或蒸汽加热瓶体。

（g）必须配备减压器方可使用。

c. 液化石油气瓶的安全使用要点

（a）不得靠近热源、火源或曝晒。

（b）冬季气瓶严禁火烤或热水加热。

（c）禁止自行倾倒残液，防止发生火灾和爆炸。

（d）瓶内气体不得用尽，应留有一定余压（具体压力由装瓶单位根据规定确定）。

（e）禁止剧烈振动和撞击。

（f）严格控制充装量，不得充满气体。

d. 工具的安全使用

（a）减压器的安全使用要点

减压器上装有的压力表应保持完好并定期校验。减压器有故障应立即停止使用，并由专人或有经验的人员修理，其他人员不得随意拆卸。氧气减压器不得沾有油脂，且不得与乙炔减压器混用。减压器冻结时，严禁敲击或用火焰加热，只能用热水或蒸汽解冻。工作结束应及时将减压器从气瓶上拆除，并妥善保管。

（b）焊炬和割炬的安全使用

焊炬和割炬是气体火焰焊接与热切割作业的重要工具，如果使用不当，同样会造成火灾和爆炸事故。因此，必须了解和掌握焊炬、割炬的安全使用要点。

a）使用前必须检查焊炬和割炬的射吸能力、是否漏气及喷嘴的畅通情况。

b）点火时以先少量开启氧气阀，再开启乙炔阀点火为宜。如果只开乙炔阀点火，则会产生碳质烟灰污染环境，但氧气阀开启过大，则会产生回火。

c）焊接与气割作业过程中发生回火时，应迅速关闭氧气阀。回火熄灭后，如焊嘴、割嘴过热，应待其冷却后再重新点火。

d）工作结束熄灭火焰时，焊炬应先关乙炔阀，再关氧气阀；割炬应先关切割氧气阀，再依次关闭乙炔、预热氧气阀。

e）焊炬、割炬均不得沾染油脂。

f）输气软管与焊炬、割炬的接头，应连接牢固且不漏气。如果在焊接与气割作业过程中，乙炔气管接头漏气或脱开，则会因乙炔气着火而烧伤人员或引起火灾。

g）焊炬、割炬应妥善保管，以防损伤漏气。

e. 现场气焊与气割安全作业

（a）作业地点的安全要求

a）气焊、气割的作业地点，消防设施必须配备齐全。

b）作业地点有大量易燃易爆物品且又不能采取可靠的防护措施时，禁止气焊、气割作业。

c）作业地点有可能形成爆炸性气体、蒸汽或聚积爆炸性粉尘时，禁止气焊、气割作业。

d）易燃易爆物品与作业点的距离不得小于10m。

e）作业场地要有良好的通风排毒设施，以防中毒等事故发生。

（b）气焊、气割的安全操作

a）每个减压器只准接一把焊炬或割炬。

b）氧气与乙炔软管的颜色必须区分开，且不得互换使用；要保证软管的完好。特别是气焊、气割过程中不得使熔滴或熔渣与软管接触而发生燃烧。

c）操作前，应检查焊炬、割炬和输气管是否漏气；各个接头是否牢固和漏气；焊、割嘴是否堵塞。

d）对盛装过易燃易爆物、强氧化剂和有毒物品的工件，必须彻底清洗干净后，方可进行气焊、气割作业。

e）在地沟等狭窄和通风不良的受限空间内进行气焊、气割作业时，要按动火作业程序处理，另外要注意通风并设专人监护。

f）严禁在带压、带电的工件上进行气焊、气割作业。

g）不得直接在水泥地面上切割金属，以防爆炸伤人和引起火灾。

h）禁止在悬挂于起重机的工件上进行气焊、气割作业。

i）氧气胶管爆炸燃烧时，应立即关闭氧气瓶阀。

j）气焊、气割工作结束时，应及时关闭气源，拆除减压器或旋松减压器的调节顶针。重新开启氧气和乙炔瓶阀之前，必须确认减压器的调节顶针处在松开位置时，方准开启瓶阀。

k）飞溅的熔渣堵塞喷嘴或焊嘴、割嘴过热是造成回火的主要原因，因此在气焊、气割作业过程中要注意保持焊嘴、割嘴与工件表面距离，防止堵塞。

l）气焊、气割作业人员的个人防护用品应完好且穿戴齐全，并符合要求。

m）应严格执行国家标准《焊接与热切割安全》GB 9448—1999 的有关规定。

n）特殊环境下的焊接与切割安全操作（已阐述）。

o）气割的可燃气体采用液化石油气时，由于其比空气重，因此在室内和地沟内的气割作业要注意防止室内下部和沟底滞留、积存液化石油气。

5. 电渣压力焊

（1）电渣焊概述

1）什么是电渣焊

电渣焊是一种由电流通过液体熔渣所产生的电阻热为热源，将工件与填充金属熔合成焊缝垂直位置的一种焊接方法如图 7-43 所示。

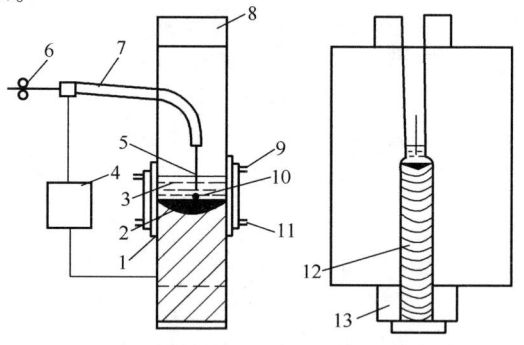

图 7-43　电渣焊过程示意图

1—水冷成形滑块；2—金属熔池；3—渣池；4—焊接电源；5—焊丝；6—送丝轮；7—导电杆；8—引出板；9—出水管；10—金属熔滴；11—进水管；12—焊缝；13—起焊槽

水冷成形滑块与工件端面构成了空腔，以挡住熔池和渣池，保证熔池金属能凝固成形；而金属熔池上方的渣池则起到保护金属熔池不被空气污染的作用。

2）电渣焊的焊接过程

电渣焊分引弧造渣、正常焊接、引出三个阶段。

① 引弧造渣阶段

其过程是：引出电弧──→焊剂熔化──→形成渣池──→熄灭电弧──→电渣稳定

a. 开始进行电渣焊时，接通电源，由电极在起焊槽之间引出电弧；

b. 电弧将连续加入的焊剂（固体）在起焊槽中熔化；

c. 熔渣在水冷成形滑块之间形成渣池，至一定深度熄灭电弧，转入电渣过程。

对于电渣焊的起焊部分，应在焊后进行割除。原因是：在这一阶段，电渣过程不稳定，渣池温度不高，焊缝金属与母材熔合不好。

② 正常焊接阶段

在电渣过程稳定以后，焊接电流通过渣池会产生热量，并使渣池温度升高（可达 $1600\sim2000\ ℃$），渣池将电极和被焊工件熔化成钢水汇集在渣池下部，形成金属熔池。电极连续不断地送入渣池，成金属熔滴滴入渣池，与熔化的被焊工件液体金属进入熔池，熔池与其上部的渣池逐渐上升，而金属熔池的下部逐渐远离热源的液体金属将逐渐凝固形成焊缝。

③ 引出阶段

装在被焊工件上部的引出板，其作用是将渣池和停止焊接时容易产生缩孔及裂纹的焊缝金属部分引出工件。此时，要注意逐步降低电流和电压，减少缩孔和裂纹的产生；并且，焊接后要将引出部分割除。

3）电渣焊特点

电渣焊与其他熔化焊比较，有如下特点：

① 适合于垂直位置焊缝的焊接

焊缝的中心线在垂直位置时，电渣焊所形成的熔池及焊缝的成形条件最好；亦可用于焊缝中心线与地面垂直线交角小于30°的焊缝焊接。焊接的焊缝不易产生气孔及夹渣。

② 能一次焊成焊件，生产率高，焊接材料消耗少

这是因为整个渣池均处在高温下，热源体积大，不限工件厚度，大都可以不开坡口（留有一定装配间隙），焊接一次成形。

③ 焊缝成形系数调节范围大

通过焊接电流、电压的调节，焊缝成形系数可以在较大范围内调节，防止产生焊缝热裂纹。

④ 对被焊工件有较好的预热作用

由于渣池温度高，热源体积大，对被焊工件有较好的预热作用，在焊接较高碳当量的金属不易出现淬硬组织，冷裂倾向较小；在焊接碳钢、低合金属钢时，可以不进行预热。

⑤ 焊缝及热影响区晶粒粗大

由于焊缝及热影响区在长时间高温影响的作用下，容易产生晶粒粗大和过热组织。因此，焊接接头冲击韧性较低，所以，常常在焊接后进行正火和回火热处理。

4）电渣焊的种类

电渣焊根据采用的电极形状和是否固定，主要有丝极电渣焊、熔嘴电渣焊（包括管级电渣焊）和板极电渣焊。

① 丝极电渣焊

a. 定义

丝极电渣焊是焊丝通过不熔化的导电嘴作为电极送入渣池进行的一种焊接方法。焊丝随工件的厚度可以采用1根、2根、3根或多底层焊丝，装有导电嘴的焊接机头随金属熔池的上升向上移动，焊丝还可以在接头间隙中进行往复摆动，从而获得比较均匀的熔宽和熔深。

b. 适用范围

适用于环焊缝焊接，高碳钢、合金钢对接及丁字接头的焊

接，但在一般对接及丁字焊缝中较少采用。

c. 缺点

（a）设备及操作较复杂；

（b）因为焊机在焊缝一侧，焊缝另一侧只能安设控制变形的定位铁，所以焊后会产生角变形。

② 熔嘴电渣焊

a. 定义

熔嘴电渣焊是将熔嘴作为电极，固定在接头间隙中，熔嘴和不断向熔池中送进熔丝的送丝机构成的焊接设备进行焊接的一种方法。

b. 优点及适用范围

（a）设备简单，操作方便，已成为对接焊缝和丁字焊缝的主要焊接方法；

（b）焊机体积小，由于焊接时焊机位于焊缝上方，所以适合于梁体等复杂结构的焊接；

（c）熔嘴固定在接头间隙中，且可使用多个熔嘴，因此不容易产生短路等故障，所以很适合于大截面结构的焊接；

（d）熔嘴可以制成曲线或曲面形状，适合于曲线及曲面焊缝的焊接。

③ 管极电渣焊

a. 定义

管极电渣焊是将熔嘴外涂上涂料，简化成1根或2根管子的熔嘴电渣焊。它是熔嘴电渣焊的特别焊接方式。

b. 优点及适用范围

（a）可以节省焊接材料，提高生产率。因为涂料有绝缘作用，所以管极和工件不会短路，装配间隙可以缩小。

（b）对薄板可只使用1根极管，且极管易弯成各种形状的曲线，所以，操作方便，适用于薄板和曲线焊缝的焊接。

（c）通过极管外涂的涂料，可以适当地向焊缝中渗入合金，起到细化焊缝晶粒的作用。

④板极电渣焊

a. 定义

板极电渣焊是电极为板状的一种电渣焊焊接方法。它是通过送进机构将板极（可为铸造或锻造的）连续地送入熔池。

b. 适用范围

适用于不宜拉成焊丝的合金钢的焊接和堆焊，如模具钢及轧辊的堆焊。

c. 缺点

（a）板极送进设备高大（一般板极为焊缝长度的 4～5 倍）；

（b）焊接过程中，板极易和工件短路，往往由板极在接头间隙中晃动造成；

（c）操作较复杂，一般不用于普通材料的焊接。

5）电渣焊的应用

① 应用范围

a. 焊接厚度较大的焊缝；

b. 曲线或曲面焊缝；

c. 受施工现场或起重设备限制，需要进行垂直位置焊接的焊缝，大面积堆焊；

d. 焊接性能差的高碳钢、铸铁等的焊接。

② 电渣焊按焊接结构分类及应用举例

见表 7-16。

电渣焊焊接结构分类　　　　　　表 7-16

电渣焊焊接结构
- 厚板结构　如江南造船厂生产的 1.2×10^8N 水压机的横梁
- 大断面结构　如净重 180t 的大型轧钢机的机架
- 曲面结构　如 2500t 货轮到艉柱（由 4 块铸钢段拼焊）
- 其他结构
  - 薄板结构　如日本造船业采用管极电渣焊进行 12～14mm 薄板的焊接
  - 锻焊结构　如汽轮发电机转子焊接
  - 开坡口的电渣焊结构　如日本对大型顶吹氧转炉采用此焊接结构

（2）电渣焊的设备及焊接材料

电渣焊设备由电源、机头及成形块构成。

1）丝极电渣焊的设备

丝极电渣焊设备由电源、机头、电控系统、水冷成形滑块4个部分组成。

① 电源

电渣焊采用交流电源，电源的要求如下：

a. 必须空载电压低、感抗小的平特性电源，以保持稳定的电渣过程，减小网路电压波动的影响，防止出现电弧放电过程或电渣—电弧的混合过程，导致正常电渣过程遭到破坏。

b. 变压器必须三相供电，二次电压的调节范围要大。

c. 因为焊接时间长，中间不能停顿，所以要按暂载率100％考虑。

国内电渣焊电源有 BPI-3×1000 及 BPI-3×3000 的电渣焊变压器，主要工艺技术参数见表 7-17。

BPI-3×1000、BPI-3×3000 电渣焊变压器
主要工艺技术参数　　　　　　表 7-17

技术数据	BPI-3×1000	BPI-3×3000
一次电压/V	380	380
二次电压调节范围/V	38～53.4	7.9～63.3
额定暂载率/%	80	100
不同暂载率时忙（100%）/A	900	3000
焊接电流（80%）/A	1000	—
额定容量/ kV·A	160	450
相数	3	3
冷却方式	通风机功率 1kW	一次空冷，二次水冷

② 机头

机头由送丝机构、摆动机构及上下行走机构3部分组成。

a. 送丝机构

与熔化极电弧焊送丝机构类似，可均匀无级调节送丝速度。

b. 摆动机构

其目的是为了扩大单底层焊丝所焊工件的厚度。

摆动机构设计成摆动距离、行走速度、在每一行程终端的停留时间都可以得到控制和调节的机构。

c. 升降机构

升降机构分为有轨和无轨两种形式。在垂直焊缝焊接时，机头依靠升降机构随焊缝金属熔池的上升向上移动。

升降机构的垂直上升通过控制器采用手工或自动提升实现。

③ 电控系统

由送进焊丝的电机速度控制器、机头横向摆动距离和停留时间控制器、升降机垂直运动控制器及电流表和电压表组成。

④ 水冷成形滑块

垂直焊缝水冷成形滑块一般由纯铜板制成。

环形焊缝水冷成形采用固定式内水冷成形圈；如柱塞等产品允许在工件内部留存时，也可用钢板制成。

2）熔嘴电渣焊的设备

由电源、送丝机构、熔嘴夹持机构、机架等组成。

① 电源

为一般电渣焊电源。

② 熔嘴送丝机构

用1台直流电机送进单根（如管极电渣焊）或多根焊丝进行电渣焊接。装置可根据熔嘴尺寸、间距，将弓形支架在滑动轴上移动，通过顶杆顶紧压紧轮获得足够的压紧力。

③ 熔嘴夹持机构

一般固定在工件上，应具有足够的刚度。

可采用单个或多个熔嘴夹持机构套在支架滑动轴上。

3）电渣焊的焊接材料

电渣焊的焊接材料有作为焊丝、熔嘴、板极、管极等的电极和焊剂，以及管极电渣焊的管极涂料。

① 电极

进行电渣焊时，电极的选择十分重要，因为电渣焊时并不通过焊剂向焊缝渗合金，焊缝金属的化学成分和力学性能主要通过调节焊接材料的金属成分而加以控制；而且，母材会对焊缝产生一定的稀释作用。

一般地，为使碳钢、金属钢焊缝具有良好的抗裂性和抗气孔能力，对电极的 S，P 含量加以控制；电极的含碳量通常控制在 0.10％左右（比母材低），焊缝降低的力学性能则由提高 Mn，Si 和其他合金元素含量来补偿。

a. 常用钢材电渣焊焊丝的选用

见表 7-18。

常用钢材电渣焊焊丝选用表　　表 7-18

品种	焊件钢号	焊丝牌号
钢板	Q235A，Q235B，Q235C，Q235R	H08A，H08MnA
	20g，22g，25g，16Mn，09Mn2	H08Mn2Si，H10MnSi，H10Mn2，H08MnMoA
	15MnV，15MnTi，16MnNb	H08Mn2MoVA
	15MnVN，15MnVTiRe	H10Mn2MoVA
	14MnMOV，14MnMoVN，15MnMoVN，18MnMoNb	H10Mn2MoVA，H10Mn2NiMo
铸锻件	15，20，25，35	H10Mn2，H10MnSi
	20MnMo，20MnV	H10Mn2，H10MnSi
	20MnSi	H10MnSi

b. 板极和熔嘴板

板极和熔嘴板焊接低碳钢和低合金结构钢，通常用 09Mn2 钢板制作，熔嘴板宽度一般为 10mm，熔嘴管通常用 $\phi 10 \times 2.20$ 无缝钢管。

c. 管状电渣焊电极

管状电渣焊电极为由焊芯和涂料层（药皮）组成的管状焊

条，焊芯一般采用 10，16 或 20 号冷拔无缝钢管。

② 焊剂

与一般埋弧焊焊剂不同，电渣焊焊剂的作用和要求有下述几点：

a. 焊剂熔化成熔渣后，因其形成的渣池具有一定的电阻，而将电能转化成熔化填充金属及母材的热能，并预热工件、延长金属熔池存在时间及使焊缝金属缓冷；但不起对焊缝金属渗合金的作用。

b. 要求焊剂能迅速、容易地形成电渣过程，并保持其稳定性。这就需要提高液态熔渣的导电性，导电性不能过高，否则将增加焊丝周围的电流分流而减弱高温区内液流的对流，导致焊件熔宽减小，产生未焊透现象。

c. 要求焊剂熔化成液态熔渣后，要有适当的黏度。太稠，会在焊缝金属中产生夹渣和咬肉现象；太稀，则会使熔渣从工件边缘和滑块间的间隙流失，严重时会破坏焊接过程，焊接中断。

d. 焊剂由 Si，Mn，Ti，Ca，Mg，Al 的复合氧化物组成，其用量约为熔敷金属的 $1\% \sim 5\%$。因此，电渣焊不要求焊剂向焊缝金属渗合金。

表 7-19 列出了目前国内常用电渣焊焊剂的类型、化学成分和用途。

常用电渣焊焊剂的类型、化学成分和用途　　表 7-19

牌号	类型	化学成分（质量分数），%	用途
HJ170	无锰、低硅、高氟	SiO_2 6～9，TiO_2 35～41，CaO 12～22，CaF_2 27～40，NaF 1.5～2.5	固态时有导电性用于电渣焊开始时形成渣池
HJ360	中锰、高硅、中氟	SiO_2 33～37，CaO 4～7，MnO 20～26，MgO 5～9，CaF_2 10～19，Al_2O_3 11～15，$FeO \leqslant 1.0$　$S \leqslant 0.10$，$P \leqslant 0.10$	用于焊接低碳和某些低合金钢

牌号	类型	化学成分（质量分数），%	用途
HJ401	高锰、高硅、低氟	SiO_2 40～44，MnO 34～38，MgO 5～8 $CaO \leqslant 6$，CaF_2 3～7，$Al_2O_3 \leqslant 4$，$FeO \leqslant 1.8$，$S \leqslant 0.06$ $P \leqslant 0.08$	用于焊接低碳钢和某些低合金钢

③ 管极涂料

在管状焊条外面涂有 2～3mm 厚的管极涂料。其作用和要求是：

a. 具有一定的绝缘性，防止管极与工件发生电接触；

b. 熔入熔池后要能保证电渣过程稳定；

c. 管极涂料要对钢管有良好的黏着力，防止在焊接过程因管极受热而脱落；

d. 根据工件材料、所采用的焊丝成分，可在涂料中适当加入 Mn，Si，Mo，Ti，V 等合金元素，以细化晶粒，提高焊缝金属的综合力学性能。管极涂料中铁合金材料配比见表 7-20。

管极涂料中铁合金材料的配比　　　　　表 7-20

铁合金名称	每 1000g 配方中铁合金的加入量/g								铁合金的主要用途
	H08A			H08MnA			H10Mn2		
	Q345	Q390	Q235	Q345	Q390	Q235	Q345	Q390	
低碳锰铁	300	400		100	200				提高强度、脱氧、脱硫提高低温冲击韧度
中碳锰铁	100	100	100	100	100			100	
硅铁	155	155	155	155	155	155	155	155	脱氧、提高强度
钼铁	140	140	140	140	140	140	140	140	细化晶粒，提高冲击韧度
钛铁	100	100	100	100	100	100	100	100	细化晶粒，提高冲击韧度脱氧、脱氮，减少硫的偏析

铁合金名称	每1000g配方中铁合金的加入量/g								铁合金的主要用途
	H08A			H08MnA			H10Mn2		
	Q345	Q390	Q235	Q345	Q390	Q235	Q345	Q390	
钒铁		100			100			100	细化晶粒，提高强度
合计	795	995	495	595	795	395	395	395	

涂料粘合剂采用钠水玻璃，成分为：

SiO_2 29%～33.5%

NaO   11.5%～13.5%

S，P≤0.05%

（3）电渣焊工作过程及工艺

1）电渣焊工作过程

电渣焊工作过程见表7-21。

电渣焊工作过程　　　　　　　　　表 7-21

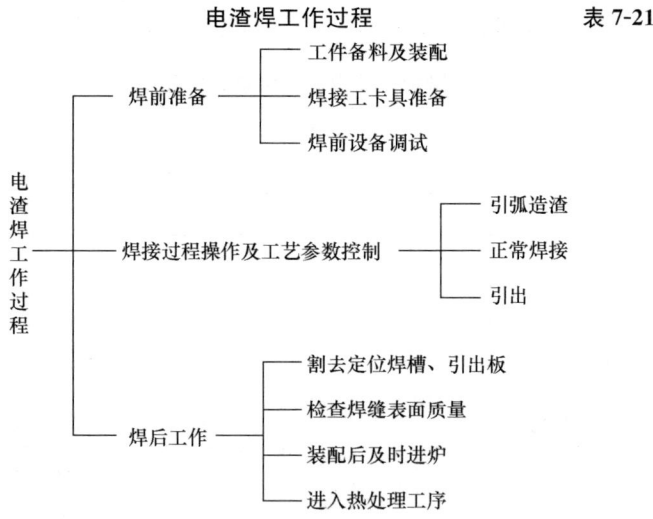

① 焊前准备

a. 准备工件

（a）电渣焊设计图应标注焊缝宽度尺寸；

（b）根据工件的厚度，在焊前备料时应扣除焊缝宽度；

（c）工件装配。

对于对接接头及丁字接头在工件两侧要对称焊上定位板（丝极电渣焊一侧要安放电渣焊机，只在一侧焊定位板）；在工件下端焊上起焊槽，上端焊上引出板。

环焊缝装配顺序如下：

工件外圆划分 8 等分线——→焊上起焊板及定位塞铁——→装配另一段工件——→与起焊板及定位塞铁焊牢。

注意：a）要保证在焊接过程中不漏渣；b）要考虑环焊缝各点横向收缩不均匀，所以应装配成反变形；c）当多条环缝工件装配时，应考虑挠度变形，相邻焊缝起焊槽应错开 180°。d）吊装装配件：装配对接接头或丁字接头后，将工件吊至焊接处，使装配间隙处于垂直位置；环焊缝工件吊至固定在刚性大的平台上的滚盘架上，并确保转动时平稳安全。

b. 准备焊接工卡具

（a）检查、准备水冷成形滑块

a）检查、校正水冷成形滑块与工件间缝隙，保证焊接过程中不产生漏渣；

b）保证不渗漏，防止焊接过程中漏水，导致焊接过程中止；

c）确保水冷成形滑块下端进水和上端出水，防止焊接时在水冷成形滑块内产生蒸气，造成炸渣、伤人事故。

（b）水冷成形滑块的支撑装置连接、安装

a）对接接头、丁字接头水冷成形滑块支撑装置。丝极电渣焊机上均带有水冷成形滑块支撑装置，焊接时滑块随机头向上移动；熔嘴电渣焊、极板电阻焊采用固定式水冷成形块，在焊接过程中交替更换。

b）在环焊缝焊接时，必须内、外圆水冷成形滑块固定不变，因为工件转动时，渣池及金属池基本保持在固定位置。

c. 焊前设备调试

（a）丝极电渣焊

a）调整好焊机和工件相对位置，导电嘴要处于焊接间隙中心位，能前后左右调节，正面、背面滑块要顶紧机构适中位置，导轨要能由起焊槽至引出板全程的机头移动。

b）正、背两面的水冷成形块要顶紧工件，并开机检查。

c）将焊丝送入导电嘴并检查是否平直，焊丝是否处于间隙中心，并留有调节余地。

d）进行空载试验，检查变压器、各挡空载电压、焊机上升、摆动及送丝机构是否正常。

e）检查冷却水系统是否正常。

（b）环焊缝电渣焊

a）检查被焊工件是否产生轴向移动，内、外圆水冷成形滑块是否贴近工件。

b）必须调整内、外圆水冷成形滑块，使电渣熔池位于通过工件中心线的水平面上，防止焊丝距滑块过近或过远造成未焊透缺陷

（c）熔嘴电渣焊

a）将熔嘴安装在装配间隙中，固定在夹持机构上使之处于中心，与两侧水冷成形滑块有合适距离。

b）检查熔嘴管是否畅通（通入焊丝检查）。

c）进行冷却水系统检查。

d）进行空载试车。

② 焊接过程操作

a. 引出电弧并逐步过渡到形成稳定的渣池

操作时应注意以下内容：

（a）焊丝伸出 40～50mm 较合适，防止过长爆断，过短堵塞导电嘴或熔嘴。

（b）电弧引出后，逐步加入熔剂，以逐步熔化形成渣池。

（c）引弧造渣时，使用比正常焊接稍高的电压、电流，缩短造渣时间，减少下部未焊透长度。

（d）工件大于 100mm 时，常采用斗式起焊槽；工件大于 400mm 时，可采用阶梯式或斜形起焊槽。

b. 进行正常焊接

进行正常焊接时，应注意：

（a）经常检查测量熔池深度，保持稳定的电渣过程。

（b）不随便降低电流和电压，保持基本恒定的工艺参数。

（c）经常调整焊丝（熔嘴），使其处于装配间隙的中心位置，与滑块的间距符合工艺要求，保证工件焊透、熔宽均匀、焊缝成形良好。

（d）水冷成形滑块的出水温度及流量要经常检查。

（e）对于环焊缝的焊接，还应不断转动工件，依次割去工件间隙中的定位塞铁，并沿内圆切线方向割掉起焊部分。

c. 引出部分操作

进入引出部分后要逐渐降低焊接电压、电流，不能突然停电造成渣池温度陡降而导致未焊透、裂纹及缩孔等缺陷。

d. 焊后工作

焊接停止后，要立即割掉定位板、起焊槽、引出板，并仔细检查焊缝表面质量；如有表面缺陷要立即进行热切割或碳弧气刨清理、焊补；随即送入热处理炉进行热处理，防止因大焊接应力而产生冷裂纹。

2）电渣焊焊接工艺参数

决定电渣焊过程稳定性、接头质量、生产率及焊接成本的主要工艺参数如下：

I——焊接电流；

U——焊接电压；

h——渣池深度；

c——装配间隙。

在电渣焊过程中，焊接电流与送丝速度成正比关系，见图 7-44。

一般工艺参数有焊丝直径 d（或熔嘴板厚度及宽度）和焊丝

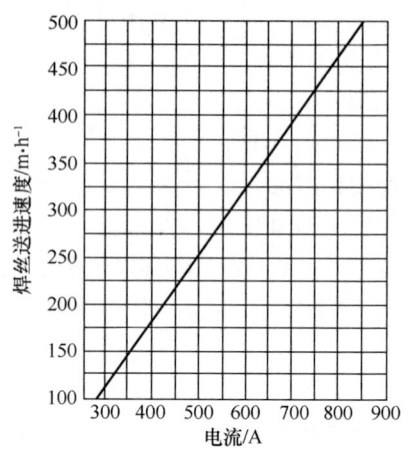

图 7-44　焊丝送进速度和电流的关系

根数 n（熔嘴或管极的个数）。

对于丝极电渣还有焊丝干伸长度、摆动速度及其在水冷成形滑块附近停留的时间和与水冷成形滑块的间距。

其中，d 与 n 对焊接生产率有较大影响；焊丝距水冷成形滑块的距离对焊透性及焊缝外观成形有较大影响。

3）电渣焊接头常见的缺陷

① 电渣焊接头常见的缺陷

a. 电渣焊接头常见缺陷

电渣焊接头常见的缺陷有热裂纹、冷裂纹、未焊透、未熔合、气孔及夹渣。

② 质量检验

电渣焊接头质量检验主要采用外观检查和无损探伤。

a. 外观检查

外观检查包括是否存在表面裂纹、未焊透、未熔合、气孔及夹渣等缺陷，如有缺陷则应清除、焊补。

b. 无损探伤

无损探伤主要检查电渣焊焊接接头的内部质量，主要采用超声波检查，对重要结构也采用射线探伤和磁粉探伤。

4）电渣焊的危险、有害因素及其预防

电渣焊存在着电焊、热切割的危险和有害因素，这些危险、有害因素及其预防在前面已有阐述，不再重复。电渣焊存在的其他主要危险、有害因素及其预防措施简述如下。

① 有毒有害气体对人体的危害及其预防

在焊接时，焊剂中的 CaF_2 分解会产生较多的 HF 气体，HF 气体是高毒性气体，我国规定车间工作场所空气中 HF 气体的最高容许浓度为 $2mg/m^3$。

预防措施如下：

a. 选用 CaF_2 含量低的焊剂；

b. 工作场所应有通风净化装置，并对 HF 进行监测，在空气中的浓度应低于 $2mg/m^3$；

c. 结构设计应尽量避免作业人员在狭窄的空间内操作，通风不良的结构应开排气孔；

d. 进入半封闭的筒体、梁体作业时，时间不能过长，应有人在外监护、接应；

e. 穿戴好个人防护用品。

② 爆渣或漏渣时引起的灼烫伤

a. 当焊接面存在缩孔，焊接时熔穿，气体进入渣池，会引起严重的爆渣伤人。预防措施如下：（a）应严格检查焊件有无缩孔等孔洞、裂纹等缺陷，如果有，则应清除，并进行焊补后方可进行电渣焊焊接；（b）个人要穿戴好劳动防护用品。

b. 起焊槽的引出板与工件间的间隙大，熔渣漏入间隙引起爆渣伤人。预防措施如下：（a）提高装配质量；（b）焊接前检查间隙的大小；（c）穿戴好劳动防护用品。

c. 水分进入渣池引起爆渣伤人。水分进入渣池的原因如下：（a）供水系统发生故障，垃圾阻塞进出水管（或进出水管被压扁），引起水冷成形滑块熔穿；（b）焊丝、熔嘴板、板极将水冷成形滑块击穿造成漏水；（c）耐火泥太潮湿；（d）焊剂潮湿；

（e）水冷成形滑块漏水。预防措施如下：（a）在焊接前应仔细检查供水系统，发现问题要及时排除；（b）焊剂应烘干；（c）穿戴好劳动防护用品。

d. 电渣过程不稳。正确选择合适的工艺参数，保持电渣过程稳定，工件错口太大或水冷成形滑块与工件不密合造成漏渣伤人。预防措施如下：（a）工件要按工艺要求进行装配；（b）水冷成形滑块要与工件密合；（c）穿戴好劳动防护用品。

③ 触电

电渣焊空载电压可达 100V 以上（超过两相间电压），有可能造成作业人员触电。预防措施如下：（a）作业人员应避免在带电情况下触及电极；（b）需要在带电情况下触及电极时，必须戴有干燥的皮手套；（c）电渣焊时使用的扳手、改锥等必须绝缘良好；（d）不准作业人员在带电情况下，同时接触两相电极；（e）穿戴好劳动防护用品。

④ 变压器烧损事故

造成的原因有：电渣焊变压器绝缘不良或内部短路，二次线与焊件发生短路；导电嘴、熔嘴板极与焊件短路。

预防措施如下：（a）焊接前应先检查变压器冷却水畅通情况；（b）焊接前应对电气设备及电气线路进行检查，保证绝缘良好；（c）焊接时严禁停水；（d）作业时要注意防止导电嘴、熔嘴、板极与工件短路，一旦发生短路应立即切断电源。

⑤ 射线伤害

防护不当，射线源未屏蔽好，会造成γ射线辐照人体。预防措施如下：（a）穿戴好劳动防护用品；（b）探伤时，严禁探伤口对着人体任何部分；（c）探伤设备的射线源要屏蔽好；（d）射线源要保管好，严防丢失；（e）探伤时，要注意尽可能地进行时间和屏蔽防护；（f）有相关禁忌症者不得从事相关作业。

5）电渣压力焊

① 电渣压力焊简价

电渣压力焊主要使用于钢筋混凝土建筑工程中竖向钢筋的

连接。

钢筋电渣压力焊是利用焊接电流通过两竖向对接形式的钢筋端面间隙，在焊剂层下形成电弧和电渣，产生电弧热和电阻热以熔化钢筋端部，并加压完成连接的一种电渣焊接方法。属熔化压力焊范畴。

② 钢筋电渣压力焊焊接过程

钢筋电渣压力焊焊接过程分引弧过程、电弧过程、电渣过程及顶压过程 4 个阶段。

钢筋电渣压力焊兼有电弧焊、电渣焊、压力焊 3 种焊接方法的特点。

③ 钢筋电渣压力焊的特征和适用范围

a. 钢筋电渣压力焊的特征

（a）熔化焊的特征

熔融的液态金属与熔渣发生氧化、还原、掺合金、脱氧等化学冶金反应；

上下两根钢筋端部受电弧和电渣过程的热循环作用，焊缝呈柱状树、枝晶。

（b）压力焊的特征

熔融的液态金属被挤出，焊缝区很窄。

b. 钢筋电渣压力焊优点

钢筋电渣压力焊具有操作方便、效率高的优点。

c. 钢筋电渣压力焊适用范围

钢筋电渣压力焊适用于现浇混凝土结构竖向或斜向钢筋（级别Ⅰ，Ⅱ级，$\phi 14 \sim 40mm$）的连接。

主要用于柱、墙、烟囱、水坝等现浇钢筋的连接。

注意：在竖向焊接之后，不得再横置于梁、板等构件中作水平钢筋。

④ 电渣压力焊设备及焊剂

a. 电渣压力焊设备

钢筋电渣压力焊机主要分同体式和分体式两类。

分体式焊机由焊接电源、焊接夹具、控制箱3部分组成。其监控装置的元件（监控器或监控仪表）装于焊接夹具上，另一部分装于控制箱内。

同体式焊机是将控制箱的电气元件组装于焊接电源的机壳内，另加焊接夹具以及电缆等附件。

按操作方式可分手动和自动两种方式。

辅助设施。由于钢筋电渣压力焊常用在高层建筑施工过程中，所以众多建筑施工单位常自制活动小房安放整套钢筋电渣压力焊焊接设备、辅助工具、焊剂等。

b. 焊剂

（a）焊剂应具有的性能

a）能保证焊缝金属所需化学成分和力学性能；

b）电弧燃烧要稳定；

c）对锈、油及其他杂质的敏感性要小，S，P含量要低，焊缝应不产生裂纹和气孔等缺陷；

d）在高温状态下，要有合适的熔点、黏度及一定的熔化速度，保证焊缝成形良好及良好的脱渣性；

e）在焊接过程中不应析出有毒气体；

f）吸湿性要小；

g）要有合适的粒度及足够的强度。

（b）焊剂的主要作用

a）产生的气体、熔渣保护电弧、熔池及焊缝金属，防止氧化、氮化；

b）减少焊缝金属元素的蒸发、烧损；

c）稳定焊接过程；

d）脱氧、掺合金，保证焊缝金属化学成分和力学性能；

e）在电流通过熔化形成的渣池时，产生大量电阻热；

f）挤出的液态金属和熔渣使焊接接头成形良好；

g）渣壳对焊接接头起保温缓冷作用。

c. 常见焊剂的成分

见表 7-22。

常见焊剂的组成成分（质量分数）%　　　　　表 7-22

焊剂牌号	SiO_2	CaF_2	CaO	MgO	Al_2O_3	MnO	FeO	K_2O+Na_2O	S	P
HJ330	44～48	3～6	≤3	16～20	≤4	22～26	≤1.5	—	≤0.08	≤0.08
HJ350	30～55	14～20	10～18	—	13～18	14～19	≤1.0	—	≤0.06	≤0.06
HJ430	38～45	5～9	≤6	—	≤5	38～47	≤1.8	—	≤0.10	≤0.10
HJ431	40～44	3～6.5	≤5.5	5～7.5	≤4	34～38	≤1.8	—	≤0.08	≤0.08

⑤ 电渣压力焊焊接缺陷及防止措施

电渣压力焊焊接缺陷主要有轴线偏移、弯折、咬边、未焊合、焊包不匀、气孔、烧伤、焊包下淌等。

⑥ 应用钢筋电渣压力焊的优点及注意事项

a. 应用钢筋电渣压力焊的优点

（a）产量大、质量好、投入少、成本低；

（b）速度快、效率高；

（c）避免了高温和电弧伤害，焊工劳动条件明显得到改善；

（d）节约钢材和能源；

（e）优化了焊接方法，创新了操作工艺。

b. 注意事项

（a）下料时，钢筋端头要调整，保证钢筋连接的同心度；

（b）焊剂要均匀装填，保证焊包圆正；

（c）要填好石棉垫，防止在施焊过程中焊剂漏掉、跑浆；

（d）焊剂保持干燥，防止潮湿，以免产生气泡，影响质量；

（e）在施焊过程中，要随焊接电压高低调整钢筋下送速度（电压控制在 25～45V）；在焊接即将完成时，应及时有力施压成形；

（f）焊工要总结经验（听声、看浆），以确定焊接时间；

（g）回收焊剂，降低接头成本。

6. 电阻焊（电阻对焊和闪光对焊）

（1）概述

对焊是对接电阻焊的简称，是利用电阻热将两个工件沿整个端面同时焊接起来的一种电阻焊焊接方法。可分为电阻对焊和闪光对焊。

由于对焊生产率高，易实现自动化，所以其广泛应用于以下几个方面：

① 工件的接长，如带钢、型材、线材、钢筋、钢轨、锅炉钢管、石油和天然气输送管道的对焊。

② 环行工件的对焊，如汽车、自行车、摩托车轮圈及各种链环的对焊。

③ 将轧制、铸造、冲或机加工件焊成复杂零件的部件组焊，如汽车方向轴外壳与后桥壳、各种连杆、拉杆及特殊零件的对焊。

异种金属的焊接可以节约贵重金属，提高产品性能。如刀具工作部分的高速钢与尾部的中碳钢、内燃机排气阀头部的耐热钢与尾部的结构钢、铝铜导电接头等的对焊等。

（2）电阻对焊

电阻对焊是将两工件端面始终压紧，利用电阻热加热至塑性状态，然后迅速施加顶锻压力（或不加顶锻压力，只保持焊接压力）完成焊接的方法。

1）电阻对焊的电阻和加热

对焊时的电阻分布，如图7-45所示。

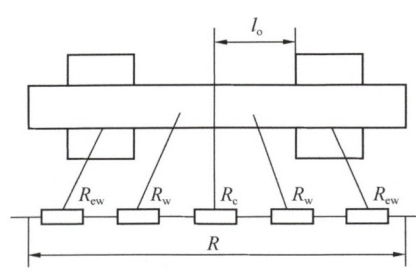

图7-45　对焊时的电阻分布

总电阻可用式7-3表示：

$$R = 2R_w + R_c + 2R_{ew} \qquad （式7-3）$$

式中，R_w——1个工件导电部分的内部电阻，Ω；

R_c——两工件间的接触电阻，Ω；

R_{ew}——工件与电极间的接触电阻，Ω。

工件与电极之间的接触电阻由于阻值小，且离接合面较远，通常忽略不计。

工件的内部电阻与被焊金属的电阻率 ρ 和工件伸出电极的长度 l_0 成正比，与工件的断面积 S 成反比。

和点焊时一样，电阻对焊时的接触电阻取决于接触面的表面状态、温度及压力。当接触端面有明显的氧化物或其他脏物时，接触电阻就大。温度或压力的增高，都会因实际接触面积的增大而使接触电阻减小。焊接刚开始时，接触点上的电流密度很大，端面温度迅速升高后，接触电阻急剧减小。加热到一定温度（钢 600 ℃，铝合金 350 ℃）时，接触电阻完全消失。

2）对焊的焊接循环、工艺参数和工件准备

① 焊接循环

对焊时，先压紧两工件，在端面温度升高到焊接温度时（两工件端面距离变化只有零点几纳米），端面间原子互相发生作用，在接合面上产生共同晶粒，形成接头。

焊接循环有等压及加大锻压力两种。

② 工艺参数

对焊的工艺参数主要有伸出长度、焊接电流、焊接通电时间、焊接压力和顶锻压力。

a. 伸出长度。指工件伸出夹钳电极端面的长度，在选择伸出长度时，要考虑顶锻时工件的稳定性及向夹钳的散热。

b. 焊接电流（通常以电流密度表示）和焊接时间。这是决定工件加热的两个主要参数，可以在一定范围内互相调配，可采用大电流密度、短时间（强条件），亦可采用小电流、长时间（弱条件）。条件过强易产生未焊透；过弱会使接口端面氧化，接头区晶粒粗大，影响接头强度。焊接压力和顶锻压力对接头处的热和塑性变形产生影响：减少顶锻压力有利于产热，不利于塑性变形，故宜采用较小的顶锻压力进行加热，以大得多的焊接压力进行顶锻；顶锻压力也不能过低，否则会引起飞溅，增加端面氧化，并在接口附近造成疏松。

c. 工件准备。为保证两工件的加热与塑性变形一致，对焊的两个工件的端面形状与尺寸应相同。工件端面以及与夹钳接触表面的氧化物、脏物（直接影响接头质量）应严格清理；清理工件可用砂轮、钢丝刷等机械手段或酸洗。对焊接质量高的稀有金属、某些合金钢和有色金属，一般采用氩、氦等气体进行保护，防止接头产生氧化夹杂。

电阻对焊虽接头光滑、毛刺小、焊接过程简单，但接头的力学性能低，对于工件端面的准备工件要求多，所以只用于小断面（<250mm²）金属型材的对接。

（3）闪光对焊

闪光对焊分两种：连续闪光对焊，由闪光阶段和顶锻阶段组成；预热闪光对焊，由预热阶段和闪光、顶锻阶段组成。

1）闪光对焊的两个阶段

① 闪光阶段

闪光的主要作用是加热工件。其过程如下：

a. 接通电源，两工件端面轻微接触，形成许多接触点；

b. 电流通过，接触点熔化，成连接两端面的液体金属过梁；

c. 由于液体过梁中电流密度极高，使过梁中的液态金属蒸发，过梁划破；

d. 在蒸气压及电磁力作用下，液态金属微粒不断从接口间喷射出来，形成闪光（火花急流）。闪光必须稳定、强烈。

稳定指闪光过程中不发生断路（断路会减弱焊接处的自保护作用，接头易被氧化）和短路（短路会使工件过烧，导致工件报废）。

强烈指在单位时间内有相当多的过梁炸破。闪光越强烈，焊接处自保护作用越好，在闪光后期尤为重要。

② 顶锻阶段

指闪光阶段结束时，立即对工件施加足够的顶锻压力，接口间隙迅速减小，过梁停止炸破。

顶锻的作用是封闭工作端面的间隙和液态金属过梁炸破后留下的火口，同时挤出端面的液态金属及氧化夹杂物，使洁净的塑性金属紧密接触，并使接头区产生一定的塑性变形，促进再结晶，形成共同晶粒，以获得牢固的接头。

③ 预热阶段

这是指预热闪光对焊，在闪光前先经继续的电流脉冲加热工件，再进入闪光和顶锻阶段。其作用是：减小需用功率，降低焊后冷却速度，缩短闪光时间，节约贵重金属。

缺点是：焊接周期延长了，生产率会降低；自动化程度更为复杂；控制较困难。

2）闪光对焊的工艺参数和工件准备

① 工艺参数

闪光对焊的主要工艺参数有伸出长度、闪光电流、闪光留量、闪光速度、顶锻留量、顶锻速度、顶锻压力、顶锻电流、夹钳夹持力等。

a. 伸出长度和电阻对焊一样，影响沿工件轴向的温度分布和接头的塑性变形，不同金属材料采用不同伸出长度。

b. 闪光电流及顶锻电流取决于工件断面积和闪光所需的电流密度。

c. 闪光留量的选择应能满足闪光结束时整个工件端面有一层熔化金属，并在一定深度上达到塑性变形温度。

d. 闪光对焊时，要有足够大的闪光速度才能保证闪光的强烈和稳定；但是，闪光速度过快会使加热区过窄，增加塑性变形的困难。并且，因所需的焊接电流增加，会增大过梁炸破后的火口深度而降低接头质量。

闪光速度的选择要考虑被焊材料的成分和性能，是否有预热，顶锻前要有强烈闪光。

e. 顶锻留量会影响液态金属的排除和塑性变形的大小。过小，易形成疏松、缩孔、裂纹等缺陷；过大，会降低接头的冲击韧度。

f. 顶锻速度是防止接口区因金属冷却而造成液态金属排除及塑性变形的困难，以及端面金属氧化。所以，顶锻速度越快越好。

g. 顶锻压力以顶锻压强表示，其大小应能保证挤出接口内的液态金属，并在接口处产生一定的塑性变形。过大，变形不足，接头强度下降；过小，变形量过大，晶纹弯曲严重而降低接头冲击韧度。顶锻压强的大小由金属性能、温度分布情况、顶锻留量和速度、工件端面形状等因素确定。

h. 预热闪光对焊的工艺参数除考虑上述因素外，还应考虑预热温度和预热时间。

i. 夹钳的夹持力必须保证工件在预锻时不打滑，夹钳的夹持力与顶锻压力和工件与夹钳的摩擦系数有关。

② 工件准备

a. 闪光对焊时，两工件的对接面几何形状和尺寸要相同。

b. 对大断面进行闪光对焊时，以将一个工件的端部倒角（电流密度会增大）为好，以便于激发闪光。

c. 对焊毛坯端头可在剪床、冲床、车床上进行，亦可用等离子或气焰切割，再清除端面。

d. 闪光对焊应对夹钳和工件接触面进行清理，要求与电阻对焊一样。

（4）常用金属的闪光对焊

1）几乎所有的钢和有色金属都可以进行闪光对焊。

2）为获得优质接头，需根据金属的有关特性，采取相应的工艺措施：①对导电、导热性好的金属要采用较大的比功率和闪光速度，较短的焊接时间；②在高温下强度高的金属，应采用较大高温塑性区的宽度及较大的顶锻压力；③结晶温度区间越大，半熔化区越宽，应采用较大的顶锻压力和顶锻留量；④淬火钢一般采用加热区宽的预热闪光对焊；奥氏体不锈钢等经冷作强化的金属，通常采用较大的闪光速度和顶锻压力；⑤由于接头中的氧化夹杂物对接头质量有严重危害，所以应根据不同的金属成分，选择不同的工艺。

对于含有较多 Si，Al，Cr 类元素的合金钢应采取严格的工艺措施。

（5）电阻焊设备

电阻焊设备是指采用电阻加热原理进行焊接操作的一种设备。包括点焊机、缝焊机、凸焊机和对焊机。有些场合还包括与这些焊机配套的控制箱。

1）设备的组成

① 以阻焊变压器为主，包括电极及二次回路组成的焊接回路。

② 由机架和有关夹持工件及施加焊接压力的传动机构组成的机械装置。

③ 能按要求接通电源，并可控制焊接程序中各段时间及调节焊接电流的控制电路。

电阻焊设备的型号代号如表 7-23 所示。

电阻焊设备的代号含义　　　　表 7-23

第1字位		第2字位		第3字位		第4字位		第5字位	
代表字母	大类名称	代表字母	小类名称	代表字母	附注特征	数字序号	系列序号	单位	基本规格
D	点焊机	N	工频	省略	一般点焊	省略	垂直运动	kV·A	额定功率
		J	直流冲击波	K	快速点焊	1	圆弧运动		
		Z	二次整流	W	网状点焊	2	手提式		
		D	低频	—	—	3	悬挂式		
		B	变频	—	—	6	焊接机器人		
		R	电容储能	—	—	—	—	J	最大储能量

第1字位		第2字位		第3字位		第4字位		第5字位	
代表字母	大类名称	代表字母	小类名称	代表字母	附注特征	数字序号	系列序号	单位	基本规格
T	凸焊机	N	工频	—	—	省略	垂直运动	kV·A	额定功率
		J	直流冲击波	—	—	—	—		
		Z	二次整流	—	—	—	—		
		D	低频	—	—	—	—		
		B	变频	—	—	—	—		
		R	电容储能	—	—	—	—	J	最大储能量
F	缝焊机	N	工频	省略	一般缝焊	省略	垂直运动	kV·A	额定功率
		J	直流冲击波	Y	挤压缝焊	1	圆弧运动		
		Z	二次整流	P	垫片缝焊	2	手提式		
		D	低频	—	—	3	悬挂式		
		B	变频						
		R	电容储能					J	最大储能量
U	对焊机	N	工频	省略	一般对焊	省略	固定式	kV·A	额定功率
		J	直流冲击波	B	薄板对焊	1	弹簧加压		
		Z	二次整流	Y	异型截面对焊	2	杠杆加压		
		D	低频	C	轮圈对焊	3	悬挂式		
		B	变频	T	链环对焊	6	—		
		R	电容储能	—	—	—	—	J	最大储能量

第1字位		第2字位		第3字位		第4字位		第5字位	
代表字母	大类名称	代表字母	小类名称	代表字母	附注特征	数字序号	系列序号	单位	基本规格
K	控制器	D	点焊	省略	同步控制	1	分立元件	A	额定电流
		F	缝焊	F	非同步控制	2	集成电路		
		T	凸焊	Z	质量控制	3	微机		
		U	对焊	—	—	—	—		

2）设备的电器性能

电阻焊依据不同的用途和要求，品种很多，从电气性能看主要有以下几种。

① 单相工频焊机

单相工频焊机是使用最广泛的焊机，功率 $0.5 \sim 500$ kV·A，甚至更大。这种焊机由电网直接供电给阻焊变压器，因结构和原理的因素，供电方式只能是单相形式。

② 二次整流焊机

二次整流焊机是在阻焊变压器的二次输出端接入大功率硅整流器，使得二次回路通过的是整流后的直流电流。

③ 三相低频焊机

三相低频焊机是一种由特殊的、具有三相一次线圈和单相二次线圈的阻焊变压器构成的焊机。

④ 储能焊机

储能焊机是由一组电容器，一个将这些电容器充电到预定电压的电路及一个阻焊变压器组成。有的也可直接对工件放电进行焊接。这种焊机能瞬间获得较大电流，并且不受电网电压波动直接影响。

⑤ 逆变式焊机（变频焊机）

逆变式焊机在 20 世纪 80 年代中期发展起来，利用脉冲幅度调节方法（PWM）调节焊接电流。

与工频焊机比具有下列特点：a. 焊接电流接近完全直流，热效率高，相同工件焊接电流可降低 40%，电极使用寿命长；b. 阻焊变压器的重量及体积减少到 1/5～1/3；c. 能提高控制精度并更快达到目标电流；d. 控制更为可靠。

3）典型的几种电阻焊机的主要技术参数

典型闪光对焊机、电阻对焊机的主要技术参数见表 7-24、表 7-25。

（6）电阻焊的危险及有害性

电阻焊的特点是高频、高压、大电流且具一定压力的金属高温熔炼融接过程，其危险性、有害性如下：

① 电阻焊设备电气系统如因腐蚀、磨损、绝缘老化、接地失效，会造成作业人员触电的危险。

② 电阻焊气动系统的压缩气体压力达 0.5MPa，橡胶气管如老化或接头脱落，胶管甩击伤人。

③ 电阻焊焊接有镀层工件时，高温使镀层气化，有害气体会引发作业人员中毒。

④ 电阻焊焊接时，如操作不当会受到机械气动压力的挤压伤害。

⑤ 焊接操作失当，在电流未全部切断时就提起电极，会造成电极工件间产生火花，造成烧穿工件，火花喷溅伤及作业人员。

⑥ 电阻焊因操作不当，如电极压力过小，电流密度过大或工件不洁引起局部电流导通，都会造成火花喷溅伤及作业人员。

⑦ 点、缝焊搭接头的熔核尖角，工件的毛刺、锐边等，会造成作业人员的机械伤害。

⑧ 电阻焊熔核的高温（一般都超过工件金属的熔点），操作人员防护不当也会造成灼烫伤害。

⑨ 大功率单相交流焊机如操作不当还会危及电网的正常运行。

表 7-24

典型闪光对焊机的主要技术参数

焊机型号	类型	送进机构	额定功率/(kV·h)	负载持续率/%	二次空载电压/V	夹紧力/kN	顶锻力/kN	碳钢焊接面积/mm²
UN1-75	通用	杠杆	75	20	3.52~7.04	螺旋	30	600
UN2-150-2	通用	电动机-凸轮	150	20	4.05~8.10	100	65	1000
UN-40	通用		40	50	3.7~6.3	45	14	320
UN17-150-1		气压-液压	150	50	3.8~7.6	160	80	1000
UN7-400	轮圈专用		400	50	6.55~11.18	680	340	2000
UY-125	钢窗专用		125	50	5.51~10.85	75	45	400
UY5-300	薄板专用	凸轮烧化器-液压顶锻	300	20	2.84~9.05	350	250	2500
UN6-500	钢轨专用	液压	500	40	6.8~13.6	600	350	8500

表 7-25

典型电阻对焊机的主要技术参数

焊机型号	类型	额定功率/kV·A	负载持续率/%	二次空载电压/V	夹紧力/N	顶锻力/N	碳钢焊接面积/mm²
UN-1	弹簧加压	1	8	0.5~1.5	80	40	1.1
UN-3	弹簧加压	3	15	1~2	450	180	5.0
UN-10		10	15	1.6~3.2	900	350	50
UN1-25	人力-杠杆	25	20	1.76~3.52	偏心轮	—	300

⑩ 电阻焊的冷却水如处理不当或泄漏（＞0.15MPa），会造成作业条件的恶化，引发作业人员滑跌伤害或电气伤害。

（7）电阻焊安全防护

电阻焊安全防护有如下要求：

1）操作人员的要求

① 操作人员必须经三级安全教育和电阻焊焊接技术的专业培训，经考核合格持证上岗。

② 操作人员需熟悉本岗位设备的操作性能和技术，严格按操作规程进行操作。

③ 正确穿戴和使用劳动防护用品，遵章守纪，杜绝"三违"。

④ 精心操作，爱护设备，养成班前检查、班后维护的习惯，确保设备的电路、电器、气动气路、水路及制动、接地、仪表的完好、灵敏可靠，设备不得带病（隐患）作业。

2）安装要求

① 对电源的要求

每台焊机应通过单独的断路器与馈电系统连接。

电阻焊设备电源功率取决于焊接方法和焊机的设计。合适的电源是电阻焊设备达到预期生产率的先决条件，供电系统主要由电力变压器、馈电母线、装有分断开关和指示仪表的开关板及焊机的导线组成。

电力变压器和馈电母线是否合适要由允许的电压降和允许的发热程度两个因素决定，允许电压降是决定性因素，但也必须考虑发热因素。

对单台焊机，如只根据发热程度考虑时，确定电力变压器功率的大小是比较简单的，因为一般阻焊变压器的额定功率是根据发热程度确定的。电力变压器通常是100％工作制，而电阻焊变压器的负载持续率为50％，当只以发热为基础时，向1台给定的焊机供电的电力变压器的等效额定值等于该焊机阻焊变压器额定值（负载持续率为50％）的70.7％。例如，1台正常运行的

50kV·A 缝焊机所需的电力变压器的功率可为 106kV·A。

根据电压降来确定向 1 台电阻焊机供电的电力变压器功率大小时，首先要确定焊机规定的最大允许压降。当同一台电力变压器向 2 台或多台焊机供电时，由 1 台焊机引起的电压降将会反映在第二台焊机的工作中。因而，为保证焊接质量，不论向单台还多台焊机供电时，规定总电压降不超过 5％是合适的，最大时不应超过 10％。电压降应在焊机所在处测量。从开关板到焊机的导线越短越好，截面应满足额定电流值导通的规定，并且应设计成低阻抗以使线路中的电压降最小。

② 安装

焊机应远离有剧烈振动的设备，如大吨位冲床、空气压缩机等，以免引起控制设备工作失常。气源压力要求稳定，压缩空气的压力不低于 0.5MPa，必要时应在焊机近旁安置储气筒。

冷却水压力一般应不低于 0.15MPa。进水温度不高于 30℃。要求水质纯净，以减少造成漏电或引起管路堵塞的机率。在有多台焊机工作的场地，当水源压力太低或不稳定时，应设置专用冷却水循环系统。在闪光对焊或点焊、缝焊有镀层的工件时，应有通风设备。

③ 排水

大多数电阻焊焊机都需要水冷却。对于排水，一般是经过集水管排出，在点焊和缝焊时，还可能采用浇水方式使电极和工件冷却，冷却水由附加集水槽排出。

3）调试的要求

① 通电前的检查

按照说明书检查连接线是否正确；测量各个带电部位对机身的绝缘电阻是否符合要求；检查机身的接地是否可靠；水和气是否畅通；测量电网电压是否与焊机铭牌数据相符。

② 通电检查

确认安装无误的焊机，便可进行通电检查。主要是检查控制设备各个按钮与开关操作是否正常。然后进行不通焊接电流下的机械动作运行，即拔出电压级数调节组的手柄或把控制设备上焊接电流通断开关放在断开的位置。启动焊机，检查工作程序和加压过程。

③ 焊接参数的选择

使用与工件相同材料和厚度裁成的试件进行试焊。试验时通过调节焊接工艺参数（电极压力、二次空载电压、通电时间、热量调节、焊接速度、工件伸出长度、烧化量、顶锻量、烧化速度、顶锻速度、顶锻力等），以获得符合要求的焊接质量。

对一般工件的焊接，用试件焊接一定数量后，经目视检查应无过深的压痕、裂纹和过烧，再经撕破试验检查焊核直径合格且均匀即可正式焊接几个工件。经过产品质量检验合格，焊机即可投入生产使用。

对工件要求严格的航空和航天等领域，当焊机安装、调试合格后，还应按照有关技术标准，焊接一定数量的试件，并经目测、金相分析、X射线检查、机械强度测量等试验，评定焊机工作的可靠性。

4）维护保养的要求

① 日常保养

这是保证焊机正常运行，延长使用期的重要环节。主要项目是：保持焊机清洁；对电气部分要保持干燥；注意观察冷却水流通状况；检查电路各部位的接触和绝缘状况。

② 定期维护检查

机械部位应定期加润滑油，缝焊机还应在旋转导电部分定期加特制的润滑脂；检查活动部分的间隙；观察电极及电极握杆之间的配合是否正常；有无漏水；电磁气阀的工作是否可靠；水路和气路管道是否堵塞；电气接触处是否松动；控制设备中各个旋钮是否打滑；元件是否脱焊或损坏。

③ 性能参数检测

a. 焊接电流及通电时间的检测

一台新的电阻焊焊机在装配好出厂前要通过规定项目的试

验，包括空载试验和短路试验，以确定电阻焊变压器及整台焊机的性能是否符合出厂标准。空载试验和短路试验要求有专门的试验设备才能进行。表7-26列出了部分工频焊机额定级试验数据。在焊机的使用现场，可使用电阻焊大电流测量仪对二次短路电流（电极直接接触）或焊接电流（电极间有工件置入）及通电时间进行检测。电阻焊电流测量仪是一种专用仪表，通过套在二次回路中的感应线圈（传感器）获取通电瞬间的电磁信号，然后经过电路转换，以数字形式显示出电流值及时间值。

部分工频焊机额定级试验数据 表 7-26

型 号	额定功率/(kV·A)	二次回路尺寸/mm		空载试验		短路试验回路阻抗/μΩ			二次最大短路电流/A
		臂伸长度	臂间距离	空载电压/V	空载电流/A	总阻抗	电阻	感抗	
SO432-5A	31	250	190	4.6	44	201	107	173	22500
DN-63	63	600	200	6.67	7.75	300	151	259	22200
DN2-100	100	500	250	6.45	9.75	276	112	252	23300
DN2-200	200	500	250	8.25	20	284	110	262	29000
TN-63	63	250	255	6.67	12	178	73.3	162	37500
FN1-150-2	150	800	140	6.8	8	231	79.7	217	29400
FN1-150-5	150	1100	80	8.37	18.9	250	106	226	33500
M272-6A	110	600	110	6.35	12	310	116	287	20500
UN-40	40	—	—	5.5	3.65	194	131	143	28300
UN-125	125	—	—	8.9	7.63	229	98	207	38900
UN17-150-1	150	—	—	7.0	11.8	170	72.5	153	41200
UN7-400	400	—	—	10.7	44.5	114	80.6	80.6	93600

b. 二次回路直流电阻值的检测

对于一台特定的焊机，二次回路尺寸是固定的，因此感抗是不变的，只有电阻值会因接触表面氧化膜的增厚、紧固螺栓的松动等而增大。二次回路电阻的增大将使焊机二次短路电流值（或焊接电流值）减小，降低了焊机的焊接能力。所以，在长期使用后应对二次回路进行清理和检测。表 7-27 列出部分电阻焊机的二次回路直流电阻实测值，可供参考。二次回路直流电阻值的检测方法可采用微欧姆计进行直接测量，也可对二次回路外接直接电源，通过测定电流及电压降的方法换算成电阻值。

电阻焊机二次回路直流电阻实测值　　　　表 7-27

焊机种类	型号	直流电阻/$\mu\Omega$	环境温度/℃
点焊机	DN2-100	40	15
	DN2-200	32	15
	DN-63	36	20
	SO432-5A	45	10
	P300DTI-A	36	12
凸焊机	TN-63	25	10
缝焊机	FN1-150-2	38	15
	M272-6A	42	25
对焊机	UN17-150-1	40	25

c. 测定压力

对于一般气动焊机，压力是由气缸产生的。因此，接入气缸的压缩空气的压强与气缸压力是成比例的，可建立电极压力与压缩空气压强的关系曲线，定期检测电极压力，并与之对照。

电极压力的检测方法有以下几种：

（a）采用 U 形弹簧钢制成的测力计，根据已知变形量与压力的关系曲线，从百分表读数可得知压力值。

（b）采用钢球压痕的方法，即取一直径适当的钢球和 1 块平整的钢板或铜板，先在材料试验机上测得压痕直径与压力的关系曲线，然后与在焊机上以同一钢球和同一钢板测得的压痕进行对比而得到焊机的压力值。

（c）使用电阻应变片及相应的仪表组成的测力计直接测定。

（d）采用专用的机械式测力计测定。

7. 建筑行业常见的其他焊接方法

（1）熔化极惰性气体保护焊和混合气体保护焊

1）熔化极惰性气体保护焊

①熔化极惰性气体保护焊特点

熔化极惰性气体保护焊通常采用惰性气体氩、氦或它们的混合气体作为焊接区的保护气体。由于焊丝外表没有涂料层，电流可大大提高，因而母材熔深大，焊丝熔化速度快，熔敷率高。与钨极氩弧焊相比，可大大提高生产效率，尤其适用于中等厚度和大厚度板材的焊接。

熔化极惰性气体保护焊通常采用的熔滴过渡类型为滴状过渡、短路过渡和喷射过渡。滴状过渡使用的电流较小，熔滴直径比焊丝直径大，飞溅较大，焊接过程不稳定，因此在生产中很少采用。短路过渡电弧间隙小，电弧电压较低，电弧功率比较小，通常仅用于薄板焊接。生产中应用最广泛的是喷射过渡。对于一定的焊丝和保护气体，当电流增大到临界电流值时，熔滴过渡型式即由滴状过渡转变为喷射过渡。不同材料和不同直径焊丝的临界电流值如表 7-28 所示。

不同材料和不同直径焊丝的临界电流参考值　　　表 7-28

材料	焊丝直径/mm	保护气体	最低临界电流/A
低碳钢	0.80 0.90 1.20 1.60	$98\%Ar+2\%O_2$	150 165 270 275
不锈钢	0.90 1.20 1.60	$99\%Ar+1\%O_2$	170 225 285
铝	0.80 1.20 1.60	Ar	95 135 180

材料	焊丝直径/mm	保护气体	最低临界电流/A
脱氧钢	0.90	Ar	180
	1.20		210
	1.66		310
硅青铜	0.90	Ar	165
	1.20		205
	1.66		270
钛	0.80		120
	1.60		225
	2.40		320

采用射流过渡焊接时，焊缝易呈现深而窄的"指状"熔深，易产生两侧面熔透不良、气孔和裂纹等缺陷。对于铝及其合金的焊接通常采用射滴和短路相混合的过渡形式，也称亚射流过渡。其特点是弧长较短，电弧电压较低，电弧略带轻微爆破声，焊丝端部的熔滴长大到大约等于焊丝直径时，沿电弧轴线方向一滴一滴过渡到熔池，伴有瞬时短路。发生铝合金亚射流过渡焊接时，电弧的固有自调节作用特别强，当弧长受外界干扰而发生变化时，焊丝的熔化速度发生较大变化，促使弧长向消除干扰的方向变化，因而可以迅速恢复到原来的长度。此外，采用亚射流电弧焊接时，阴极雾化区大，熔池的保护效果好，焊缝成形好，焊接缺陷较少。在相同的焊接电流下，亚射流过渡与射滴过渡相比，焊丝的熔化系数显著提高。

②保护气体

a. 氩气和氦气

氩气和氦气均属惰性气体，焊接过程中不与液态和固态金属发生化学及冶金反应。因此特别适用于活泼性金属（Al，Mg，Ti，合金钢等）的焊接。

在氩气中，电弧电压和能量密度较低，电弧燃烧稳定，飞溅较小，较适合焊接薄板金属、热导率低的金属。氦气保护时的电弧温度和能量密度高，焊接效率较高，但我国的氦气价格昂贵，单独采用氦气保护，成本较高。

b. 氩和氮混合气体

此合成气体中，氩气为其中的主要气体，混入一定数量的氮气后即可获得兼有两者优点的混合气体。其优点是，电弧燃烧稳定、温度高，焊丝金属熔化速度快，熔滴易呈现较稳定的轴向射滴过渡，熔池金属的流动性得到改善，焊缝成形好，焊缝的致密性提高。这些优点对于焊接铝及其合金、铜及其合金等热敏感性强的高导热材料尤为重要。

对于铜及其合金，氮气相当于惰性气体。氮气是双原子气体，热导率比氩气高，弧柱的电场强度亦较高，因此电弧热功率和温度可大大提高。与 Ar+He 相比，氮气价格便宜。

由于氢气是一种还原性气体，在一定条件下可使某些金属氧化物或氮化物还原，因而可与氩气混合来焊接镍及其合金，抑制和消除镍焊缝中的 CO 气孔。此外，氢气的密度小（约为 $0.089kg/m^3$），导热系数大，对电弧的冷却作用大，因此电弧温度高、熔透性好，焊接速度可以提高。但 H_2 含量必须低于 6%，否则会导致氢气孔的产生，为了提高焊接效率，焊接不锈钢和银材料时，也可采用加入一定量氢气的 $Ar+H_2$ 混合气体。

c. 双层气流保护

熔化极气体保护焊有时采用双层气流保护可以得到更好的效果。此时，喷嘴由两个同心的喷嘴组成，即内喷嘴与外喷嘴。气流分别从内、外喷嘴流出，如图 7-46 所示。

采用双层气流保护的目的一般有两个：

（a）提高保护效果

熔化极气体保护焊时，由于电

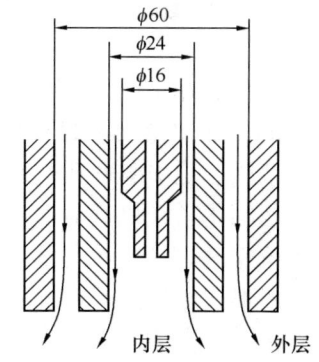

图 7-46 双层气流保护示意图

223

流密度较大，易产生较强的等离子流，容易将保护气层破坏而卷入空气，破坏保护效果。这在大电流熔化极惰性气体保护电弧焊时尤其严重。将保护气分内、外层流入保护区，则外层的保护气流可以较好地将外围空气与内层保护气隔开，防止空气卷入，提高保护效果。对于铝合金，大电流焊可以收到显著的效果。此时，两层保护气可用同种气体，但流量不同，需要合理配置，一般内层气体流量与外层气体流量的比例为 1～2 时可以得到较好的效果。

（b）节省高价气体

熔化极气体保护焊焊接钢材时，为得到喷射过渡需要用富氩气体保护。但是，影响熔滴过渡型式的气体环境只是直接与电弧本身相接触的部分。因此，为了节省高价的氩气，可以采用内层氩气保护电弧区，外层 CO_2 气体保护熔池。少量 CO_2 气体卷入内层氩气体保护区，仍能保证富氩性能，保证稳定的喷射过渡特点。熔池在 CO_2 气体保护下凝固结晶，可以得到性能良好的焊接接头，采用富氩保护气时，需要消耗 80％Ar 和 20％CO_2，而采用这种双层气流保护时，焊接效果相同，但气体消耗是 80％CO_2，20％Ar，故可以大幅度降低成本。

③焊丝

熔化极惰性气体保护焊使用的焊丝成分通常应和母材的成分相近，它应具有良好的焊接工艺性能，并能提供良好的接头性能。

熔化极惰性气体保护焊使用的焊丝直径范围为 0.8～2.5mm。在焊丝加工过程中，进入焊丝表面的拔丝剂、油或其他的杂质可能引起气孔、裂纹等缺陷。因此，焊丝使用前必须经过严格的化学或机械清理。另外，由于焊丝需要连续而流畅地通过焊枪送进焊接区，所以，焊丝一般是以适当尺寸的焊丝卷或焊丝盘的形式提供的。

④工艺参数

影响焊缝成形和工艺性能的参数主要有焊接电流、电弧电压、焊接速度、焊丝伸出长度、焊丝的倾角、焊丝直径、焊接位置、极性等。此外，保护气体的种类和流量大小也会影响熔滴过渡、焊缝形状和焊接质量。

a. 焊接电流和电弧电压

通常根据工件的厚度选择焊丝直径，然后再确定焊接电流和熔滴过渡类型。焊接电流增加，焊缝熔深和余高增加，而熔宽则几乎保持不变，电弧电压增加，焊缝熔宽增加，而熔深和余高略有减小。若其他参数不变，在任何给定的焊丝直径下，增大焊接电流，焊丝熔化速度增加，因此需要相应地增加送丝速度。同样的送丝速度，较粗的焊丝需要较大的焊接电流。焊丝的熔化速度是电流密度的函数。同样的电流值，焊丝直径越小，电流密度即越大，焊丝熔化速度就越高。不同材料的焊丝具有不同的熔化速度特性。焊丝直径一定时，焊接电流（即送丝速度）的选择与熔滴过渡类型有关。电流较小时，熔滴为滴状过渡（若电弧电压较低，则为短路过渡）；当电流达到临界电流值时，熔滴为喷射过渡。焊接电流一定时，电弧电压应与焊接电流相匹配，以避免气孔、飞溅和咬边等缺陷。

b. 焊接速度

焊接速度是焊枪沿焊缝中心线方向的移动速度。其他条件不变时，熔深随焊速增加，并有一个最大值。当焊速再增大时，熔深和熔宽会减小。焊速减小时，单位长度上填充金属的熔敷量增加，熔池体积增大，由于这时电弧直接接触的只是液态熔池金属，固态母材金属的熔化是靠液态金属的导热作用实现的，故熔深减小，熔宽增加；焊接速度过高，单位长度上电弧传给母材的热量显著降低，母材的熔化速度减慢。焊接速度过高有可能产生咬边。

c. 焊丝伸出长度

焊丝的伸出长度越长，焊丝的电阻热越大，焊丝的熔化速度越快。焊丝伸出长度一般为焊丝直径 10 倍左右。焊丝伸出长度过长会导致电弧电压下降，熔敷金属过多，焊缝成形不良，熔深减小，电弧不稳定；焊丝伸出长度过短，电弧易烧导电嘴，且金属飞溅易堵塞喷嘴。

d. 焊丝位置

焊丝向前倾斜焊接时，称为前倾焊法；向后倾斜时称为后倾焊法。当其他条件不变，焊丝由垂直位置变为后向焊法时，熔深增加而焊道变窄且余高增大，电弧稳定，飞溅小。倾角为 25° 的后向焊法常可获得最大熔深。一般倾角在 5°～15° 范围，以便更好地控制焊接熔池。

e. 焊接位置

喷射过渡可适用于平焊、立焊、仰焊位置。平焊时，工件相对于水平面的斜度对焊缝成形、熔深和焊接速度有影响，若采用下坡焊（通常工件相对于水平面夹角≤15°），焊缝余高减小，熔深减小，焊接速度可以提高，有利于焊接薄板金属；若采用上坡焊，重力使焊接金属后流，熔深和余高增加，而熔宽减小。

短路过渡焊接可用于薄板材料的平焊和全位置焊。

f. 气体流量

从喷嘴喷出的保护气体为层流时，有较大的有效保护范围和较好的保护作用。因此，为得到层流的保护气流，加强保护效果，需采用结构设计合理的焊枪和合适的气体流量。气体流量过大或过小皆会造成紊流。由于熔化极惰性气体保护电弧焊对熔池的保护要求较高，如果保护不良，焊缝表面易起皱纹，所以喷嘴孔径及气体流量均比钨极氩弧焊要相应增大。通常喷嘴孔径为 20mm 左右，气体流量为 30～60L/min。

2）熔化极混合气体保护焊

① 熔化极混合气体保护焊特点

熔化极混合气体保护焊是采用在惰性气体中加入一定量的活性气体，如氩气加二氧化碳气体（$Ar+CO_2$）、氩气加氧气（$Ar+O_2$）、氩气加氧气和二氧化碳气体（$Ar+O_2+CO_2$）等作为保护气体的一种熔化极气体保护电弧焊方法。熔化极混合气体保护焊可采用短路过渡、喷射过渡和脉冲喷射过渡进行焊接，且能获得稳定的焊接工艺性能和良好的焊接接头，适用于平焊、立焊、横焊和仰焊以及全位置焊等，尤其适用于碳钢、合金钢和不锈钢等黑色金属材料的焊接。

采用混合气体作为保护气体可具有下列作用：

a. 提高熔滴过渡的稳定性。

b. 稳定阴极斑点，提高电弧燃烧的稳定性。

c. 改善焊缝熔深形状及外观成形。

d. 增大电弧的热功率。

e. 控制焊缝的冶金质量，减少焊接缺陷。

f. 降低焊接成本。

对于某一种成分的混合气体，并不一定具有上述全部作用，但在某些情况下可以兼有其中的若干作用。例如，采用氩气加少量的二氧化碳气体或氧气，直流反接焊接钢材时，氧化性气体虽然能使熔池表面产生轻微氧化作用，产生少量熔渣层，但与纯氩保护气相比，可稳定阴极斑点，改善电子发射能力，减小电弧漂移，降低熔滴和熔池金属的表面张力，容易获得喷射过渡，改善焊缝成形。

② 常用混合气体及其适用的焊接材料

熔化极混合气体保护焊的混合气体是将 2 种或 2 种以上的气体经供气系统均匀混合后，以一定的流量通过焊枪送入焊接区。混合气体可以是 2 种气体，也可以是 3 种或 4 种气体，但通常为 2 种气体。

a. 氩气加二氧化碳气体（$Ar+CO_2$）

这种混合气体被用来焊接低碳钢与低合金钢，常用的混合比为 $Ar70\%\sim80\%$，$CO_2 20\%\sim30\%$。若 CO_2 含量大于 25%，熔滴过渡失去氩弧的特征而呈现 CO_2 电弧的特征。例如，氩气中加入 $20\%CO_2$ 气体所形成的混合气体，既具有氩弧的特点（电弧燃烧稳定，飞溅小，容易获得轴向喷射过渡等），又具有氧化性，克服了氩气焊接时表面张力大，液体金属黏稠，斑点易飘移等问题，同时对焊缝蘑菇形熔深有所改善。这种混合气体可用于喷射过渡电弧、短路过渡电弧和脉冲过渡电弧。

b. 氩气加氧气（Ar+O₂）

氩气中加入氧气所形成的混合气体的常用混合比为 Ar95％～99％，O₂1％～5％。可用于碳钢、不锈钢等高合金钢和高强钢的焊接，能克服纯氩气保护焊接不锈钢时存在的液体金属黏度大、表面张力大、易产生气孔、焊缝金属润湿性差、易引起咬边、阴极斑点飘移而使电弧不稳等问题。采用 Ar/O_2 为 80％/20％的混合气体焊接低碳钢和低合金钢，焊接接头的性能比采用 Ar/CO_2 为 80％/20％的混合气体焊接时要好。

c. 氩气加二氧化碳气体和氧气（Ar+CO₂+O₂）

采用 $Ar+CO_2+O_2$ 混合气体作为保护气体焊接低碳钢、低合金钢，比采用上述两种混合气体作为保护气体焊接的焊缝成形、接头质量、金属熔滴过渡和电弧稳定性好。

③熔化极惰性气体保护焊和混合气体保护焊的安全操作技术

熔化极惰性气体保护焊和混合气体保护焊除遵守焊条电弧焊、气体保护焊的有关规定外，还应注意以下几点：

a. 应定期检查焊机内的接触器和断电器的工作元件，焊枪夹头的夹紧力以及喷嘴的绝缘性能等。

b. 电弧温度约为 6000～10000℃，电弧光辐射比手工电弧焊强，因此应加强防护。由于臭氧和紫外线作用强烈，宜穿戴非棉布工作服（如耐酸呢、柞丝绸等）。

c. 工作现场要有良好的通风装置，以排出有害气体及烟尘。

d. 焊机使用前应检查供气、供水系统，不得在漏水、漏气的情况下运行。

e. 高压气瓶应小心轻放，竖立固定，防止倾倒；气瓶与热源应保持安全距离。

f. 大电流熔化极气体保护焊接时，应防止焊枪水冷系统漏水破坏绝缘，并在焊把前加防护挡板，以免发生触电事故。

g. 移动焊机时，应取出机内易损电子器件，单独搬运。

（2）氩弧焊：钨极气体保护焊

钨极氩弧焊按操作方式分为手工焊、半自动焊和自动焊三类。其中手工钨极氩弧焊应用最为广泛，半自动钨极氩弧焊在生产中很少应用。图 7-47 为钨极氩弧焊示意图。

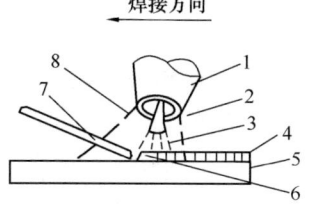

图 7-47　钨极氩弧焊示意
1—喷嘴；2—钨级；3—电弧；
4—焊缝；5—工件；6—熔池；
7—填充焊丝；8—惰性气体

钨极氩弧焊具有如下优点：

a. 氩气（Ar）是一种无色、无味的单原子惰性气体，能有效地将焊接区与周围的空气隔绝，它本身既不熔于金属，也不与金属发生反应。因此，可成功地焊接易氧化、氮化及化学活泼性强的有色金属、不锈钢和各种合金钢。

b. 电弧稳定，即使在很小的焊接电流（小于 10A）下仍可稳定燃烧，特别适用于薄板和薄壁管的焊接。

c. 热源和填充焊丝可分别控制，因而输入容易调节，也是实现单面焊双面成形的理想焊接方法。

d. 由于填充焊丝不作为电极（不产生电弧），因此电弧及熔池安静、无飞溅，焊缝成形美观。

e. 输入热量集中，热影响区小，焊接应力及变形也相应较小。

f. 操作简便、灵活，适用于各种位置焊接。

钨极氩弧焊的缺点如下：

a. 熔深浅、熔敷速度低，焊接大、厚工件时，效率低。

b. 钨极承载电流的能力较差，过大的电流会引起钨极熔化和蒸发，易使熔池受到污染（夹钨）。

c. 对焊道的清洁度要求较高。室外焊接时要采取专门防风措施。

d. 氩气及钨极价格较高，与手弧焊、埋弧焊、CO_2 气体保护焊等相比，生产成本较高。

1）手工钨极氩弧焊

根据电源供电方式，手工钨极氩弧焊分为直流钨极氩弧焊和交流钨极氩弧焊。

① 直流钨极氩弧焊

直流钨极氩弧焊的适用范围较广，可焊接碳钢、各种合金钢、不锈钢及钛、铜等有色金属；不适用于铝、镁及其合金以及锡、铅、锌等低熔点和易蒸发金属的焊接。从生产效率考虑，其所焊接的板材以 3mm 以下为宜，管材以 $\phi60mm \times 5mm$ 以下为宜。对超过此范围的单面焊双面成形重要部件，可采用钨极氩弧焊打底，其他焊接方法填充、盖面的工艺，这样既可提高焊接质量，又不影响生产效率。

直流钨极氩弧焊时，必须采用直流正接法（钨极接阴极，工件接阳极）。这是因为电弧引燃后，此时的钨极为阴极区（发射电子），相对于阳极区和弧柱区，其温度最低，因此钨极不会过热烧损。另外，此时工件（熔池）为阳极区，可增加熔深。

钨极的端部应磨成圆锥形，但端部不要过尖。采用接触引弧时，应用划擦法，不能用敲击法。因为敲击引弧易使钨极端部折断，造成焊缝夹钨，且又浪费钨棒。

② 交流钨极氩弧焊

交流钨极氩弧焊主要用于焊接铝、镁及其合金和铝青铜。这些金属极易氧化生成一层致密的高熔点氧化膜（如 Al_2O_3 等）覆盖在焊道及熔池表面，如不及时清除，会妨碍焊接正常进行，影响焊接质量。采用交流钨极氩弧焊，当在负半周时（工件为负，钨极为正），熔池表面的氧化膜在由阳极而"飞"起来的质量很大的氩正离子的高速撞击下而破碎、分解、清除，这就是所谓的"阴极破碎"（也称"阴极雾化"）作用。此后又变为正半周（工件为正，钨极为负），如此交替反复，不仅钨极不会过热烧损，且有阴极破碎作用。这就是交流钨极氩弧焊用于焊接铝及其合金的主要原因。

交流钨极氩弧焊时，钨极端头应磨成半球形。应采用高频或高压脉冲非接触引弧法，否则，接触引弧会污损工件表面和钨极。

2）脉冲钨极氩弧焊

脉冲钨极氩弧焊与一般钨极氩弧焊的主要区别在于它是采用脉冲电流（分为交流和直流 2 种）来加热工件。电流幅值（即电流大小）按一定频率周期性变化，当为脉冲电流时工件上形成熔池；为基值电流时熔池凝固，焊缝由许多焊点重叠而成。交流脉冲氩弧焊用于焊接铝、镁及其合金等表面易形成高熔点氧化膜的材料；直流脉冲氩弧焊用于其他金属，其应用范围要比交流脉冲钨极氩弧焊广泛得多。

脉冲钨极氩弧焊具有以下特点：

① 可以精确控制焊接热输入和熔池尺寸，焊缝不易被烧穿且熔深均匀。特别适用于薄板（可至 0.1mm）全位置焊接和单面焊双面成形。

② 每个焊点加热和冷却迅速，所以适用于焊接导热性能和厚度差别大的工件。

③ 脉冲电弧可以较低的热输入以获得较大的熔深，故能减小焊接热影响区和焊件的变形，这对薄板、超薄板的焊接尤为重要。

④ 焊接过程中熔池金属冷凝快，高温停留时间短，可减小热敏感材料焊接时产生裂纹的倾向。

3）钨极氩弧点焊

钨极氩弧点焊的原理如图 7-48 所示，其焊枪端部喷嘴将两焊件重叠压紧，并保证连接面密合，然后靠钨极和母材之间的电弧使钨极下方金属局部熔化形成焊点。这种方法适用于焊接各种薄板以及薄板与较厚材料的连接，目前多用于焊接不锈钢及低合金钢等。

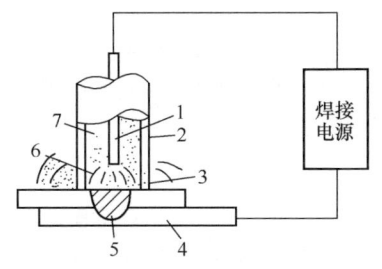

图 7-48　钨极氩弧点焊的原理
1—钨极；2—喷嘴；3—出气孔；4—母材；5—焊点；6—电弧；7—氩气

与电阻点焊相比，钨极氩弧点焊有如下优点：

① 可从一面点焊，方便灵活。对无法两面焊接的构件，更有特别意义。

② 更易于点焊厚度相差悬殊的工件，且可进行多层板材点焊。

③ 焊点尺寸容易控制，焊点强度可调节。

④ 需施加的压力小，无需专门加压装置。

⑤ 设备费用低廉，耗电量小。

其缺点是：焊接速度不如电阻点焊快；焊接费用（人工费、氩气消耗等）较高。

钨极氩弧点焊通常采用直流正接，高频引弧。

4）钨极氩弧焊电源

① 手工钨极氩弧焊电源

无论是直流或是交流钨极氩弧焊，都要求焊接电源具有下降外特性。焊条电弧焊所用的交、直流焊机均可用作手工钨极氩弧焊电源。

a. 交流电源

普通焊条电弧焊变压器配装引弧、稳弧、消除直流分量、水冷系统及提前送气和滞后停气控制装置后，即可用作交流钨极氩弧焊电源。另外，利用可控硅等电子技术开发生产的一种矩形波（也称方波）交流弧焊电源（一般空载电压≤80V），它与普通弧焊变压器相比，具有电流过零点后增长极快、引弧容易、电弧稳定性好及阴极破碎作用可调节等优点，是一种新型而又实用的交流钨极氩弧焊电源。

b. 直流电源

焊条电弧焊用的直流电焊机配装高频引弧，提前送气和滞后停气控制装置后，均可用作手工直流钨极氩弧焊电源。另外，也可不加装任何控制装置，直接使用直流焊机，采用接触引弧。

② 脉冲钨极氩弧焊电源

脉冲钨极氩弧焊电源输出的是周期性变化的脉冲式焊接电

流。电流分交流脉冲和直流脉冲 2 种。焊接电流由基值电流和脉冲电流两部分组成。脉冲弧焊电源的类型有单项整流式、磁放大器式、晶闸管式、晶体管式和逆变器式等。根据电源种类的不同，脉冲电流频率的调节范围为 0.1～1000Hz 以上，空载电压一般为≤80V，脉冲弧焊电源也可用普通弧焊电源改造而成。

③ 钨极氩弧点焊设备

钨极氩弧点焊专用设备与一般钨极氩弧焊设备的不同处，在于它具有自动提前送气、通水、引弧、焊接时间控制、电流自动衰减、滞后停气控制装置和点焊枪。

对普通手工钨极氩弧焊设备进行必要的改装后，也可作为钨极点焊设备。

④ 高频振荡器

高频振荡器工作时，可周期性地输出 150～260Hz，250～3000V 的高频高压电。这种装置可以用于引弧，也可以将其持续加在焊接回路中起稳弧作用。但由于高频高压电会产生对人体健康不利的"高频电磁波"，因此通常只将高频振荡器用作引弧，并待电弧引燃后立即将其解除，以尽可能减少高频电对操作者的有害影响。

交流钨极氩弧焊通常采用的高压脉冲发生器，既可起到引弧和稳弧作用，又可避免高频电给人体带来的有害影响，是一种较为理想的引弧和稳弧装置。

5）钨极氩弧焊安全防护

① 钨极氩弧焊的主要危险因素

钨极氩弧焊时，其弧焊电源（弧焊变压器、弧焊发电机、弧焊逆变器等）的空载电压为 60～80V，高于安全电压（36V）；当采用非接触（非短路）法引弧时，高频振荡器或高压脉冲发生器将输出数千伏的高压电，而且又是双手操作（一手持光焊丝，一手持焊枪）。在此情况下，如果焊工的手套、工作服及工作鞋破损、潮湿，或焊枪、导线的绝缘不良以及焊工操作不当等，很可能会在焊接过程中发生电击事故。因此，在进行钨极氩弧焊作业时，焊工必须严格执行有关安全操作规程，并遵守以下防电击安全措施：

a. 应穿完好干燥的工作服、绝缘鞋，戴完好的手套。

b. 必须在检查确认焊机和控制箱的外壳可靠接地或接零后，方可接通电源。

c. 焊枪及导线（包括焊枪上的控制开关和控制导线）的绝缘必须可靠；当采用水冷焊枪时，必须经常检查水路系统，防止因漏水而引起触电。

d. 不得将焊枪喷嘴靠近耳朵、面部及身体的其他裸露部位来试探保护气体的流量，尤其是采用高频高压或脉冲高压引弧和稳弧时，更应严禁这种做法。

e. 调节或更换焊枪的喷嘴和钨电极时，必须先切断高频振荡器和高压脉冲发生器的电源。更不允许带电赤手更换钨电极和喷嘴。

f. 当钨电极和喷嘴温度较高时，高频或脉冲高压能够击穿更大气隙而导电，因此，在焊接停止时，应及时切断高频振荡器或高压脉冲发生器的电源，以防止发生严重的热态电击和偶然的重新起弧。

g. 焊接过程中，不得赤手操作填充焊丝。

h. 焊接过程中，焊接设备发生电气故障时，应立即切断电源，焊工不得带电查找故障和擅自修理。

其他防电击和防灼烫等安全防护措施与手工电弧焊基本相同。

② 氩弧焊的有害因素与防护措施

a. 氩弧焊的有害因素

（a）钍钨极中的钍是放射性元素，虽然放射剂量很小，在容许范围内，但是，若放射性气体或微粒进入人体（为内放射源），则会严重影响人体健康。

（b）采用高频引弧，产生的高频电磁场强度可达 $60\sim100V/m$，因时间短，对人体危害不大；如频繁产生的弧或将高频振荡器作为扰弧装置在焊接时持续使用，则会对人体健康会产生危害。

（c）由于氩弧焊时弧柱温度高，紫外线辐射强度远大于焊条电弧焊，因此，焊接时会产生对人体有害的臭氧和氮氧化物。

b. 防护措施

（a）工作现场要有排出有害气体及烟尘的通风装置。

（b）尽可能采用放射剂量极低的铈（或钍）钨极，加工时要采用密封式或抽风式砂轮进行磨削；磨削时应戴口罩、手套等个人防护用品；完毕后要洗净手脸，将铈（或钍）钨极放在铅盒内保存。

（c）工件要有良好接地；焊枪电缆盒地线要采用金属屏蔽线；适当降低频率；尽量不使用高频振荡器作扰弧装置，以减少高频作用时间。

（d）加强个体防护。

（3）热切割其他方法

1）等离子切割

① 等离子概述

等离子弧切割是利用高温、高速、高能的等离子电弧的热量使工件切口处的金属局部熔化（和蒸发），并借高速等离子的动量排除熔融金属以形成切口的一种加工方法，如图 7-49 所示。

图 7-49　等离子弧切割

等离子弧是通过机械压缩、热收缩和磁收缩三种压缩作用而获得的，因此，等离子弧是一种压缩电弧。由于弧柱被压缩后断面面积较小，因而等离子弧具有以下特性：

a. 能量集中，其能量密度可达 $10^5 \sim 10^6\,\mathrm{W/cm^2}$，而自由状态的钨极氩弧能量密度在 $10^5\,\mathrm{W/cm^2}$ 以下。

b. 温度高，其弧柱中心温度可达 $17727 \sim 23727℃$。

c.焰流速度高,可达 300m/s。

由于上述特性,等离子弧不仅被广泛用于焊接、喷涂、堆焊,而且可用于金属和非金属的切割。

② 按电源连接方式,等离子弧有非转移弧、转移弧及微束等离子弧焊 3 种形式。

a.非转移弧。钨极接电源负极,喷嘴接电源正极,等离子弧体产生于钨极和喷嘴之间,在离子气流压送下,弧焰从喷嘴中喷出,形成等离子焰。

b.转移弧。钨极接电源负极,工件接电源正极,等离子弧体产生于钨极和工件之间。转移难以直接形成,必须先引燃非转移弧,然后才能过渡到转移弧。金属的焊接和切割几乎都是采用转移弧。

c.微束等离子弧焊。工作电流在 30A 以下的熔透型焊接称微束等离子弧焊,微束等离子弧又称针状等离子弧。采用小孔径压缩喷嘴 (ϕ0.6mm～ϕ1.2mm)及联合型弧。焊接电流在 1A 以下仍有较好的稳定性,能够焊接细丝和箔材。

等离子弧焊可手工焊也可自动焊。与钨极氩弧焊相比,具有能量集中和温度高,可利用小孔效应,穿透焊件得到充分熔透、反面成均匀的焊缝;电弧挺直性好;焊接速度快;没有夹钨缺陷及可焊更细更薄的零件等优点。其缺点是焊炬、电源较复杂,设备费用是钨极氩弧焊的 2～5 倍,工艺参数的调节匹配复杂,对喷嘴要求高但寿命较短等。

③ 等离子弧切割方法及工艺

等离子弧切割的原理是利用高速、高温和高能的等离子气流来加热并熔化被切割材料,再借助内部或外部的高速气流或水流将熔化材料排除而形成切口。等离子弧柱的温度远远超过所有金属和非金属的熔点,因此,等离子弧切割过程不是靠氧化反应,而是靠焰化来切割材料,所以比氧切割方法的适用范围大得多,能切割绝大部分金属和非金属材料。

等离子弧切割有普通等离子弧切割、水再压缩等离子弧切割和空气等离子弧切割三种方法。

a. 普通等离子弧切割

图 7-50 为等离子弧切割原理及焊枪结构。等离子弧切割可采用转移弧和非转移弧。前者适用于切割金属材料，后者多用于切割非金属材料。这种等离子弧切割不用保护气体，工作气体与切割气体从同一喷嘴内喷出。引弧时，喷出小气流离子作为电离子介质，切割时则同时喷出大气流气体以排出熔化材料。切割金属薄板，可采用微束等离子弧。

b. 水再压缩等离子弧切割

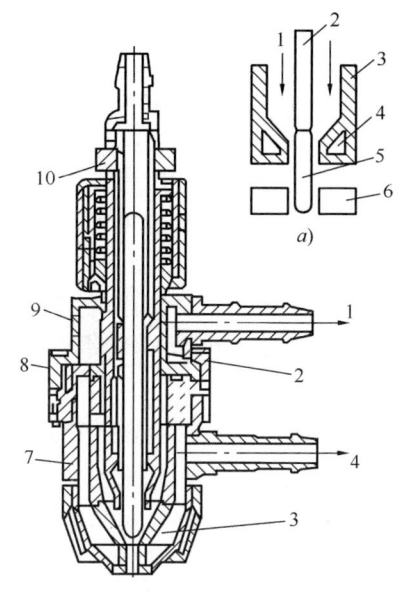

图 7-50　普通等离子弧切割原理
1—气体；2—电极；3—喷嘴；4—冷却水；
5—电弧；6—工件；7—下枪体；8—绝缘
螺母；9—上枪体；10—调整螺母

水再压缩等离子弧切割时，割枪除喷出工作气流外，还喷出高速水流束，共同将熔化金属排除。此种切割通常在水中进行，这样不仅减小了割件的热变形，而且水还吸收了切割噪声、紫外线、灰尘、烟气和飞溅等，因而大大改善了工作环境。但其缺点是引弧困难，对枪体的绝缘要求高等。

c. 空气等离子弧切割

空气等离子弧切割有两种。

（a）一种是离子气和切割气都是单一的压缩空气。这种切割成本低，气体来源方便。压缩空气经电弧加热后分解和电离，生成的氧与切割金属产生化学放热反应，加快了切割速度，特别适宜于切割厚度 30mm 以下的碳钢，也可切割不锈钢、铜、铝等材料。但这种切割方法的电极会受到强烈氧化腐蚀，不能采用钨

237

电极，所以通常采用锆电极。即使如此，其工作寿命一般也只有 5~10h。

（b）另一种为复合式空气等离子弧切割。这种切割方法采用内外 2 层喷嘴，内喷嘴通入常用工作气体，外喷嘴通入压缩空气。这样一方面利用压缩空气在切割区的化学放热反应，提高切割速度；另一方面又避免了空气与电极的直接接触，因而可以采用钨极。

等离子弧切割最常用的气体为氩气、氮气及其混合气体。空气等离子切割采用单一压缩空气或离子气为常用气体，而外喷射为压缩空气。

④ 等离子弧焊接与热切割设备

等离子弧焊接与热切割设备主要由电源、焊枪、控制电路、供气及供水系统组成。具有陡降或垂降外特性的直流电源均可用作等离子弧焊电源，如各种整流焊机和弧焊发电机等。离子气用 Ar 时，电源空载电压为 65~85V，但当离子气为 $Ar+H_2$ 或其他双原子气体时，则电源空载电压要相应提高至 110~120V。

等离子弧切割设备与等离子弧焊接一样，其电源一般都采用陡降外特性直流电流。但切割用电源的空载电压一般大于 150V，水再压缩等离子弧切割用电源的空载电压通常高于 400V，有时甚至高达 600V。

⑤ 等离子弧焊接与热切割安全防护

a. 防电击

等离子弧焊接与热切割作业主要危险因素是电击。与其他弧焊电源相比，等离子弧焊接和切割所用电源的空载电压较高，所以在作业时其发生电击的可能性也较其他方法的电弧焊高。尤其是手工操作的等离子弧焊接与热切割作业，电击的危险性更大。因此，在等离子弧焊接与热切割作业的安全防护中，应特别注重防止电击。

（a）防电击基本安全措施如下：

a）作业人员穿戴的个人防护用品必须符合安全要求。

b）焊接与热切割作业所用电源设备必须经检查确认具有可靠的接地后，方可接通电源。

c）焊枪或割枪的枪体及手触摸部位必须可靠绝缘。

d）转移型等离子弧焊接或切割时，可采用低电压引燃非转移弧后，再接通较高电压的转移弧回路。

e）更换喷嘴和电极时必须先切断电源。

f）手把上外露的启动开关必须套上绝缘橡胶套管。

g）尽可能采用自动操作方法。

其他有关安全防护措施，与上述几种弧焊方法基本相同。

（b）防电弧光辐射

电弧光辐射主要由紫外线辐射、可见光辐射与红外线辐射组成。等离子弧较其他电弧的光辐射强度更大，尤其是紫外线强度，故对皮肤损伤严重，操作者在焊接或切割时必须带上绝缘良好的面罩、手套，颈部也要保护，自动操作时，可在操作者与操作区设置防护屏。等离子弧切割时，可采用水中切割方法，利用水来吸收光辐射。

（c）防灰尘与烟气

等离子弧焊接和切割过程中伴随有大量气化的金属蒸气、臭氧、氮化物等。尤其切割时，由于气体流量大，致使工作场地上的灰尘大量扬起，这些烟气与灰尘会对操作人员的呼吸道、肺等产生严重影响。因此要求工作场地必须配置良好的通风设施。切割时，在栅格工作台下方还可设置排风装置，也可以采取水中切割方法。

（d）防噪声

等离子弧会产生高强度、高频率的噪声，尤其采用大功率等离子弧切割时，噪声更大，其噪声能量集中在 $2000 \sim 8000 \, \mathrm{Hz}$ 范围内。要求操作者必须戴耳塞，有条件时可尽量采用自动化切割，使操作者在隔声良好的操作室内工作，也可以采取水中切割方法，利用水来吸收噪声。

（e）防高频

等离子弧焊接和切割都采用高频振荡器引弧，但高频对人体有一定危害。引弧频率选择在 $20\sim60\mathrm{kHz}$ 较为合适，还要求工件接地可靠，转移弧引燃后，立即可靠地切断高频振荡器电源。

2）碳弧气刨

① 碳弧气刨的原理、特点及应用

a. 碳弧气刨的原理

碳弧气刨是使用石磨棒或碳棒与工件间产生的电弧将金属熔化，并用压缩空气将熔化金属吹掉，从而在金属上刨削出沟槽的一种热加工工艺。在焊接生产中，主要用来刨槽、消除焊缝缺陷和背面清根。其工作原理如图 7-51 所示。

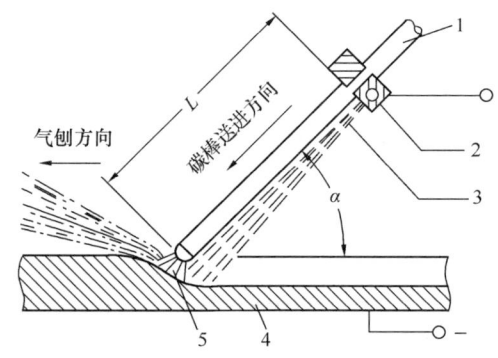

图 7-51 碳弧气刨工作原理

1—碳棒；2—气刨枪夹头；3—压缩空气；4—工件；5—电弧

L—碳棒外伸长；α—碳棒与工件夹角

b. 碳弧气刨的特点

（a）与用风铲或砂轮相比，效率高，噪音小，并可减轻劳动强度。

（b）与等离子弧气刨相比，设备简单压缩空气容易获得且成本低。

（c）由于碳弧气刨是利用高温而不是利用氧化作用刨削金属的，因而不但适用于黑色金属，而且还适用于不锈钢，铝、铜等有色金属及其合金。

（d）由于碳弧气刨是利用压缩空气把熔化金属吹去，因而可进行全位置操作；手工碳弧气刨的灵活性和可操作性较好，因而在狭窄工位或可达性差的部位，碳弧气刨仍可利用。

（e）在清除焊缝或铸件缺陷时，被刨削面光洁铮亮，在电弧下可清楚地观察到缺陷的形状和深度，故有利于清除缺陷。

（f）碳弧气刨也具有明显的缺点，如产生烟雾、噪声较大、粉尘污染、弧光辐射、对操作者的技术要求高。

c. 碳弧气刨的应用

（a）清焊根；

（b）开坡口，特别是中、厚板对接坡口，管对接 U 形坡口；

（c）清除焊缝中的缺陷；

（d）清除铸件的毛边、飞刺、浇铸口及缺陷。

② 碳弧气刨安全操作及防护

a. 碳弧气刨的操作

（a）开始气刨前，要检查电缆及气管是否完好，电源极性是否正确。

（b）根据碳棒直径选择并调节好电流，使气刨枪夹紧碳棒并调节碳棒外伸长为 80～100mm 左右，消耗到 30～40mm 时要重新调整伸出长度；打开气阀并调节好压缩空气流量，使气刨枪气口和碳棒对准待刨削的部位。

（c）引弧前应先送进压缩空气流，以免槽道产生"夹碳"现象。刨削结束时应先拉断电弧，再关闭压缩空气。通过碳棒与工件轻轻接触引燃电弧。碳棒与工件的夹角开始时要小，逐渐将夹角增大至所需的角度。刨削过程中，弧长、刨削速度及夹角三者应配合适当。

（d）碳棒中心线应与刨槽中心线重合，否则刨槽形状不对称。碳棒与工件的相对位置见图 7-52。

（e）刨削速度要保持均匀，均匀清脆的嘶嘶声表示电弧稳定，这时能得到光滑均匀的刨槽。速度太快易短路，太慢易断

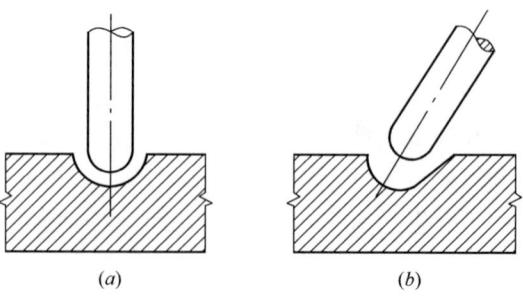

图 7-52

(a) 刨槽形状对称；(b) 刨槽形状不对称

弧，刨槽质量差。每一小段刨槽衔接时，应在弧坑上引弧，防止触伤刨槽或产生凹痕。

(f) 在垂直位置刨削时，应由上向下操作，这样重力的作用有利于除去熔化金属；在水平位置刨削时，既可从右向左，也可从左向右操作；在仰位置刨削时，熔化金属由于重力的作用很容易落下，应注意防止熔化金属烫伤操作人员。

(g) 焊缝背面开槽，要注意保持一定的碳棒角度，电弧宜短些（弧长约 3mm），并均匀地向前刨削，以获得尺寸一致，表面光洁的槽道。刨削厚板中的深坡口时要采取分段逐层刨削的办法。

(h) 在刨削过程中，如果碳棒与刨口发生短路，该处会形成含碳量很高的硬脆层，必须将其去除，然后才能继续刨削。清除焊缝中的裂纹时，应先将裂纹两刨去一部分，以免裂纹扩展。然后以较大的刨削量连续向下刨，直至裂纹完全被刨除。

(i) 刨槽结束后应进行仔细检查，槽道的宽度和深度是否一致；焊根中的缺陷是否完全清除；以及要注意是否存在"夹碳"现象。还应清除槽及边缘的铁渣、毛刺和氧化皮等，用铁丝刷清除刨槽内炭灰和"铜斑"。

b. 碳弧气刨的安全防护

(a) 碳弧气刨由于弧光较强，操作人员应戴上深色护目镜。

防止喷吹出来的熔融金属烧损作业服及对眼睛的伤害，工作场地应注意防火。

（b）气刨时烟尘大，由于碳棒使用沥青粘结而成，表面镀铜，因此烟尘中含有 1‰～1.5% 的铜，并产生有害气体，所以操作者宜佩戴送风式面罩。在容器或狭小部位操作时，必须加强环境抽风和及时排出烟尘的措施。

（c）碳弧气刨时，使用的电流较大，应注意防止焊机因运行过载和长时间使用而产生过热现象。气刨时，产生的噪声较大，操作者应佩戴耳塞。

除上述安全防护措施外，还应遵守焊条电弧焊的有关防护措施的规定。

c. 碳弧气刨系统由电源、气刨枪、碳棒、电缆气管和压缩空气源等组成，如图 7-53 所示。

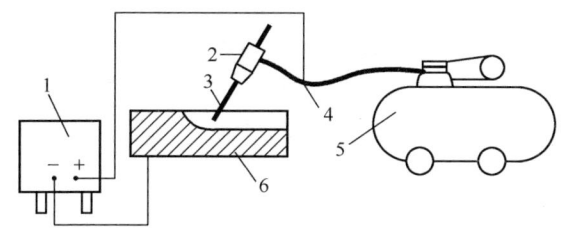

图 7-53　碳弧气刨系统示意图

1—电源；2—气刨枪；3—碳棒；4—电缆气管；5—空气压缩机；6—工件

（a）电源

碳弧气刨采用具有陡降外特性且动特性较好的手工直流电弧焊机作为电源。由于碳弧气刨一般使用的电流较大，且连续工作时间较长，因此，应选用功率较大的焊机。例如，当使 $\phi 7mm$ 的碳棒时，碳弧气刨电流为 350A，故宜选用额定电流为 500A 的手工直流电弧焊机作为电源。使用工频交流焊接电源进行碳弧气刨时，由于电流过零时间较长会引起电弧不稳定，故在实际生产中一般并不使用。近年来研制成功的交流方波焊接电源，尤其是逆变式交流方波焊接电源的过零时间极短，且动态特性和控制性能优良，可应用于碳弧气刨。

（b）气刨枪

碳弧气刨枪的电极夹头应导电性良好、夹持牢固，外壳绝缘及绝热性能良好，更换碳棒方便，压缩空气喷射集中而准确，重量轻且使用方便。碳弧气刨枪就是在焊条电弧焊钳的基础上，增加了压缩空气的进气管和喷嘴而制成。碳弧气刨枪有侧面送气和圆周送气两种类型。

侧面送气气刨枪结构如图 7-54 所示。

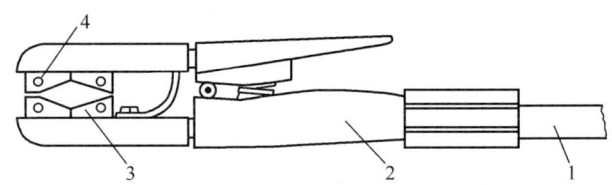

图 7-54　侧面送气气刨枪结构示意图
1—电缆气管；2—气刨枪体；3—喷嘴；4—喷气口

侧面送气气刨枪的优点：结构简单，压缩空气紧贴碳棒喷出，碳棒长度调节方便。缺点：只能向左或右单一方向进行气刨。

侧面送气气刨枪嘴结构如图 7-54 所示。

圆周送气气刨枪只是枪嘴的结构与侧面送气气刨枪有所不同。圆周送气气刨枪嘴结构如图 7-55 所示。

（c）碳弧气刨工艺

a）电源极性：碳弧气刨一般采用直流反接（工件接负极）。这样电弧稳定，熔化金属的流动性较好，凝固温度较低，因此反接时刨削过程稳定，电弧发出连续的唰唰声，刨槽宽窄一致，光滑明亮。若极性接错，电弧会不稳且发出断续的嘟嘟声。

b）电流与碳棒直径：电流与碳棒直径成正比关系，见表7-29。

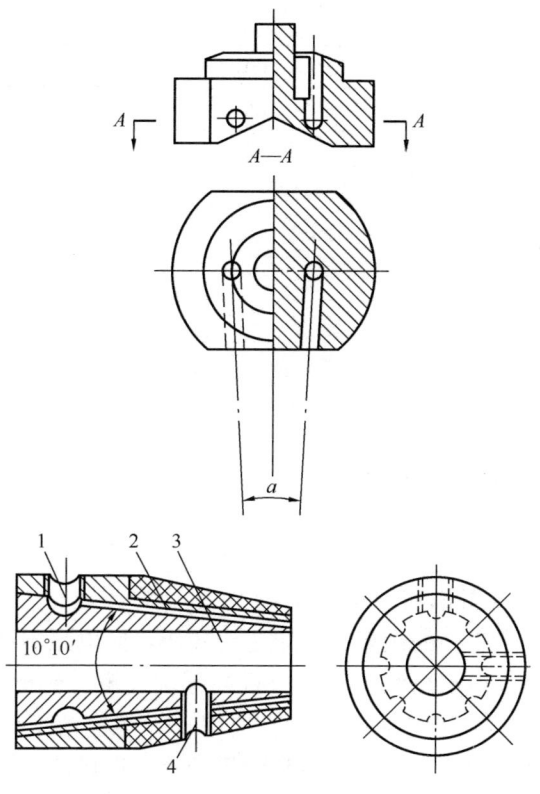

图 7-55　圆周送气气刨枪结构示意图

图中：1—电缆气管的螺孔；2—气道；3—碳棒孔；4—紧固碳棒的螺孔

电流与碳棒直径关系　　　　表 7-29

断面形状	规格（直径×长度）/mm	适用电流/A
圆形	3×355	150～180
	4×355	150～200
	5×355	150～250
	6×355	180～300
	7×355	200～350
	8×355	250～400
	9×355	350～450
	10×355	350～500

断面形状	规格（直径×长度）/mm	适用电流/A
扁形	3×12×355	200～300
	4×8×355	180～270
	4×12×355	200～400
	5×10×355	300～400
	5×12×355	350～450
	5×15×355	400～500
	5×18×355	450～550
	5×20×355	500～600

也可参照式 7-4 选择电流：

$$I = (30 \sim 50)D \qquad \text{（式 7-4）}$$

式中 I——电流（A）

D——碳棒直径（mm）

对于一定直径的碳棒，如果电流较小，则电弧不稳，且易产生夹碳缺陷；适当增大电流，可提高刨削速度、刨槽表面光滑、宽度增大。在实际应用中，一般选用较大的电流，但电流过大时，碳棒烧损很快，甚至会导致碳棒熔化，造成严重渗碳，碳棒直径的选择主要根据所需的刨槽宽度而定，碳棒直径越大，则刨槽越宽。一般碳棒直径应比所要求的刨槽宽度小 2～4mm。

c）刨削速度：刨削速度对刨槽尺寸，表面质量和刨削过程的稳定性有一定的影响。刨削速度须与电流大小和刨槽深度（或碳棒与工件间的夹角）相匹配。刨削速度太快，易造成碳棒与金属短路、电弧熄灭，形成夹碳缺陷。一般刨削速度为 0.5～1.2m/min 左右为宜。

d）压缩空气压力：压缩空气的压力会直接影响刨削速度和刨槽表面质量。压力高，可提高刨削速度和刨槽表面的光滑程度；压力低，则会造成刨槽表面粘渣。一般要求压缩空气的压力为 0.4～0.6MPa。压缩空气所含水分和油分可通过在压缩空气的管路中加过滤装置予以处理。

e）碳棒的外伸长：碳棒从导电嘴到碳棒端点的长度为外伸长。手工碳弧气刨时，外伸长大，压缩空气的喷嘴离电弧就远，造成风力不足，不能将熔渣顺利吹掉，而且碳棒也容易折断。一般外伸长为 80～100mm 为宜，随着碳棒烧损，碳棒的外伸长不断减少，当外伸长减少至 20～30mm 时，应将外伸长重新调至 80～100mm。

f）碳棒与工件间的夹角：碳棒与工件角的夹角大小，会影响刨槽深度和刨削速度。夹角增大，则刨削深度增加，刨削速度减小。一般手工碳弧气刨采用夹角 45°左右为宜。

8. 焊接与热切割作业的安全管理

（1）焊接与热切割作业基本安全要求

1）焊接与热切割作业人员基本条件（前文已述）

2）对生产组织管理者的要求

① 严格执行明火作业安全规定，杜绝违章指挥和违章作业现象；

② 合理编制工艺流程和作业计划，在布置生产任务时，要明确交代焊接与热切割作业安全要求和注意事项，切实做到安全生产"五同时"；

③ 加强现场检查，组织并督促安全卫生技术措施项目与事故隐患整改措施的落实；

④ 按禁火区用火管理规定办理用火审批手续，全面落实防火防爆措施；

⑤ 编制重大事故应急救援预案。

3）焊接与热切割作业的基本要求

① 作业前的准备

a. 明确工艺要求和焊接与热切割安全卫生注意事项；

b. 正确使用个人防护用品；

c. 检查设备、工具及附件，确认正常后方可使用；

d. 仔细观察、检查作业部位和周围环境，确保焊接与热切割作业安全；

e. 常用检查方法是"问、看、听、测"。问、看、听、测的内容是：

问：向生产组织管理者及现场有关人员询问作业现场的情况；

看：对作业地点、周围环境及设施的安全状况进行查看，查看设备、防护用品是否完好，绝缘是否良好；

听：听焊机及其附属设备声音是否正常；

测：对作业场所易燃、易爆、有毒气体进行测定，确认无火灾、爆炸、中毒或窒息的危险后方可作业。

② 作业中的安全要求

a. 严格执行"十不焊接与热切割"的规定

（a）无操作证，又没有正式焊工在场指导，不准焊接与热切割；

（b）凡需办理用火审批手续范围的作业，未经审批并办理用火手续，不准焊接与热切割；

（c）不了解作业现场及周围情况，不准焊接与热切割；

（d）不了解焊接与热切割物内部情况，不准焊接与热切割；

（e）盛装过易燃、易爆、有毒物质的容器、管道，未经彻底清洗、置换，不准焊接与热切割；

（f）用可燃材料作保温层的部位及设备未采取可靠的安全措施，不准焊接与热切割；

（g）有压力或密封的容器、管道，不准焊接与热切割；

（h）附近堆有易燃易爆物品，在未彻底清理或采取有效安全措施前，不准焊接与热切割；

（i）作业点与外单位相邻，在未弄清对外单位或区域有无影响或明知危险而未采取有效的安全措施前，不准焊接与热切割；

（j）作业现场及附近有与明火相抵触的工作，不准焊接与热切割。

b. 办理禁火区域用火审批手续

凡在禁火区域用火，应按规定办理审批手续，并采取安全可靠的防护措施。

c. 执行登高作业安全规定

登高作业应严格执行"登高作业安全规定"，做到"四个必有，六个不准，十不登高"。

（a）四个必有：有洞必有盖；有边必有栏；洞、边无盖无栏必有网；电梯口必有门联锁。

（b）六个不准：不准向下乱抛物件；不准背向下扶梯；不准穿凉鞋、拖鞋、高跟鞋；不准嬉戏打闹、睡觉；不准身体倚靠临时扶手或栏杆；不准在安全带未挂牢或低挂高用时作业。

（c）十不登高：患有禁忌症者不登高；未办理高处作业许可证或未经审批的不登高；未戴好安全帽、未系安全带者不登高；脚手板、跳板、梯子不符合安全要求不登高；攀爬脚手架、设备不登高；穿易滑鞋、携带笨重物体不登高；石棉、玻璃钢瓦上无垫脚板不登高；高压线旁无可靠隔离安全措施不登高；酒后不登高；照明不足不登高。

d. 执行监护制度。在受限空间内作业，应加强通风，严格执行监护制度。

e. 禁用氧气通风、降温和吹扫。

f. 焊炬、割炬及氧、乙炔胶管应随人进出狭小空间、容器、管道、舱室。在平台上时，不准将焊炬、割炬插在平台孔内。

g. 在有吊装作业时，要选择正确的站位并注意吊物运行方向。

h. 为防止乙炔气体聚集发生爆炸，平台底部应保持通风，并经常清除平台的熔渣物。

i. 暂停工作或作业后，应可靠地切断电源和气源。

（2）焊接的安全操作

1）焊条电弧焊防触电安全操作

① 焊接前，焊工应先检查焊接设备和工具是否齐全、完好、干燥，焊接接地及各接线点接触是否良好，焊接电缆绝缘有无破

损等。

② 改变焊机接头、更换焊件需要改接二次回线、转移工作地点、更换保险丝及焊机发生故障需检修等,必须切断电源后方可进行。

③ 更换电焊条时,应戴绝缘手套。

④ 在金属容器内(如油槽、锅炉、管道、舱室)等狭小的空间及金属构件上焊接时,必须采取专门的防护措施,如采用橡皮垫、戴绝缘手套、穿绝缘鞋等,以保障焊工身体与焊件间绝缘,并有专人监护。

⑤ 禁止使用简易、破损、无绝缘外壳的电焊钳。

⑥ 不得将机器设备的转动部分作为焊接回路的一部分。

⑦ 电焊机、焊钳和接线应采用良好的绝缘材料。

⑧ 对电焊设备、工具和配电盘的带电部分,需采用遮栏、护罩、护盖、箱匣等与外界隔开。

⑨ 在带电体与地面之间、带电体与其他设施、设备间,要保持一定的安全距离。要避免车辆或其他物体碰撞带电体。

⑩ 加强个人防护,穿戴符合安全要求的工作服、绝缘手套及绝缘鞋等,焊工穿戴的工作服、手套、鞋等不应潮湿。

⑪ 电焊设备的安装、修理和检查,必须由电工进行,焊工不得擅自拆修和更换保险丝等。

⑫ 安装空载自动断电装置。

⑬ 焊工应学会触电事故的现场急救。

⑭ 夏季焊接时要注意人体出汗、衣服潮湿,人体电阻大大降低容易发生触电事故,要保持防护服、鞋、手套干燥、完好,加强监护。

⑮ 遵守劳动纪律、安全操作规程和"十不焊"要求。

2)弧焊安全操作

① 埋弧焊的行走机构及导线应绝缘良好,工作过程中应理顺导线,防止扭转及被熔渣烧坏。

② 控制箱外壳与接线板上的罩壳必须盖好。

③ 半自动焊的机头应安放妥当，防止短路。

④ 调整送丝机及焊机工作时，手不得触及送丝机的滚盘。

⑤ 焊机发生故障时，必须切断电源，由电工修理。

⑥ 焊接过程中应保持焊剂连续覆盖，以免露出弧光。

⑦ 罐装、清扫、回收焊剂，应采取防尘措施，防止焊工吸入焊剂粉尘。

3）氩弧焊安全操作

① 作业前应认真检查水源、电源、气源、控制系统等，在确认完好后方可使用。

② 冷却水无泄漏。

③ 应保持作业场地空气流通，在舱室和容器内焊接时，严格执行双人监护制，并加强通风。

④ 钨棒应放在铅盒内，应采用铈钨极；磨制钨极时必须遵守砂轮机的安全规程，应戴好口罩，并开启砂轮机的抽风装置。

⑤ 采用高频引弧器引弧时，应有引弧后自动切断高频引弧的装置。工件要良好接地，接地点离工作场所越近越好。焊炬和焊接电缆线要用金属编结线屏蔽。

⑥ 氩气瓶使用应遵守《气瓶安全技术监察规程》有关规定。

⑦ 为防止较强的弧光辐射，应加强个人防护。

⑧ 不准在电弧附近吸烟或进食。

4）二氧化碳气体保护焊安全操作

① 二氧化碳气体保护焊时，飞溅较多，尤其是粗丝焊接，应加强安全防护，防止飞溅物灼伤人体和引起火灾。

② 焊接时应加强通风，在受限的空间内施焊时，还应严格执行双人监护制度。

③ 二氧化碳气体预热器所用电压不得高于 36V，否则，应设防触电装置。

④ 二氧化碳气体保护焊的弧光辐射比手工电弧焊强，应防止强紫外线对眼睛和皮肤的灼伤。

⑤ 大电流粗丝二氧化碳焊接时，应防止因焊枪水冷系统漏

水而发生触电事故。

⑥ 二氧化碳气体应符合《气瓶安全技术监察规程》的规定。

5）等离子弧焊接与热切割安全操作

① 因空载电压高（150～400V），应采取严格措施，防止触电，更换、调节电极必须切断电源，严禁用手触及焊枪等带电体。

② 选用铈钨极为佳，以减少放射性影响；如采用钍钨极应加强放射性防护。

③ 设备绝缘须良好，接地应牢靠；供气、供水系统要密封严密，不漏气，不漏水，防止手柄漏水触电。

④ 等离子弧焊接与热切割时，产生的金属氧化物、粉尘、臭氧、氮氧化物等比其他弧焊高，弧光也更强，故应加强个人防护，做好通风排毒。

6）电渣焊安全操作

① 电渣焊设备在使用前应先检查安全状况。

② 导电嘴、板极、熔嘴在焊缝中位置要找准对中，并放置绝缘块，避免与工件接触发生短路。

③ 水冷却铜块要保持冷却水畅通无阻。

④ 起弧造渣后，在试探渣池深度时，严禁探棍与水套、电极同时接触，防止击穿水套引起爆炸。

⑤ 应有应急措施，如准备适量的石棉泥，以备发生漏渣时能及时阻塞。

7）碳弧气刨安全操作

① 碳弧气刨枪外壳的绝缘必须保持良好。

② 气刨时电流较大，要防止焊剂过载发热。

③ 操作时应尽可能顺风向操作（人在上风口），防止铁水及熔渣烫伤，并注意现场防火。

④ 应使用专用碳棒，不得采用释放有害气体较多的其他类型碳棒。

⑤ 操作地点的防火距离应大于一般焊接、切割的防火距离。

⑥ 在容器或舱室内使用碳弧气刨时，应采取局部通风，有专人监护，并安排工间休息。

8）电阻焊安全操作

① 焊剂必须绝缘良好，尤其是变压器初级电源线。

② 操作过程中要注意保证电极、变压器的冷却水保持畅通。

③ 作业点应设有防止工件火花飞溅的防护挡板或防护屏。

④ 焊机的脚踏开关应有牢固的防护罩，防止意外开启。

⑤ 装有电容贮能装置的电阻焊机，在密封的控制箱门上应有联锁机构，在开门时应使用电容短路器。手动开关也应附加电容短路安全措施。

⑥ 复式、多工位的焊机，应在每个工位上装有紧急制动按钮。

⑦ 手提式焊机的构架应能经受操作中产生的震动，吊挂的变压器应有防脱落的保险装置，并应经常检查。

（3）焊接与热切割作业防火防爆对策措施

1）制定并严格执行用火管理制度。

2）在企业规定的禁火区内不准焊接与热切割，需要焊接与热切割时，必须把工件移到指定的用火区内或采取其他安全措施。

3）生产、贮存、运输、使用易燃易爆物品的厂房、设备、电器等必须符合防火、防爆要求，并严禁烟火；性能相抵触的物品要分开储运。

4）进行焊接与热切割等明火作业时，应清除附近的可燃性物品。

5）焊接与热切割作业的可燃、易燃物料离火源距离不应小于 10m。

6）焊接与热切割作业时，如附近墙体和地面上留有孔、洞、缝隙，以及运输皮带连通口部位有孔洞等，都应采取封闭或屏蔽措施。

7）焊接与热切割工作地点有以下情况时禁止焊接与热切割

作业：

① 堆存大量易燃物品（如漆料、棉花、硫酸、干草等）；

② 可能形成易燃易爆蒸汽或积聚爆炸性粉尘时。

8）在油漆室、喷漆室、油库、乙炔站、氧气站等场所内严禁焊接与热切割作业。

9）不得在贮存汽油、煤油、挥发性油脂等容器上或生产、加工、贮存易燃易爆物品的设备或房间内进行焊接与热切割作业。

10）不准直接在木板上进行焊接与热切割作业。

11）电焊结束后焊工立即拉闸断电，并认真检查，特别是对有易燃易爆物或填有可燃物隔离层的场所，一定要彻底检查，并清除火种，排除隐患。

12）在隧道、沉井、坑道、井下、地坑及其他狭窄地点进行焊接与热切割时，必须检查其内部是否有可燃气体及其他易燃易爆物质或有毒有害物质，并采取有效措施后方可作业。

13）各种容器与管道在生产过程中的抢修和检修时，必须实施安全用火。

14）电焊回路地线不可乱接乱搭，以防接触不良。

15）焊接中如发现漏电、皮管漏气或闻到焦糊味等异常情况时，应立即停止操作，进行检查处理。

16）使用各种气瓶，应遵守国家对相关气瓶的使用规定。

17）凡新制造的产品，在油漆未干之前，不准进行焊接与热切割，以防周围空间因有易燃易爆的挥发性气体而造成火灾爆炸事故。

18）要有足够的水源、干砂、灭火工具和灭火器材，并经检验合格、有效。

19）应根据扑救物料的燃烧性能，选用灭火器材。

20）焊接与热切割作业完毕后，应及时清理现场，彻底清除火种，经专人检查确认安全后方可离开现场。

（4）焊接与热切割作业劳动卫生对策措施

在焊接与热切割作业中，主要存在金属烟尘、有毒有害气体、弧光辐射、高频电磁场、放射性及噪声等危害，为防止这些危害，应采取防护对策措施。

1）金属烟尘的防治

金属烟尘是污染焊接环境的主要化学有害因素之一，金属烟尘的主要成分有铁、锰、铝、铜、氧化锌和硅等。焊工长期吸入金属粉尘，有可能引起尘肺、锰中毒和金属烟热病等职业危害。防治措施主要有：

① 通风技术

根据焊接现场及工艺技术条件，可采用全面通风、局部通风、小型电焊排烟机组或送气面罩等方法进行通风换气，并将金属烟尘净化后排出室外。如在工作室高度低于 3.5～4m 或每个焊工工作空间小于 $200m^3/min$ 的通风量，或在狭窄、局部空间内焊接、切割时，应采取局部通风换气，防治积聚有害或窒息性气体，并设专人监护。在无法采用局部通风时，应采用送风呼吸器，通过采取通风技术措施，改善岗位劳动条件，减少尘毒危害。

② 个人防护

个人防护包括对眼、耳、口、鼻、身等方面的防护，工作服根据焊接与热切割工艺的特点予以选用，如白棉帆布用于一般焊接与热切割；气体保护焊产生臭氧等气体，选用粗毛呢或皮革工作服。对眼睛、头部的防护应符合《职业眼面部防护　焊接防护　第 1 部分：焊接防护具：GB 3609.1—2008》的要求。焊接与热切割的准备工作和清理工作（打磨、清除焊渣等），应使用镜片不易破碎的防渣眼镜。设置弧光防护室或防护屏等。

③ 工艺改革

尽量选用对环境污染小的工艺，如电渣焊、电阻焊、埋弧焊及单面双面成型焊等，或机械化自动化程度高的工艺、密闭化焊接工艺，以及采用低尘低毒的焊条等。

2）有毒气体的防护

在焊接电弧的高温和紫外线作用下，会产生多种有毒气体，主要有臭氧、氮氧化物、一氧化碳和氟化氢等。在无良好的通风条件及防护措施情况下，焊接地点空气中有害气体含量往往高于国家标准几倍甚至几十倍以上，值得重视。要根据具体情况，采取防护措施。

3）热辐射防护

焊接作业场所由于焊接电弧、焊件预热以及焊条烘干等热源的存在，在焊接过程中会产生大量辐射，其防护措施主要有：

① 加强通风

采用自然通风、全面通风、局部机械通风等技术措施进行通风换气。当在锅炉、舱室、狭小空间内焊接时，应不断输送新鲜空气用来降温和降低烟尘浓度。

② 改革工艺

采用单面焊双面成型工艺，可将手工焊改为自动焊。

③ 加强个人防护

根据工艺要求，正确穿戴个人劳动防护用品。

④ 进行隔热

在工作间的墙上涂覆热能吸收材料，设置气幕进行隔热。

⑤ 隔热材料遮盖

在预热焊件时，可将炽热的金属焊件用石棉板之类的隔热材料遮盖起来，仅仅露出焊接与热切割部分。

⑥ 预防中暑

在高温季节作业，要保证清凉饮料的供应，预防中暑事故。

4）弧光防护

焊接所产生的弧光，包括强烈的可见光、红外线和紫外线，对人体的皮肤、眼睛等会产生不同程度的伤害。其主要防护措施有：

① 加强个人防护。焊接时要穿防护服、戴焊接手套、配有特殊护目玻璃的面罩或专用手持式面罩；严禁在近处直接观看弧光；不得任意更换滤光镜片的色号。

② 设置防护屏。在小件的固定焊接场所应设置防护屏等。

③ 采用吸收材料作室内墙壁的饰面，以吸收弧光，并要尽量减少弧光的反射与折射。

④ 在工艺许可时，应保证足够的防护间距。

⑤ 改革工艺，使焊工可在远距离施焊操作，以减少弧光辐射。

5）高频电磁场防护

钨极氩弧焊和等离子弧焊要由高频振荡器激发引弧。在引弧瞬间会产生高频电磁场，对人体产生生物学效应，表现为"致热作用"，其防护措施主要有：

① 焊件要良好接地，接地点与焊件越近越好。因为这样可降低焊枪对地的脉冲高频电位，从而减少电磁辐射强度。

② 正确选择振荡频率，在满足工艺的条件下，降低引弧振荡频率，大量试验表明，频率在 $20\sim60kHz$ 时，引弧性能稳定可靠，产生的高频电磁场弱。

③ 减少高频电作用时间，一般可用延时继电器将高频振荡器回路在引弧后的瞬间切断。

④ 加强通风降温，控制作业场所的温度、湿度，减少高频电磁场对肌体的辐射影响。

⑤ 对焊枪和传输线进行屏蔽。

⑥ 保证良好绝缘。

6）放射性防护

钨极氩弧焊与等离子弧焊使用钍钨极时，存在钍放射性污染；电子束焊会产生 X 射线。由于钍进入人体不易排出，长期积蓄在体内会有害健康，特别是在容器内施焊或打磨钍钨棒时危害更大，其防护措施主要有：

① 钍钨棒应放在专用的储放箱内，大量存放时，储放箱必须用铅或铁等金属制作，并设置排气管。

② 合理操作，防止钍钨极过量烧损。

③ 采用密闭罩施焊时，不准打开罩体。手工操作必要时需

戴送风头盔等。

④ 应备有专门打磨钨棒的砂轮，砂轮机必须安装除尘设备。打磨时，操作人员应穿专用工作服，戴专用口罩。工作地点应定期湿式清扫，粉尘要集中安全深埋处理。

⑤ 尽可能采用铈钨或锆钨来代替钍钨。

7）噪声防护

在等离子喷焊、喷涂和切割过程中，由于工作气体与保护气体从喷枪口高速喷出，产生较高的噪声，必须采取防护措施。主要防护措施如下：

① 由于其噪声强度与工作气体的种类、流量等有关，因此，在保证工艺要求的条件下，优先选择低噪声的工作参数。

② 采用与焊枪喷出口部位配套的小型消声器。

③ 作业人员佩戴隔音耳罩或耳塞等个人防护用品。

④ 在部分房屋结构或设备上采用吸声或隔声材料。

（5）焊接与热切割作业事故的可避免性

事故的发生，通常并非由单一因素造成，而往往是由若干个因素一起，且在满足事故发生的充分必要条件下而产生的。因此，每排除一个因素，就减少了一次发生事故的机会，也就是说事故不是不可避免的。

某厂有位焊工到室外临时施工点进行电焊，焊机接线时因无电源插座，便自己将电缆每股导线头部的漆皮刮掉，封闭弯成小钓鱼钩挂到露天的电网上，由于错把零线接到火线上，当他调节焊接电流时，手触及外壳，即遭电击身亡。

这个事故案例，有3个引发因素：

1）临时施工场所电源不是由电工接通；

2）挂接时，错把零线当火线；

3）手触及焊机外壳。

上述3个因素是这次事故的充分必要条件。

如果由电工接通电源，不会发生将火线接到焊机外壳上，则不会造成这次事故。

如果焊工懂得电气安全知识，火线、零线不接错，则不会酿成这次意外事故。

如果焊工不触及焊机外壳（这种可能性小），则不会遭电击身亡。

有3次机会，可以避免事故的发生。

此外，焊工自己接通电源是违章的，焊工不能擅自接电源，应由电工接；不能剥掉漆皮将电线挂在室外的外线上，应使用插座、插头等在室内电气线路上接电）；管理混乱（在管理上，不应让焊工自己设法在外线上接电）；教育不够（规章制度、案例、电气知识等教育不够）。很清楚，造成焊工自己直接接通电源的间接原因很多，只要处理好其中一个，就不会有焊工擅自接电源的错误做法。

通过此例，可以看出防止事故发生的方法是很多的，只要在安全生产的各个关节上认真做到不违章作业、不违章指挥、不违反劳动纪律，提高装置的安全度，加强安全知识的培训教育，大部分事故是可以避免的。

9. 焊接与热切割作业的危险及有害因素分析

（1）焊接与热切割作业条件与环境的特殊性

焊接与热切割作业在现代工业生产和科学技术中，作为一种重要的金属加工工艺，被广泛地应用于造船、建筑、汽车、飞机、机械、冶金、化工、电子、核能及宇航等各行各业，焊接与热切割作业的危险性较大，其作业条件和作业环境更具有特殊性。

1）高温作业

焊接与热切割时，焊接电弧和气焊热切割火焰均是高温热源，手工电弧中心部分的温度可达4200℃以上；二氧化碳气体保护焊的电弧温度高达6000～10000℃。

2）接触易燃易爆气体

如气焊热切割时，普遍使用乙炔气、液化石油气；氢原子焊使用14.7MPa（150个大气压）的瓶装工业用纯氢，其性质与乙炔相似。因此，焊接与热切割作业时常接触易燃易爆、有毒有害气体，存在火灾、爆炸等危险。

3）接触带电体

在电弧焊时，如更换焊条、移动、调节焊接设备、焊钳、电缆等，大多数情况下作业人员要接触带电体。有的作业电压更高，如等离子弧切割的空载电压较高，达 $150\sim400V$。

4）接触承压设备

氧气瓶、乙炔气瓶、液化石油气瓶、二氧化碳瓶、氩气瓶、氢气瓶等本身就是压力容器。在焊接与热切割作业时，有时还需要对承压设备施焊，如带压不置换用火等。

5）特殊环境下作业

焊接与热切割作业常在特殊环境下进行，如化工容器的施焊，造船、建筑业的登高焊接与热切割，船体及水下设施的焊接与热切割，拆船热切割以及在受限空间内的焊接与热切割作业等。

6）产生有毒有害烟尘

在焊接及切割的高温作用下会产生一些对人体有害的烟尘。在手工电弧焊接现场实测的一组尘毒浓度见表 7-30。

手工电弧焊现场尘毒实测浓度　　　　　表 7-30

有毒物质	粉尘	氧化锰	氮氧化物	还会产生一氧化碳、臭氧
浓度/$(mg \cdot m^{-3})$	108.96	6.13	2.67	等有毒有害气体

自动焊在无密闭罩的情况下，测得臭氧浓度为 $19.20mg/m^3$（最高容许浓度为 $0.3mg/m^3$）、氮氧化物 $17mg/m^3$（时间加权平均容许浓度为 $5mg/m^3$），都已严重超标。

7）产生电弧光辐射

电弧焊的可见光光度比肉眼所能承受的光度要强一万倍左右，红外线热辐射和紫外线会强烈地刺激和损害眼睛、皮肤。特别是在氩弧焊和等离子弧焊接与热切割过程中会产生更强的紫外线。

8）产生噪声

等离子焊接与热切割其噪声比较高，可高达 100dB（A）以上。

（2）焊接与热切割作业危险有害因素辨识

从危险有害因素辨识得知，在焊接与热切割作业中容易发生伤亡事故、职业中毒、职业病等，按其类别主要可分为：

1）火灾、爆炸

如前所述，在焊接与热切割作业中，操作者经常要与乙炔、液化石油气、有机物、压缩纯氧等易燃易爆、助燃等危险物质接触，在检修焊补石油化工容器和管道时，会接触到油蒸气和可燃易爆气体；需要接触压力容器和管道，如氧气瓶、乙炔瓶、油罐等化工燃料容器及管道；焊接与热切割过程中如产生气焊的火焰、电焊的电弧等则是明火作业，焊接与热切割时火花四溅，容易构成发生火灾和爆炸的条件，稍有不慎，则会发生火灾、爆炸事故。

2）触电

在进行手工电弧焊接时，接触电的机会多，如更换电焊条、调节焊接电流等，若绝缘防护不佳或违反安全操作规程，容易发生触电伤亡事故，特别是在潮湿情况下或梅雨季节、夏季、在狭窄的空间内焊接等，以及等离子弧焊接、切割等更容易发生触电事故。

3）灼烫

焊接与热切割过程中，在焊接火焰或电弧高温的作用下，熔渣飞溅、火花四射，容易造成灼烫事故，这也是焊接与热切割作业人员易发的常见事故。

4）高处坠落

船舶修造、桥梁建造、高层建筑、石油化工设备的安装检修等所进行的焊接与热切割作业，容易发生高处坠落事故。

5）物体打击

在焊接与热切割过程中，常要移动、翻转笨重焊接与热切割件；在船体、金属结构或机器设备底下，常要进行仰焊操作等，经常发生碰、压、挤、砸等机械性伤害事故。在较高的建筑物或设备上，进行上下交叉作业时，易发生高处坠落、起重伤害或物体打击事故。

6）急性中毒、窒息

在检修补焊盛装有毒物质、缺氧或有窒息性的容器、管道或地下隐蔽工程时，易发生急性中毒或窒息事故。

在焊接过程中会产生一些有毒有害气体，特别是在通风不良的锅炉、半封闭容器、船舱等受限空间内作业，由于有毒有害气体、有毒有害金属蒸气等浓度较高或缺氧或存在窒息性气体，有可能引起急性中毒或窒息事故。

7）焊接粉尘引起慢性中毒、金属烟热病或焊工尘肺

焊接过程中，在电弧高温作用下，焊条（药皮和焊芯）与被焊金属会剧烈蒸发出各种金属烟气，并产生一氧化碳等有害物质，这些金属烟气在空气中被氧化、冷却、凝结而形成粉尘。吸入粉尘到一定程度，会引起慢性中毒、金属烟热病或焊工尘肺。

对焊接与热切割人员来说，长期焊接与热切割高锰钢可能引起锰中毒；在焊接与热切割含铅金属或某些表面涂有含铅油漆的工件时，可引起铅中毒；大量吸入新鲜细粒的金属蒸气或金属氧化物烟雾后，可能引发金属烟热病。

8）电弧光辐射对人体的损伤

电弧光辐射所发出的可见光比人眼所能接受的安全光线要强一万倍，过强的光线会造成耀眼、炫目，甚至使视力发生变化。电弧光辐射发出的红外线热辐射，会使眼球晶体混浊，严重的可导致"白内障"。

电弧光辐射所发出的紫外线能强烈地刺激和损害眼睛、皮肤，造成电光性眼炎、电光性皮炎。进行惰性气体保护焊、等离子焊接与热切割等，其辐射程度尤为严重，往往在短时间内就可使皮肤、眼睛受到损伤。

9）中暑

在焊接作业场所存在着焊条烘焙、焊件预热及施焊过程中焊接电弧释放的大量热能，特别是在高温季节，作业人员大量出汗，容易引起中暑。

10）其他危害

非熔化极氩弧焊和等离子弧焊接与热切割在高频引弧时所产生的高频电磁场（如氩弧焊在采用高频振荡器引弧产生的高频电磁场强度达 140～190V/m），将对人体产生一定危害。

焊接与热切割过程中存在着一定的噪声，噪声随着焊接与热切割的方法不同而异，比较严重的如等离子喷焊、喷涂和等离子切割作业过程中噪声可高达 100dB（A）以上。

钨极氩弧焊和等离子弧焊接与热切割时所用的钍钨电极中的钍是一种天然放射性物质，在磨制钨电极和焊接操作时，钍粉尘及呈气溶胶或气态的钍物质，一旦进入作业者的体内，有可能形成内照射，将会给人体的健康带来一定的危害。

（3）焊接与热切割作业危险有害因素分析

1）各种焊接方法的危险及有害因素分析

焊接方法、工艺、设备、环境及作业条件不同，焊接与热切割作业的危险有害因素及其程度也不完全相同。

① 气焊、热切割作业

a. 火灾、爆炸

火灾、爆炸是气焊、热切割的主要危险，主要有以下 3 种情况：

（a）用来焊接与热切割金属的能源是易燃、易爆物质，如乙炔、液化石油气等，而其所用的设备如乙炔气瓶、液化石油气瓶、氧气瓶等都是压力容器。因此，如果设备、气瓶、安全装置存在缺陷或焊接与热切割人员违反操作规程，就容易发生火灾、爆炸。

（b）在焊接与热切割作业中，需要与燃料容器、压力容器接触，会遇到可燃易爆性物质。在高温焊接与热切割环境下，稍有疏忽，便会发生火灾、爆炸。

（c）焊接与热切割作业时，焊接与热切割火焰会使熔珠和熔渣飞溅散落到易燃易爆物品中，从而发生火灾、爆炸。

b. 灼烫

在焊接与热切割作业中，尤其是热切割时切割氧射流的喷射，会使熔珠、熔渣四处飞溅，容易造成烧伤和烫伤事故。

c. 高处坠落

在建筑、船舶修造、化工、石油、冶金等行业，经常需要登高进行焊接与热切割作业，这就存在高处坠落的危险。

d. 急性中毒

气焊、热切割作业有可能产生急性中毒：

（a）气焊铅、铜、镁及其合金时，在火焰高温作用下会蒸发出金属烟尘，如黄铜会散发出大量锌蒸气，铅会散发出铅和氧化铅；焊粉和钎剂还会散发出氯盐和氟盐的燃烧产物。这些有毒物质在短时间内被摄入体内有可能造成急性中毒。

（b）检修焊补操作中，尤其在锅炉、舱室、半封闭容器或受限空间内作业，除焊接与热切割过程中本身所产生的烟尘外，还会遇到来自容器、管道里的其他有毒介质影响，从而造成焊工在作业时的急性中毒。

② 手工电弧焊作业

a. 触电

在手工电弧焊的焊接过程中，焊工接触带电体的机会较多，因此发生电击的机率较高。其主要原因是：电气装置有隐患，如接线柱无罩、焊接电缆或焊钳绝缘已被破坏等；焊工的手或身体某部位接触焊条、电极、焊钳、焊枪的带电部分，而脚和其他部位对地面或金属结构之间的绝缘不好；劳动防护用品有缺陷或未穿戴防护品；违反安全操作规程；在金属容器、舱室或锅炉内施焊；在高温季节或阴雨潮湿的环境焊接，焊工在夏季焊接出汗较多，人体电阻率大大下降等。这些都容易发生触电事故，触电事故尤以高温季节、潮湿环境及受限空间环境居多。

b. 焊接烟尘及有毒气体的危害

在进行手工电弧焊作业时，焊条、焊件和药皮在电弧高温作用下，进行蒸发、氧化、凝结和气化，产生大量烟尘。与此同时，电弧周围的空气在弧光的强烈辐射作用下，产生臭氧、氮氧化物等有毒有害气体。在通风不良的条件下，尤其在化工设备、管道、锅炉、狭小的舱室等处进行焊接时，由于烟尘、有毒气体四处弥漫在狭小的空间，形成较高的浓度，长期接触会影响电焊工健康，甚至引发电焊工尘肺、金属烟热、急性中毒和慢性中毒等。

c. 弧光辐射的危害

在焊接时，如果防护不当使人体直接受到强烈的红外线和紫外线弧光辐射，会引起眼睛和皮肤疾病，即电光性眼炎和电光性皮炎。

d. 中暑

高温季节在狭小的空间进行焊接，由于大量出汗，水分和盐分补充不上，加上电弧的热辐射，很有可能发生中暑。

e. 火灾、爆炸

主要由于下列原因造成：电焊机线路过热，在操作地点附近存有可燃易爆物品，在进行化工设备及管道的焊接时，违章作业，未按规定办理用火手续等。

③ 气体保护电弧焊作业

a. 有毒有害气体的危害

气体保护电弧焊的电流密度大、弧温高、弧光强，因此会产生较高浓度的有害气体和金属粉尘。其主要有害因素是有毒气体。

氩弧焊产生臭氧和氮氧化物，随机检测得知其浓度分别为手工电弧焊的 4.4 倍和 7 倍。二氧化碳气体保护焊主要产生一氧化碳。一氧化碳气体浓度高会造成人体缺氧，甚至窒息。钍钨极氩弧焊、氢原子焊、等离子焊均存在着钍气溶胶及钍粉尘的放射性危害。

b. 弧光辐射的危害

气电焊的弧光辐射强度高于手工电弧焊，波长为 230～290nm 的红外线相对强度为：手工电弧焊为 0.06，而氩弧焊为 1.0，等离子焊为 2.2，若防护不当，在短时间内即可引起人眼的疾患和皮肤灼伤。

c. 触电

等离子弧焊接与热切割的空载电压较高，一般为 150～400V，等离子焊接、切割的主要危险是触电。

d. 爆炸

二氧化碳气体保护焊，要使用 CO_2，而液态 CO_2 气瓶的压力虽为 0.5～0.7MPa，但是当气瓶受热时瓶内的液态 CO_2 会迅速气化，从而使瓶内压力升高，其受热量越高，压力越高，越易有爆炸的危险。

氢气瓶的压力为 14.7MPa，瓶内纯氢的性质与乙炔相似，故氢原子焊存在着氢气爆炸的危险性。

e. 高频电磁场的危害

非熔化极氩弧焊和等离子弧焊接与热切割在采用高频振荡器引弧时，产生的高频电磁场强度较大，约为 140～190V/m。人体长时间受高频电磁场的作用，可导致某些器官温度升高，植物神经功能紊乱，产生头昏、疲劳无力、记忆力衰退、多梦和脱发等症状。

f. 噪声危害

等离子弧焊接、切割和喷涂工艺产生的噪声较大，达 100dB（A）以上，因此必须采取防护措施。因为等离子弧焊接与热切割过程中，经压缩的等离子焰流以 10000m/min 的高速喷射出来，从而产生噪声。使用氮气时，其噪声强度可高达 123dB（A）左右。

噪声作用于中枢神经，使神经感觉紧张、恶心、烦燥、疲倦。噪声作用于心血管系统，可使血管紧张性增加、血压增高、心跳及脉搏改变。长期连续的噪声可引起听力损伤，甚至导致职业性耳聋。

④ 埋弧自动焊作业

a. 触电

触电是埋弧焊的主要危险。埋弧焊的设备主要为焊接电源、控制箱和自动焊的焊车或半自动焊的手把，比手工电弧焊要复杂，操作程序也多，因此易发生触电事故。

b. 烟尘的危害

埋弧自动焊时，因其熔剂里含有氧化锰、氧化硅、氧化钙等对人体有害的物质，在电弧高温作用下，会产生大量的有害气体、蒸气和金属粉尘。

⑤电渣焊作业

在焊接时，白炽状态的渣池在短路时会产生强烈弧光，导致弧光辐射。部分金属被加热到赤热状态，会产生对作业人员的高温热辐射。

高温熔池和高温液体金属所造成的喷溅，有灼伤作业人员的危险。

焊接过程中产生二氧化硅、氧化锰、氟化物等有害气体和烟尘，对作业人员的健康有一定危害。

在焊接时，高温熔池和液体金属遇水或漏水会发生爆炸；电弧爆炸和漏渣，可能会引起火灾和灼烫。

⑥ 真空电子束焊作业

电子束焊是近20年来迅速发展起来的焊接新工艺，主要危害是高压触电。

高真空电子束焊的电子枪，其电源一般为 $30 \sim 60 kV$ 的高压直流电，有的则高达 $150 kV$，因此，焊工稍有疏忽，将会导致高压触电。

高真空电子束焊的电子枪会产生较强的 X 射线。X 射线杀伤人的白细胞，会造成免疫力下降和植物神经系统功能紊乱，如头昏、失眠、疲劳无力等。因此，对高真空电子束焊加强 X 射线的防护十分重要。

其次，高真空电子束焊还产生弧光辐射、烟尘、臭氧、氮氧化物、噪声等危害，对这些也要积极加以防护。

⑦ 激光焊作业

a. 紫外激光和红外激光照射

紫外激光和红外激光照射是激光焊接与热切割的主要有害因素，它对眼睛的损害最大，可引起电光性眼炎，长期大剂量照射可导致白内障。高功率激光照射皮肤能引起皮肤烧伤、皮炎和红斑。

b. 触电

高功率激光器用高压电源供电，存在着电击的危险。

c. 烟尘

激光焊接与热切割和打孔过程中会产生有害的金属烟雾和蒸气，危害作业人员呼吸系统。

2）特殊焊接与热切割作业的危险有害因素分析

特殊焊接与热切割作业是指在特殊环境下的焊接与热切割作业，主要有水下焊接与热切割、高空焊接与热切割、受限空间焊接与热切割作业等。

① 水下焊接与切割作业

电焊作业本身具有较大的危险性，在水下进行电焊，发生触电的危险性更大。

a 有些被割构件存在化学危险品（如弹药等）；切割未经安全处理的容器或管道等的过程中会形成爆炸性的混合气体等，有可能发生爆炸。

b. 在切割过程中，水中结构件发生倒塌、坠落等会造成物体打击事故。

c. 热切割时溅落的白炽金属熔滴或回火等，会造成灼烫。如果熔渣烫坏潜水用具，还会发生溺水事故。

d. 作业时，如遇上大风浪等还会发生意外事故。

② 高空焊接与热切割作业

a. 触电是电弧焊的主要危险因素，高处作业比在平地上作业条件更差，因此增加了触电的可能性。

b. 在高处作业时，如果周围可燃易爆物品清理不干净，四处飞溅的熔渣等容易溅落到易燃易爆物品上，从而发生火灾和爆炸事故。

③ 受限空间内焊接与热切割作业

a. 火灾、爆炸

化工设备（如塔、罐、槽、器、桶等）和管道在工作中受到内部介质的压力、温度、化学与电化学腐蚀等作用，可能会产生裂缝、穿孔。而在生产检修时，常常会遇到要在盛装过易燃、易爆或有毒物质的容器、管道上进行焊接与热切割，或在受限空间内进行焊接与热切割。在此种状态下，如作业时稍有疏忽便有可能发生火灾、爆炸事故。

b. 中毒与窒息

（a）焊接过程本身产生有毒气体和金属粉尘；

（b）设备、管道内如存在有毒介质，在焊接与热切割用火时，苯、汞蒸气、氰化物、光气等有可能逸出；

（c）焊接经过脱脂或涂漆的管道时，脱脂剂和漆膜在高温下会蒸发或裂解出有毒气体或蒸气。如脱脂剂四氯化碳遇火种或灼热物体时会分解成剧毒的光气；

（d）采用带压不置换用火时，由用火点喷出或设备、管道内会泄漏出有毒气体或有毒蒸气；

（e）作业环境空间狭小，惰性气体置换后设备管道的空间里是缺氧环境，易造成窒息事故。

关于焊接粉尘和有毒气体卫生标准见表 7-31。

焊接粉尘和有毒气体卫生标准（以极限浓度表示） 表 7-31

类别		容许浓度极限值（$mg \cdot m^{-3}$）
烟雾 （粉尘）	其他粉尘	8（PC-TWA）
	金属镍与难熔性化合物	1（PC-TWA）
	锰	0.15（PC-TWA）（MnO_2）
	氟化氢	2（PC-TWA）

类别		容许浓度极限值（mg·m^{-3}）
烟雾 （粉尘）	铬	0.05（PC-TWA）
	铅	0.05（铅烟）（MAC）
	ZnO	3（PC-TWA）
	镉	0.01（PC-TWA）
	丙烯醛	0.3（PC-TWA）
	甲醛	0.5（PC-TWA）
有毒气体	NO$_2$	5（PC-TWA）
	O$_3$	0.3（MAC）
	CO	30（PC-STEL）

注：a）其他粉尘指游离 SiO$_2$ 含量在 10% 以下，不含有毒物质的矿物性和动物性粉尘；

　　b）焊接涂层钢板产生的烟雾成分；MAC——最高容许浓度；PC-TWA——时间加权平均容许浓度；PC-STEL——短时间接触容许浓度。

3）焊接与热切割作业易发事故及职业危害的原因分析

① 人、物、环境三大要素

构成焊接与热切割作业事故及职业危害的因素主要是人、物、环境三大要素。

a. 人的因素

各种事故及职业危害的发生在很大程度上与人有关（如"三违"），人的行为会构成物的不安全、不卫生状态，会造成管理上的混乱和不良的生产作业环境等。

b. 物的因素

指发生事故及职业危害时所涉及的物质，它包括生产过程中的原料（如氧、乙炔等）、机械设备（如焊机）、工具附件（如焊枪）、工件，以及其他非生产性物质。物质的固有属性及其具有的潜在破坏力，构成了危险和有害因素。

c. 环境因素

环境可分为社会环境、自然环境和生产环境。许多事故及职业危害的发生，往往与环境有关，环境因素影响着管理因素，环境与管理因素影响并决定着人的因素和物的因素，人和物的因素又反过来影响着环境因素。如图7-56是人、物、环境因素相互影响示意图。

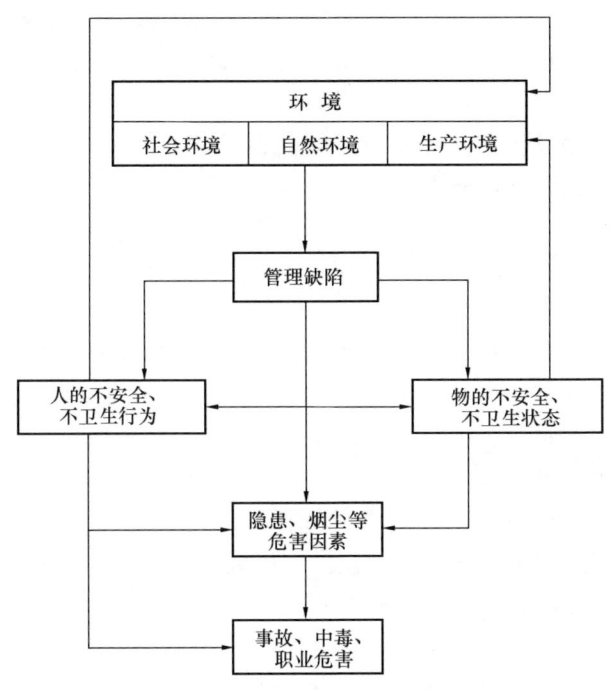

图 7-56 人、物、环境三要素相互影响示意

② 焊接与热切割作业易发生事故及职业病的因素分析

焊接与热切割作业属特种作业，之所以称为"特种作业"是因为其危险、有害性较大。焊接与热切割作业发生事故的原因主要有以下几个方面：

a. 人的因素

（a）身体的原因。因睡眠不足而疲劳或头痛、眩晕，有妨碍焊接与热切割、登高、水下等作业的禁忌症及视力不好等。

（b）精神的原因。如有婚、丧、喜、庆及儿女亲属疾病等重大生活事件而带来自身情绪波动；对工作有怠慢、不满、反抗等不良态度；有焦躁、紧张、恐怖、心不在焉、骄傲自满、盲目蛮干、思想麻痹、好胜逞能、自信侥幸等不良心理；有性格偏狭、固执、急躁等缺陷。

(c) 教育的原因。如对作业过程中的危害性认识不足；对焊接与热切割过程中的防护知识缺乏；缺少经验；自我保护意识差；训练、教育不足等。

(d) 违章作业、违反劳动纪律的原因。如对焊接与热切割设备及用具在作业前不严格检查，作业后不做现场检查；用红热的焊条点烟；上班前饮酒；擅自在用火区内用火焊接与热切割；不正确穿戴好劳动保护用品等。

b. 物的因素

(a) 材料的原因。如焊接时，产生烟尘和有害气体，危害焊工的健康（碱性焊条的发尘量和有毒气体都比酸性焊条高）；焊接与热切割时，所用的乙炔、氧气、其压力容器如处理不当，存在着发生火灾、爆炸的危险性。

(b) 焊接设备及其附件的原因。如乙炔气瓶使用不当；焊机、焊钳、焊枪的绝缘防护损坏；焊机外壳漏电、受潮，保护接地或保护接零系统不牢等。

(c) 防护及通风的原因。如对水下焊接与热切割、高处焊接与热切割、X 射线及 γ 射线、高频电磁场、电弧的光热辐射、焊接与热切割过程中产生的烟尘及有毒有害气体、易燃易爆防护措施缺乏或不力，通风及消烟除尘设施不完善等。

(d) 焊接质量上的原因。焊接质量与安全有着密切的关系，如果焊接质量存在着缺陷（如严重夹渣、气孔、未焊透、未熔合、裂纹等），将严重威胁安全生产，甚至造成重大设备事故和人员伤亡。

c. 环境的因素

(a) 社会环境。其影响因素有政治、经济、管理条件，安全制度及监督，安全规范标准，社会心理、道德、教育等。

（b）自然环境。如风、霜、雨、雪、冰冻、潮湿、雷雨、高温天气等自然气象情况，水下作业遇到大的风浪等。

（c）生产环境。如雾天、高处，受自然环境的影响较大；在狭小的空间进行焊接与热切割，特别是在高温季节、潮湿情况下，触电事故比较多；焊接与热切割未经置换的易燃、易爆、有毒的化工容器、管道或压力容器，容易发生火灾、爆炸、中毒事故；在有易燃、易爆气体或物品的房间内施焊，在未经清除的易燃、易爆物品周围施焊容易发生火灾、爆炸事故；在焊接与热切割过程中，会产生氧化锰、氧化铁等粉尘，一氧化碳、氮氧化物、氟化物等有毒有害气体，这是造成尘肺、金属烟热病、职业中毒的主要原因；在焊接过程中，会产生电弧的光辐射（红外线和紫外线），引起电光性眼炎、皮炎；此外，还有电弧热辐射、高频电磁场、噪声、X 及 γ 射线影响等。

d. 管理因素

管理上的缺陷会直接带来事故和职业危害。如安全卫生规章制度不健全或执行不力，劳动组织及生产布局不合理，对焊工的安全、卫生教育、培训、考核不力，领导与职工的关系处理得不好、违章指挥等。

10. 焊接与切割作业的职业卫生及防护措施

生产劳动过程中需要进行保护，就是要把人体同生产中的危险因素和有毒因素隔离开来，创造安全、卫生和舒适的劳动环境，以保证安全生产。焊接切割作业主要包括两个方面的内容：一是要预防工伤事故的发生，即预防触电、火灾、爆炸、金属飞溅和机械伤害等事故；二是要预防职业病危害，防尘、防毒、防射线和噪声等。前面已阐述了第一方面的内容，本节讲述对有害因素的防护措施。

（1）通风防护措施

电气焊接过程中只要采取完善的防护措施，就能保证电气焊工仅吸入微量的烟尘和有毒气体。通过人体的解毒作用和排泄作用，能把毒害减到最低程度，从而避免发生焊接烟尘和有毒气体中毒现象。

通风技术措施是消除焊接粉尘和有毒气体、改善劳动条件的有力措施。

1）通风措施的种类和适应范围

按通风范围，通风措施可分为全面通风和局部通风。由于全面通风费用高，不能立即降低局部区域的烟雾浓度，且排烟效果不理想，因此除大型焊接车间外，一般情况下多采用局部通风措施。

2）机械通风措施

机械通风指利用通风机械送风和排风进行换气和排毒。

焊接所采用的机械排气通风措施，以局部机械排气应用最广泛，使用效果好、方便，设备费用较低。

局部机械排气装置有固定、移动和随机式3种。

① 固定式通风装置

a. 全面通风在专门的焊接车间或焊接量大、焊机集中的工作地点，应考虑全面机械通风，可集中安装数台轴流式风机向外排风，使车间内经常更换新鲜空气。

全面机械通风排烟的方法主要有三种，各有不同特点，见表7-32。

三种全面通风方法的比较　　　　　　　　　表 7-32

方法	上抽排烟	下抽排烟	横向排烟
简图			
说明	对作业空间仍有污染，适用于新建车间。	对作业空间污染最小，但需考虑采暖问题，适用于新车间。	对作业空间仍有污染。适用于老厂房改造。

b. 局部通风分为送风和排气两种。局部送风只是暂时将焊接区域附近作业地带的有害物质吹走，虽对作业地带的空气起到一定的稀释作用，但可能污染整个车间，起不到排除粉尘与有毒气体的目的。局部排气是目前采用的通风措施中，使用效果良好，方便灵活，设

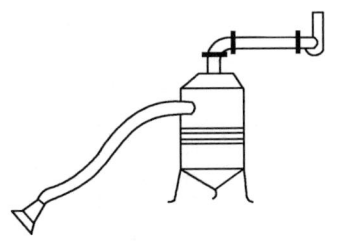

图 7-57　局部通风装置

备费用较低的一种有效措施。其具体型式见图 7-57。

固定式排烟罩适用于焊接地点固定、工件较小的情况。设置这种通风装置时，应符合以下要求：使排气途径合理，即有毒气体、粉尘等不经过操作者的呼吸地带；风量应该自行调节；排出管的出口高度必须高出作业厂房顶部 1～2m。

② 移动式排烟罩

它具有可以根据焊接地点的操作、位置的需要随意移动的特点。因而在密闭船舱、化工容器和管道内施焊，或在大作业厂房非定点焊接时，采用移动式排烟罩具有良好效果。

使用这种装置时，将吸头置于电弧附近，开动风机即能有效地排出烟尘和毒气。

移动式排烟罩的排烟系统是由小型离心风机、通风软管、过滤器和排烟罩组成。目前，应用较多、效果良好的形式有净化器固定吸头移动型、风机及吸头移动型和轴流风机烟罩。

净化器固定吸头移动型。这种排烟罩用于大作业厂房非定点施焊比较适宜。吸风头 1 可随焊接操作地点移动。风机及吸头移动型，可调节吸风头与焊接电弧的距离从而改变抽风效果，如图 7-58 所示。

轴流风机排烟罩，如图 7-59 所示。这种装置带有活动支撑脚，移动方便省力。

③ 随机式排烟罩

特点是固定在自动焊机头上或其附近，排风效果显著。一般

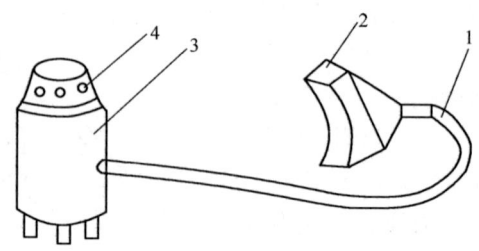

图 7-58　风机和吸头移动式排烟系统

1—软管；2—吸风头；3—净化器；4—出气孔

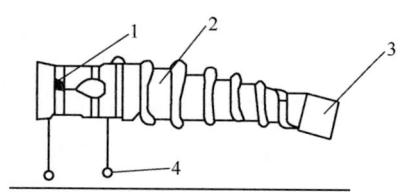

图 7-59　轴流风机排烟系统

1—软管；2—导风管；3—净化器；4—活动支撑

使用微型风栅或气力引射子为风源，它又分近弧和隐弧排烟罩两种型式，如图 7-60 所示。隐弧罩的排风效果最佳。

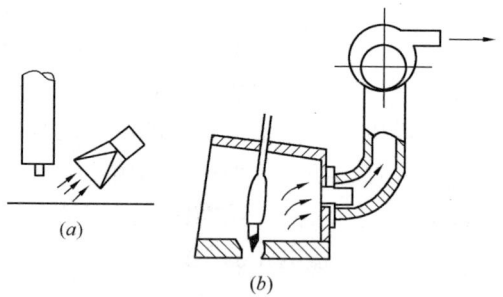

图 7-60　随机式排烟罩

（a）近弧排烟罩；（b）隐弧排烟罩

　　焊接锅炉、容器时，使用压缩空气引射器也可获得良好的效果，其排烟原理是利用压缩空气从压缩空气管中高速喷射，随后引射室造成负压，从而将有毒烟尘排出，如图7-61所示。

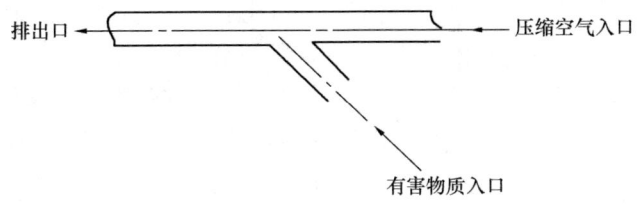

图 7-61　引射器示意图

（2）个人防护措施

当作业环境良好时，如果忽视个人防护，人体仍有受害危险，当密闭容器内作业时危害更大。因此，加强个人的防护措施至关重要。一般个人防护措施除穿戴好工作服、鞋、帽、手套、眼镜、口罩、面罩等防护用品外，必要时可采用送风盔式面罩（见图7-62）及防护口罩（见图7-63）。

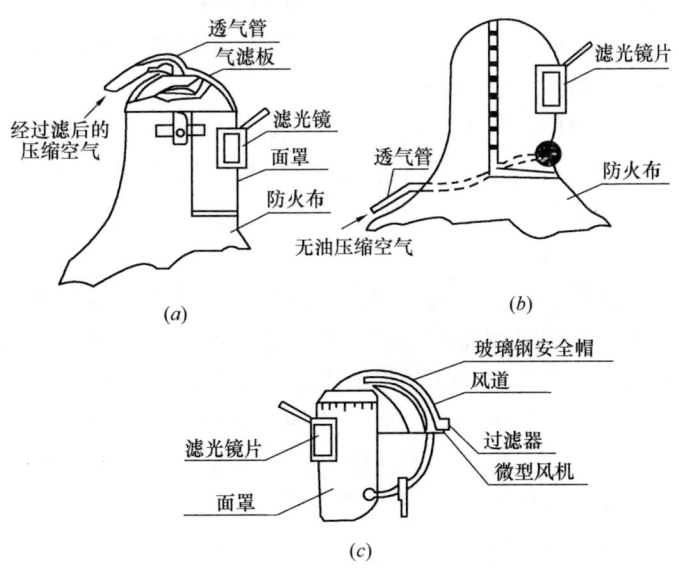

图 7-62　送风盔式面罩

（a）头箍式头盔；（b）肩托式头盔；（c）风机内藏式灰盔

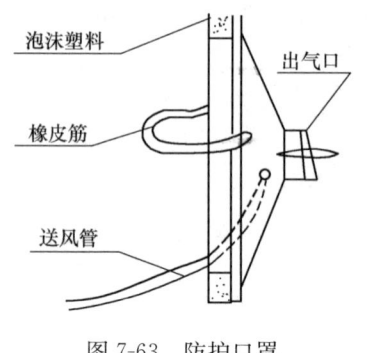

图 7-63　防护口罩

泡沫塑料

出气口

橡皮筋

送风管

1）预防烟尘和有毒气体

当在容器内焊接，特别是采用氩弧焊、二氧化碳气体保护焊，或焊接有色金属时，除加强通风外，还应戴好通风帽。使用时用经过处理的压缩空气供气。切不可用氧气，以免发生燃烧事故。

2）预防电弧辐射

电弧辐射中含有的红外线、紫外线及强可见光等对人体健康有着不同程度的影响，因而在操作过程中，必须采取以下防护措施：工作时必须穿好工作服（以白色工作服最佳），戴好工作帽、手套、脚盖和面罩。在辐射强烈的作业场合进行氩弧焊时，应穿耐酸呢制或丝绸工作服，并戴好通风焊帽。在高温条件下焊接应穿石棉工作服及石棉作业鞋等。工作地点周围，应尽可能放置屏蔽板，以免弧光伤害他人。

3）对高频电磁场及射线的防护

在氩弧焊用高频引弧时，会产生高频电磁场。在焊枪的焊接电缆外面套 1 根铜丝软管进行屏蔽。将外层绝缘的铜丝编制软管一端接在焊枪上，另一端接地，同时应在操作台附近地面垫上绝缘橡皮等。

钨极氩弧焊，若采用钍钨棒作电极时，钍具有微量放射性，在一般条件和短时间操作的情况下，对人体无过大危害。但在密闭容器内焊接或选用较强焊接电流，以及在磨尖钍钨棒的操作过程中，对人体的危害就比较大。除加强通风和穿戴防护用品外，还应戴通风焊帽；焊工应有保健待遇；最好采用无放射性危害的铈钨棒来代替钍钨棒。

4）对噪声的防护

长时间处于噪声环境下工作的人员应戴上护耳器，以减小噪声对人的危害程度。护耳器有隔音耳罩或隔音耳塞等。耳罩虽然隔音效能优于耳塞，但体积较大，戴用不太方便。耳塞种类很多，常用的有耳研 5 型橡胶耳塞，具有携带方便、经济耐用、隔音较好等优点。该耳塞的隔音效能低频为 10～15dB，中频为 20～30dB，高频为 30～40dB。

（3）电焊弧光的防护

1）电焊工在施焊时，电焊机两极之间的电弧放电，将产生强烈的弧光，这种弧光能够伤害电焊工的眼睛，造成电光性眼炎。为了预防电光性眼炎，电焊工应使用符合劳动保护要求的面罩。面罩上的电焊护目镜片，应根据焊接电流的强度来选择，用合乎作业条件的遮光镜片，具体要求见表 7-33。

焊工护目镜镜片遮光号选择参考表　　　　　　表 7-33

焊接方法	焊条尺寸（mm）	电弧电流（A）	最低遮光号	推荐遮光号
手工电弧焊	<2.5	<60	7	—
	2.5～4	60～160	8	10
	4～6.4	160～250	10	12
	>6.4	250～550	11	14
气体保护电弧焊及药芯焊丝电弧焊	—	<60	7	—
		60～160	10	11
		160～250	10	12
		250～500	10	14
空气碳弧切割	—	<500	10	12
		500～1000	11	14
焊接辅助工		3～14		

2）为了保护焊接工地其他人员的眼睛，一般在小件焊接的固定场所和有条件的焊接工地都要设立不透光的防护屏，屏底距地面应留有不大于 300mm 的间隙，式样见图 7-64。

3）合理组织劳动和作业布局，以免作业区过于拥挤。

4）注意眼睛的适当休息。焊接时间较长，使用规模较大，

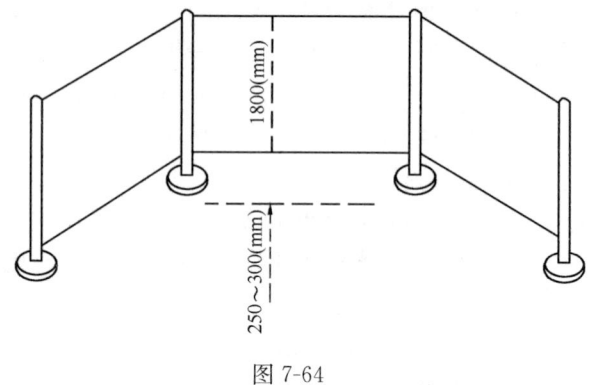

图 7-64

应注意中间休息。如果已经出现电光性眼炎，应到医务部门治疗。

（4）电弧灼伤的防护

1）焊工在施焊时必须穿好工作服，戴好电焊用手套和脚盖。绝对不允许卷起袖口，穿短袖衣以及敞开衣服等进行电焊工作，防止电焊飞溅物灼伤皮肤。

2）电焊工在施焊过程中更换焊条时，严禁乱扔焊条头，以免灼伤他人和引起火灾事故。

3）为防止操作开关和闸刀时发生电弧灼伤。合闸时应将焊钳挂起来或放在绝缘板上；拉闸时必须先停止焊接工作。

4）在焊接预热焊件时，预热好的部分应用石棉板盖住，只露出焊接部分进行操作。

5）仰焊时飞溅严重，应加强防护，以免发生被飞溅物灼伤事故。

（5）高温热辐射的防护

1）电弧是高温强辐射热源

焊接电弧可产生 3000℃ 以上的高温。手工焊接时电弧总热量的 20％ 左右散发在周围空间。电弧产生的强光和红外线还将造成对焊工的强烈热辐射。红外线虽不能直接加热空气，但在被物体吸收后，辐射能会转变为热能，使物体成为二次辐射热源。

因此，焊接电弧是高温强辐射的热源。

2）通风降温措施

焊接工作场所加强通风设施（机械通风或自然通风）是防暑降温的重要技术措施，尤其是在锅炉等容器或狭小的舱间进行焊割时，应向容器或舱间送风和排气，加强通风。

在夏天炎热季节，为补充人体内的水分，给焊工供给一定量的含盐清凉饮料，也是防暑的保健措施。

3）有害气体的防护

① 在焊接过程中，为了保护熔池中熔化金属不被氧化，在焊条药皮中有大量产生保护气体的物质，其中有些保护气体对人体是有害的。为了减少有害气体的产生，应选用高质量的焊条，焊接前清除焊件上的油污，有条件的要尽量采用自动焊接工艺，使焊工远离电弧，避免有害气体对焊工的伤害。

② 利用有效的通风设施，排除有害气体。车间内应有机械通风设施进行通风换气。在容器内部进行焊接时，必须对焊工工作部位送新鲜空气，以降低有害气体的浓度。

③ 加强焊工个人防护，工作时戴防护口罩；定期进行身体检查，以预防职业病。

4）机械性外伤的防护

a）焊件必须放置平稳，特殊形状焊件应用支架或电焊胎夹具保持稳固。

b）焊接圆形工件的环节焊缝，不准用起重机吊转工件施焊。也不能站在转动的工件上操作，防止跌落摔伤。

c）焊接转胎的机械传动部分，应设防护罩。

d）清铲焊接时，应带护目镜。

5）采用和开发安全卫生性能好的焊接技术

在焊接结构生产中，应优先采用和努力开发安全卫生性能好的焊接技术。提倡在焊接结构设计、焊接材料、焊接设备和焊接工艺等各个环节中，都对改善焊接劳动条件予以积极的考虑。推荐选用的焊接技术措施列于表 7-34。

改善安全卫生条件的焊接技术措施   表 7-34

目　　的	措　　施
全面改善安全和卫生条件	1）提高焊接机械化和自动化水平 2）对重复性生产的产品，设计程控焊接生产自动线 3）采用各种焊接机械手与机器人
新工艺取代手工焊，以消除焊工触电的危险，避免焊工受到电焊烟尘的危害	1）优先选用安全卫生性能优良的埋弧自动焊和摩擦电阻焊等压焊工艺 2）对适宜的焊接结构，推广采用重力焊工艺 3）选用电渣焊
避免焊工进入狭小空间（如狭小的船仓、容器、管道等）焊接，以减少触电和电焊烟尘对焊工的危害	1）对薄板和中厚板的封闭与半封闭结构，应优先采取利用各类衬垫的埋弧自动焊单面焊双面成型工艺 2）对适宜结构，推广采用躺焊工艺 3）对管道接头，选用能单面焊双面成型的各种焊条，如低氢型打底焊条、纤维素型打底焊条和管接头立向下焊条等
避免手工焊触电	每台手弧焊机均应安装防电击装置
降低等离子切割烟尘和有害气体	1）使用水槽式等离子切割工作台 2）采用水弧等离子切割工艺
降低电焊烟尘	1）发尘量较低的焊条 2）采用发尘量较低的焊丝（注意此为辅助措施，选用焊接材料首先应保证其工艺性能和机械性能，在连续焊接生产中积累的电焊烟尘，仍需靠通风除尘解决）

第八章　建筑焊工安全操作技术

通过本章学习掌握焊条电弧焊、电渣压力焊、闪光对焊、电阻焊焊接安全操作方法，掌握气焊、气割的安全操作方法，掌握消防器材的正确选择和使用，掌握个人防护用品的正确佩戴和使用。

第一节　个人防护用品

1. 焊工的个人防护

（1）护目镜

焊接弧光中含有的紫外线、可见光、红外线强度均大大超过人体眼睛所能承受的限度，过强的可见光将对视网膜产生烧灼，造成视网膜炎；过强的紫外线将损伤眼角膜和结膜，造成电光性眼炎；过强的红外线将对眼睛造成慢性损伤。因此必须采用护目滤光片来进行防护。鉴于市场上不少护目滤光片质量不好，必须强调用于焊工个人防护的护目滤光片，一定要符合现行国家标准《职业眼面部防护　焊接防护第 1 部分：焊接防护具》GB/T 3609.1 所规定的性能和技术要求。

（2）焊接防护面罩

常用焊接面罩见图 8-1 和图 8-2 面罩是用 1.5mm 厚钢纸板压制而成，质轻、坚韧、绝缘性与耐热性好。

护目镜片可以启闭的 SM 型面罩见图 8-3，手持式面罩护目镜启闭按钮设在手柄上，头戴式面罩护目镜启闭开关设在电焊钳胶木柄上，使引弧及敲渣时都不必移开面罩，焊工操作方便，可得到更好的防护。

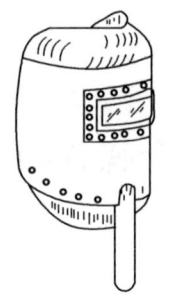

图 8-1 常用面罩 a

图 8-2 常用面罩 b

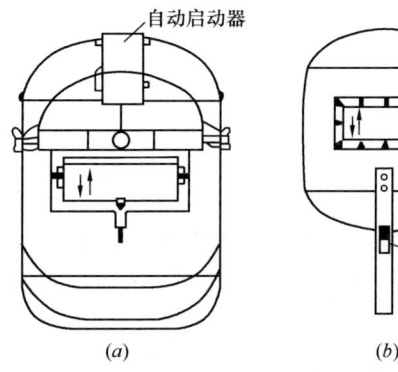

图 8-3 SM 型面罩

（a）头戴式；（b）手持式

（3）防护工作服

焊工用防护工作服，应符合现行国标《防护服装 阻燃防护 第 2 部分：焊接服》GB 8965.2 规定，具有良好的隔热和屏蔽作用，以保护人体免受热辐射、弧光辐射和飞溅物等伤害。常用白帆布工作服或铝膜防护服。用防火阻燃织物制作的工作服也已开始应用。

（4）电焊手套和工作鞋

电焊手套宜采用牛绒面革或猪绒面革制作，以保证绝缘性能好和耐热不易燃烧。

工作鞋应为具有耐热、不易燃、耐磨和防滑性能的绝缘鞋，现一般采用胶底翻毛皮鞋。新研制的焊工安全鞋具有防烧、防砸性能好，绝缘性好（用干法和湿法测试，通过电压 7.5KV 保持 2min 的绝缘性试验），鞋底可耐热 200 度 15min 的性能。

（5）防尘口罩

当采用通风除尘措施不能使烟尘浓度降到卫生标准以下时，应佩戴防尘口罩。国产自吸过滤式防尘口罩见图 8-4 所示。

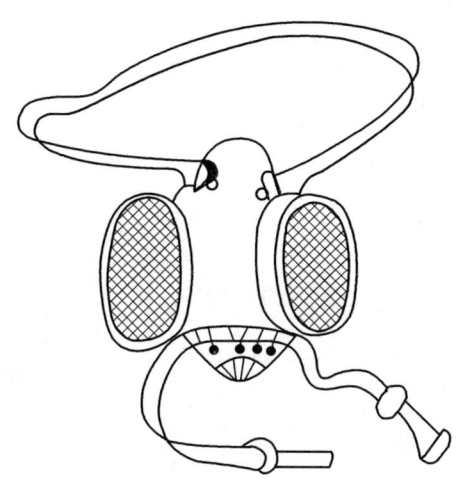

图 8-4　国产自吸过滤式防尘口罩

第二节　气焊、气割的安全操作法

1. 焊接器具

主要器具：焊丝、灶剂、乙炔气瓶、氧气瓶，阻火器、乙炔胶管、氧气胶管、焊炬、减压阀。

主要工具：点火器、焊炬专用通针、防护护目镜、专用扳手和个人防护用品。

气焊的主要特点：设备工具简单，焊接质量取决于焊工的技术水平。

2. 焊接工艺参数选择

焊接工艺参数　　　　　　　　　　　表 8-1

层次	焊丝牌号	焊条规格/mm	焊剂牌号	焊接火焰性质	焊接方向/mm·s^{-1}
1	HSCuZn-1	$\phi 2.0$	CJ301	中性焰	左焊法
2	HSCuZn-1	$\phi 2.0$	CJ301	中性焰	左焊法

3. 操作技能

（1）使用前的准备工作

按图 8-5 所示将焊接设备及工具准备好。检查回火保护装置是否安装好。根据焊件的厚度合理的选择焊炬的规格型号、焊丝和焊剂。

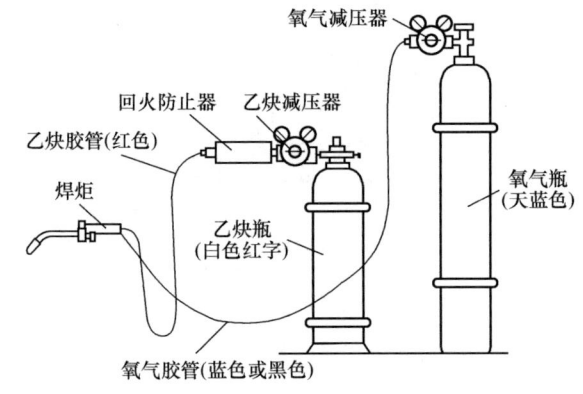

图 8-5　气焊、气割设备连接示意图

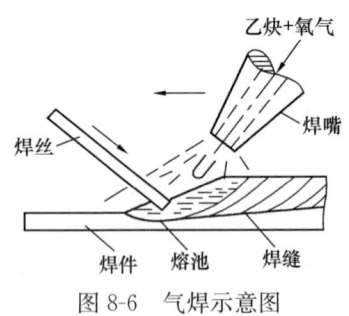

图 8-6　气焊示意图

（2）实际操作如图 8-6 所示

1）焊接前应将焊丝的水分和油污清理干净。

2）采用搭接的方式组对铜管。

3）用氧化焰烘烤焊道，以清除泥污和浮锈。

4）构件在施焊前应放平垫稳，防止焊接中产生变形；

5）根据确定的焊接工艺参数，调节火焰为中性焰。

6）依次施焊，并认真进行层间焊道清理，消除缺陷出现的隐患。

（3）设备的维护保养

保持焊炬喷嘴的畅通，回火防止装置的完好。

（4）注意事项

1）氧气瓶和乙炔气瓶应直立摆放，并相距不小于 8m；

2）正式焊接前应进行试焊，确认所有设备及设施完好并正常运转。

4. 焊接质量

（1）质量标准

1）形状尺寸要求

①对接焊缝宽度不超过组对后坡口宽度 4mm；

②焊缝边缘直度差不大于 3mm；

③焊缝高度差不超过 2mm；

④角焊缝焊脚差不超过 3mm；

2）表面质量

① 焊缝表面不得有焊瘤、未焊透、气孔、夹渣、凹坑等缺陷；

② 焊缝咬边深度不得超过 0.5mm，连续咬过长度不超过 100mm，焊缝两侧长度总和不超过焊缝长度的 10%；

③ 焊缝表面应平滑过渡，焊接变形应控制在标准要求的范围内。

（2）应注意的质量问题

在结构钢的焊接生产中，应重视焊接全过程中的任何一个环节。接头部位应清理干净；焊件组对应符合图样要求；焊接过程中应谨慎操作，若出现异常现象，应参照气焊接头焊接缺陷及消除措施表查找原因，及时清除。

气焊接头焊接缺陷及消除措施表　　　　　表 8-2

焊接缺陷	措施
咬边	1. 减少火焰的热效; 2. 控制焊接层间温度; 3. 增加填丝速度
夹渣	加强焊缝的层间清理
未焊合	1. 先用高热效的焊炬; 2. 增加火焰的挺度; 3. 火焰停留时间过短
成形不良	1. 保证组对间隙及装配质量; 2. 保证焊接操作送达性
气孔	1. 按规定选用焊丝和焊剂; 2. 清除焊接部位的铁锈和油污
烧穿	1. 控制火焰距离; 2. 控制焊接间隙

在焊接过程中，出现下列所述环境并无有效保护不允许施焊：

雨雪环境；

环境温度低于 0℃，相对湿度大于 90％；

风速大于 2m/s。

第三节　手工电弧焊焊接安全操作方法

1. 设备使用

1）常见设备主要技术参数见表 8-3。

常见手工电弧焊焊接设备一览表　　　　表 8-3

型号规格 技术指标	AX7-400 直流弧 焊机	ZXG1-400 硅整流 弧焊机	ZXG-400 磁放大器 式硅整流 弧焊机	ZX5-400 晶闸管整 流弧焊机	ZX7-400 晶闸管逆 变式整流 弧焊机	COVP-350 晶闸管逆 变式整流 弧焊机	ZX7-400ICBT 晶闸管逆 变式整流 弧焊机
额定负荷持 续率（%）	60	60	60	60	60	60	60
输出空载 电压/V	60～90	71.5	80	63	70～80	—	75
输入电源/V	3 相 380	3 相 380	3 相 380	3 相 380	3 相 380	3 相 380	3 相 380
效率（%）	53	76.5	83	74	83	—	≥90
功率因数 $\cos\varphi$	0.9	0.68	0.55	0.75	≥0.98	—	≥0.95
重量/kg	370	238	310	220	66	62	33
外型 尺寸　长/mm	950	885	990	594	540	380	550
宽/mm	590	570	490	495	310	640	320
高/mm	890	1075	950	1000	430	615	390

2）一般应遵循下述原则选择

① 必须满足焊接工艺与技术提出的要求。每种弧焊方法都有其工艺特点，对电源的空载电压、输出电流的类型、外特性形状、动特性和工艺参数的调节范围等有着不同的要求，只有满足这些要求才能确保焊接过程的顺利进行并取得好的焊接质量。

② 应能获得好的经济效果。在满足工艺要求的前提下应选择高效节能、结构轻巧灵便、维修容易，造价低廉的弧焊电源。

③ 应符合现场的使用条件。新选用的弧焊电源必须能适应现场的工作环境、水与电供应条件、机械化与自动化水平、操作人员的技术素质等情况。

3）主要设备及配套工具

弧焊电源、输入电缆线，焊机输出电缆、焊钳、远程焊接电流调节器（选用）、焊工刨锤、焊工面罩、角向砂轮机焊条烘箱、焊条保温桶、钢丝刷、和个人防护用品等。

2. 焊接工艺参数选择

焊接工艺参数如表 8-4 所示。

焊接工艺参数 表 8-4

层次	焊接材料	焊条规格/mm	焊接电流/A	焊接电压/V	焊接速度/mm·s^{-1}
1	E4303	ϕ3.2	95-110	22-24	1-2
2	E4303	ϕ4.0	120-150	22-24	1-2

3. 操作技能

1）使用前的准备工作

先选择合适的电焊机，例如：ZXG1-400，电源控制必须采用带漏电保护的空气开关（建议容量在 100A 以上），确保安全；设备一般放置在施工点附近，电焊机接电必须严格按设备说明书进行，并由有上岗证的电工操作。

2）实际操作：

① 焊接前应按焊接工艺说明书的要求将焊条烘干，烘干后应放在 100～150℃ 的恒温箱中随用随取。

② 对接焊件的错边量不应大于壁厚的 10%，且不大于 1mm。

③ 焊道两侧各 50mm 范围内应清除泥污和浮锈。

④ 构件在施焊前应放平垫稳，防止焊接中产生变形；

⑤ 根据确定的焊接工艺参数，调节焊接电流。

⑥ 依次施焊，并认真进行层间焊道清理，消除缺陷出现的隐患。

3）设备的维护保养

电弧焊机的维护和保养要严格执行《弧焊设备第 1 部分：焊接电源》GB 15579.1—2013 的规定。

电弧焊机应在下述环境条件下正常工作。

① 周围空气温度范围：焊接期间：−10～+40℃；在运输和存储中：−25～+55℃。

② 空气的相对湿度在 40℃时不超过 50％；在 20℃时不超过 90％。

③ 周围空气中灰尘、酸、腐蚀性气体或物质等不超过正常含量，由于焊接过程而产生的除外。

④ 海拔高度应不超过 1000m。

⑤ 电弧焊机的倾斜应不超过 15°。

⑥ 供电电源额定频率为 50Hz，额定电压应符合《标准电压》GB/T 156—2017 中所规定的标准电压，电压波动范围≤10％，频率波动范围≤1％。

4）注意事项

① 所有交流，直流电焊机的外壳，均必须装设保护性接地或接零装置。

② 焊机的接地装置可用铜棒或无缝钢管作接地极，打入地面深度不小于 1m，接地电阻小于 4Ω。

③ 焊机工作负荷不应超出铭牌规定。即在允许的负载持续率下工作，不得任意长时间超载运行。焊机应按时检修，保持绝缘良好。

④ 正式焊接前应进行试焊，确认所有设备及设施完好并正常运转。

4. 焊接质量

1）质量标准

① 形状尺寸要求

a. 对接焊缝宽度不超过组对后坡口宽度 4mm；

b. 焊缝边缘直度差不大于 3mm；

c. 焊缝高度差不超过 2mm；

d. 角焊缝焊脚差不超过 3mm；

② 表面质量

a. 焊缝表面不得有焊瘤、未焊透、气孔、夹渣、凹坑等缺陷；

b. 焊缝咬边深度不得超过 0.5mm，连续咬过长度不超过

100mm，焊缝两侧长度总和不超过焊缝长度的 10%；

c. 焊缝表面应平滑过渡，焊接变形应控制在标准要求的范围内。

2）应注意的质量问题

在结构钢的焊接生产中，应重视焊接全过程中的任何一个环节。接头部位应清理干净；焊件组对应符合图样要求；焊接过程中应谨慎操作，控制焊接速度和焊接电弧。若出现异常现象，应参照电弧焊焊接头焊接缺陷及消除措施表查找原因，及时清除。

电弧焊焊接头焊接缺陷及消除措施表 表 8-5

焊接缺陷	措　　施
咬边	1. 减小焊接电流； 2. 控制焊接层间温度； 3. 控制焊接速度
夹渣	1. 增加焊接电流； 2. 加强焊缝的层间清理
未焊合	1. 增大焊接电流； 2. 避免焊接时间过短
成形不良	1. 保证组对间隙及装配质量； 2. 保证焊接操作送达性； 3 控制焊接电流及速度
气孔	1. 按规定要求焊条； 2. 清除焊接部位的铁锈和油污； 3. 控制焊接电弧长度
烧穿	1. 减少焊接电流； 2. 控制焊接间隙
焊瘤	1. 增加控制焊接电流； 2. 提高焊接速度

在焊接过程中，出现下列所述环境并无有效保护不允许施焊：

雨雪环境；

环境温度低于 0℃，相对湿度大于 90％；

风速大于 10m/s。

第四节　电渣压力焊焊接安全操作方法

1. 设备使用

以 MH-40A 新型钢筋电渣压力机为例。

（1）主要技术参数：电源电压：380V50Hz，适应范围：$\phi16$ ～40mm，配用电焊机：BX3-500，焊接速度：20～45s。

（2）主要结构特点：该设备由自动控制箱，手摇机械夹具，控制电缆辅助工具构成并与普通交流弧焊机配套使用。

该设备主要特点：采用电子电器元件组合对外电路、电压、电流、断弧时间等进行控制，保证焊包大小，其最大特点是在不同的施工现场，不同的操作人员，都能保证焊接质量。

2. 焊接工艺参数选择

焊接工艺参数　　　　　　　　　表 8-6

钢筋直径/mm	焊接电流/A	焊接电压/V		焊接通电时间/s	
		电弧过程 $u_{2.1}$	电渣过程 $u_{2.2}$	电弧过程 t_1	电渣过程 t_2
14	200～220			12	3
16	200～250			14	4
18	250～300			15	5
20	300～350			17	5
22	350～400			18	6
25	400～450	35～45	22～27	21	6
28	500～550			24	6
32	600～650			27	7
36	700～750			30	8
40	850～900			33	9

3. 操作技能

（1）使用前的准备工作

先选择合适的电焊机 BX3-500，然后将电流调整到合适的挡次，电源控制必须采用带漏电保护的空气开关（容量在 100A 以上），确保安全；设备一般放置在施工点附近，先将电焊机一次线接控制箱，其铜电缆截面必须大于 20mm²。

（2）实际操作

根据需焊接钢筋直径大小选择电源和挡次，然后根据现场实际情况，视焊包大小，适当调整挡次。

安装调试：用夹具下卡头夹紧钢筋，端头高出 100mm 左右，把上卡头摇到上止点 20mm 处，把对接的钢筋夹在上卡头内，要求上下钢筋对直，且端面无锈层，在上下钢筋端面之间垫上引弧垫，然后压紧；先套上焊剂盒，用石棉堵住间隙，后装焊剂，并使焊剂填充均匀；焊接分引弧—造渣—渣地—加压四个阶段，把焊钳分别夹在上下钢筋上，送上电源，插上插头，打开控制 K1，然后打开手控开关 K2，迅速按逆时针摇动用柄，提升上钢筋 20mm，引燃电弧，此时听到电弧的滋声，注意观察电压表，轻轻摇动手柄，控制电压在 32～40V 为宜，电压稍低时逆时针迅速下移并加压；焊接完成后，大约保温 30s 以上，使熔化的钢水很好的冷却固化，以保证两钢筋牢固结合，然后打开焊剂盒，回收焊剂松开夹具再进行下一步钢筋的对焊接。

（3）保养维修

控制箱及夹具储存时应放在通风、干燥、无尘处；夹具内部齿轮等传动部件及螺杆应定期加注润滑油；设备工作不正常时，应立即停电检修，以免故障扩大。

（4）注意事项

该焊接装置系电子人性化控制设备，应注意防潮、防晒和防尘；外电路安装接线要正确，坚固可靠；上下钢筋必须卡紧，避免应接触不良打火损坏夹具；上下钢筋必须对中，焊剂必须保持干燥，否则影响焊接质量；控制箱内后面接线为 380V，高电压绝缘要良好，切记注意安全；电源接线应选用 20mm² 以上电缆线，并确保接头牢固；在正式使用前，应进行试焊，掌握要领再进行现场对焊，该设备应由专人负责保管使用。

4. 焊接质量

（1）质量标准

焊接生产中，焊工应对焊接接头逐个进行自检。自检项目如下：

① 接头处的轴线偏移不得大于 1mm；

② 接头处弯折角不得大于 2°；

③ 四周焊包凸出钢筋表面的高度，当钢筋直径为 25mm 及以下时，不得小于 4mm，当钢筋直径为 28mm 及以上时，不得小于 6mm；

④ 钢筋与电极接触处，应无烧伤缺陷。

以上前 3 项外观检查不合格的接头，应切除重焊。第 4 项应进行补焊。

（2）接头力学性能

① 一般构筑物，以 300 个同级别、同规格接头为一批。

② 现浇混凝土多层结构中，以每一楼层或施工区段 300 个同级别接头为一批，不足 300 接头仍为一批。

每批从成品中随机切取 3 个试件做拉伸试验。

拉伸试验结果，3 个试件的抗拉强度均不得小于该级别钢筋规定的抗拉强度值。

（3）应注意的质量问题

在钢筋电渣压力焊生产中，应重视焊接全过程中的任何一个环节。接头部位应清理干净；钢筋安装应上下同心；夹具紧固，严防晃动；引弧过程应力求可靠；电弧过程应延时充分；电渣过程应短而稳定；挤压过程应压力适当。若出现异常现象，应参照电渣压力焊接头焊接缺陷及消除措施表查找原因，及时清除。

<table>
<tr><th colspan="2">电渣压力焊接头焊接缺陷及消除措施表　　　　表 8-7</th></tr>
<tr><td>焊接缺陷</td><td>措施</td></tr>
<tr><td>轴线偏移</td><td>1. 矫直钢筋端部；
2. 正确安装夹具和钢筋；
3. 避免过大的顶压力；
4. 及时修理或更换夹具</td></tr>
<tr><td>弯折</td><td>1. 矫直钢筋端部；
2. 注意安装和扶持上钢筋；
3. 避免焊后过快卸夹具；
4. 修理或更换夹具</td></tr>
<tr><td>咬边</td><td>1. 减小焊接电流；
2. 缩短焊接时间；
3. 注意上钳口的起点和止点，确保上钢筋顶压到位</td></tr>
<tr><td>未焊合</td><td>1. 增大焊接电流；
2. 避免焊接时间过短；
3. 检修夹具，确保上钢筋下送自如</td></tr>
<tr><td>焊包不匀</td><td>1. 钢筋端面力求平整；
2. 填装焊剂尽量均匀；
3 延长焊接时间，适当增加熔化量</td></tr>
<tr><td>气孔</td><td>1. 按规定要求烘焙焊剂；
2. 清除钢筋焊接部位的铁锈；
3. 确保接缝在焊剂中合适埋入深度</td></tr>
<tr><td>烧伤</td><td>1. 钢筋导电部位除净铁锈；
2. 尽量夹紧钢筋</td></tr>
<tr><td>焊包下淌</td><td>1. 彻底封堵焊剂筒的漏孔；
2. 避免焊后过快回收焊剂</td></tr>
</table>

　　电渣压力焊可在负温条件下进行，但当环境温度低于－20℃时，则不宜进行施焊。

　　雨天、雪天不宜进行施焊，必须施焊时，应采取有效的遮蔽措施。焊后未冷却的接头，应避免碰到冰雪。

5. 安全环保措施

电源电缆和控制电缆联接要正确。

电源和控制器外壳必须固定接地线，接地线如为铜线，截面面积为 6～10mm²，铝线为 20mm²。

上下钢筋端部要直、平，除去锈蚀和油污。焊剂要烘干，切勿用潮湿焊剂施焊。上下钢筋要求对齐，轴线偏移量小于 0.1d，或小于 2mm。操作人员必须戴绝缘手套，穿绝缘鞋。电源一次线截面积不小于 25mm²，二次线上的电压降不大于 4V。焊接过程中上钢筋不能与焊好的钢筋相碰。施焊前应对所用钢筋进行试焊，合格后方可施焊。在施焊过程中，应随机检查焊接质量。下班后必须保管好机头、控制箱、电缆等，避免损坏。

第五节　电阻焊焊接安全操作方法

1. 设备使用

UN1-25 人力-杠杆类电阻对焊机

主要技术参数：额定容量为 25kVA，负载持续率 20%，额定初级电压为 380V，二次空载电压为 1.76～3.52V，采用偏心轮增加夹紧力，最大焊接面积为 300mm²。

主要结构：机架、静夹具、动夹具、杠杆传动机构、顶锻机构、阻焊变压器及电气控制元件组成。

2. 焊接工艺参数选择

焊接工艺参数　　　　　　　　　　　　　　表 8-8

焊件材料	截面面积 /mm²	伸出长度 L /mm	电流密度 / （A/mm²）	焊接时间 /s	顶锻量/mm		顶锻压力 /MPa
					有电	无电	
低碳钢	25	12	200	0.6	0.5	0.9	10～20
	50	16	160	0.8	0.5	0.9	
	100	20	140	1	0.5	1	
	250	24	90	1.5	1	1.8	

3. 操作技能

（1）调整设备：焊接前，根据焊件的形状与截面，调整工件伸出长度；并使工件对准中心。将电流、时间调整到规定范围，然后打开控制开关。

（2）安装维修：控制箱及夹具储存时应放在通风、干燥、无尘处；夹具内部齿轮等传动部件及螺杆应定期加注润滑油；设备工作不正常时，应立即停电检修，以免故障扩大。

4. 焊接质量

（1）质量标准

1）电阻对焊接头的质量检验，应分批进行外观检查和力学性能试验，并应按下列规定抽取试件：

① 在同一台班内，由同一焊工完成的 300 个同级别、同直径钢筋焊接接头应作为一批。当同一台班内焊接的接头数量较少，可在一周之内累计计算；累计仍不足 300 个接头，应按一批计算；

② 外观检查的接头数量，应从每批中检查 10%，且不得少于 10 个；

③ 力学性能试验时，应从每批接头中随机切取 6 个试件，其中 3 个做拉伸试验，3 个做弯曲试验；

④ 焊接等长的预应力钢筋（包括螺丝端杆与钢筋）时，可按生产时的同等条件制作模拟试件；

⑤ 螺丝端杆接头可只做拉伸试验。

2）电阻对焊接头外观检查结果，应符合下列要求：

① 接头处不得有横向裂纹；

② 与电极接触处的钢筋表面，Ⅰ～Ⅲ级钢筋焊接时不得有明显烧伤；Ⅳ级钢筋焊接时不得有烧伤；负温闪光对焊时，对于Ⅱ～Ⅳ级钢筋，均不得有烧伤；

③ 接头处的弯折角不得大于 40°；

④ 接头处的轴线偏移，不得大于钢筋直径的 0.1 倍，且不得大于 2mm。

外观检查结果，当有 1 个接头不符合要求时，应对全部接头进行检查，剔出不合格接头，切除热影响区后重新焊接。

3）电阻对焊接头拉伸试验结果应符合下列要求：

① 每个热轧钢筋接头试件的抗拉强度均不得小于该级别钢筋规定的抗拉强度；余热处理Ⅲ级钢筋接头试件的抗拉强度均不得小于热轧Ⅲ级钢筋抗拉强度 570MPa。

② 应至少有 2 个试件断于焊缝之外，并呈延性断裂。

③ 当试验结果有 1 个试件的抗拉强度小于上述规定值，或有 2 个试件在焊缝或热影响区发生脆性断裂时，应再取 6 个试件进行复验。复验结果，当仍有 1 个试件的抗拉强度小于规定值时，或有 3 个试件断于焊缝或热影响区，呈脆性断裂，应确认该批接头为不合格品。

④ 预应力钢筋与螺丝端杆电阻对焊接头拉伸试验结果，3 个试件应全部断于焊缝之外，呈延性断裂。

当试验结果为有 1 个试件在焊缝或热影响区发生脆性断裂时，应从成品中再切取 3 个试件进行复验。复验结果为仍有 1 个试件在焊缝或热影响区发生脆性断裂时，应确认该批接头为不合格品。

⑤ 模拟试件的试验结果不符合要求时，应从成品中再切取试件进行复验，其数量和要求应与初始试验时相同。

⑥ 电阻接头弯曲试验时，应将受压面的金属毛刺和镦粗变形部分消除，且与母材的外表齐平。

弯曲试验可在万能试验机、手动或电动液压弯曲试验器上进行，焊缝应处于弯曲中心点，弯心直径和弯曲角应符合表 8-9 的规定，当弯至 90°，至少有 2 个试件不得发生破断。

电阻对焊接头弯曲试验指标表　　　　表 8-9

钢筋级别	弯心直径	弯曲角（°）
Ⅰ 级	2d	90
Ⅰ 级	4d	90

钢筋级别	弯心直径	弯曲角（°）
Ⅰ级	5d	90
Ⅳ级	7d	90

注：1. d 为钢筋直径（mm）；

2. 直径大于 25mm 的钢筋对焊接头，弯曲试验时弯心直径应增加 1 倍钢筋
直径。

当试验结果，有 2 个试件发生破断时，应再取 6 个试件进行复验。复验结果，当仍有 3 个试件发生破断，应确认该批接头为不合格品。

（2）应注意的质量问题

在钢筋对焊生产中，应重视焊接全过程中的任何一个环节，以确保焊接质量，若出现异常现象，应参照钢筋对焊异常现象、焊接缺陷及防止措施表查找原因，及时消除（表 8-10）。

钢筋对焊异常现象、焊接缺陷及防止措施 表 8-10

项次	异常现象和缺陷种类	防止措施
1	烧化过分剧烈，并产生强烈的爆炸声	1. 降低变压器级数； 2. 减慢烧化速度
2	接头中有氧化膜、未焊透或夹渣	1. 增加预热程度； 2. 加快临近顶锻时的烧化速度； 3. 确保带电顶锻过程； 4. 加快顶锻速度； 5. 增大顶锻压力
3	接头中有缩孔	1. 降低变压器级数； 2. 避免烧化过程过分强烈； 3. 适当增大顶锻留量及顶锻压力
4	焊缝金属过烧或热影响区过热	1. 减小预热程度； 2. 加快烧化速度，缩短焊接时间； 3. 避免过多带电顶锻

项次	异常现象和缺陷种类	防止措施
5	接头区域裂纹	1. 检验钢筋的碳、硫、磷含量；若不符合规定时，应更换钢筋； 2. 采取低频预热方法，增加预热程度
6	钢筋表面微熔及烧伤	1. 清除钢筋被夹紧部位的铁锈和油污； 2. 清除电极内表面的氧化物； 3. 改进电极槽口形状，增大接触面积； 4. 夹紧钢筋
7	接头弯折或轴线偏移	1. 正确调整电极位置； 2. 修整电极钳口或更换已变形的电极； 3. 切除或矫直钢筋的弯头

冷拉钢筋的焊接应在冷拉之前进行。冷拉过程中，若在接头部位发生断裂时，可在切除热影响区（离焊缝中心约为 0.7 倍钢筋直径）后再焊再拉，但不得多于两次。同时，其冷拉工艺与要求应符合《混凝土结构工程施工质量验收规范》GB 50204—2015 的规定。

5. 安全环保措施

（1）施工作业区要确保用电安全，焊机必须接地，电闸箱必须挂牌上锁，做到"一机一闸一漏电保护器"，且有防雨措施；电线布置必须合理，不得暴露在地面上。

（2）施工前，应详细检查所用电线有无破损漏电现象，漏电保护器状态是否良好，严禁电线破损和漏电保护器性能不符合要求就投入使用。

（3）焊机工作范围内严禁堆放易燃、易爆物品，以免引起火灾。

（4）对焊时，必须开放冷却水；焊机出水温度不得超过 40℃，排水量应符合要求。

（5）焊工必须持证上岗，施焊过程中，应保证施焊人员的稳定性，不得随意更换。

第六节 闪光对焊焊接安全操作方法

1. 设备使用

UN1-150 杠杆加压式对焊机

（1）主要技术参数：额定容量 150kAV，额定负载持续率 50%，额定初级电流为 389A，额定初级电压为 380V，次级电压为 4.13～8.26V，调节级数为 8 级，最大钳口距离为 100mm，最大钳口张开距离为 60mm，最大工作距离为 10～100mm，最大顶锻力为 15kN，最大焊接截面为 1589.6mm²，冷却水消耗量为 240L/h。

（2）焊接设备的组成：机架、静夹具、动夹具、杠杆传动及顶锻机构、阻焊变压器及电气控制元件组成。

2. 焊接工艺参数选择

焊接工艺参数 表 8-11

焊件直径 /mm	烧损量/mm				焊件伸出 长度/mm
	预热	闪光	有电顶锻	无电顶锻	
16	1	2	0.5	2	12
18	1	2.5	0.5	2.5	13
22	1	3	0.5	2.5	14
26	1.5	3.5	0.5	3	18
30	1.5	4	1	3	20
35	2	4.5	1	3.5	25
40	2	4.5	1.2	3.5	30
45	2.5	5	1.5	4	35

3. 操作技能

（1）焊机的调整：焊接前，根据焊件的形状与截面调整钳口距离，并使工件对准中心。钳口距离最小应等于两工件之伸出长度与工件烧损量之和；钳口距离最大应为二工件之伸出长度，该距离由调整螺栓的调整获得。

其次，根据工件的直径或形状调整钳口张开距离。并根据工件的截面大小，选择焊接工艺方法或采用电阻法或采用预热闪光法。

（2）焊接时间及焊接速：在焊接截面为 $650mm^2$（约 $\phi28$）的工件时，通过焊接时间调整为 6s 左右。其预热速度约为 4～8mm/s 左右，而闪光速度则为 2～5mm/s 左右，顶锻速度大于 20mm/s。

（3）焊机安装与维护：焊机应安装在平整的地基上，并用地脚螺栓固定；焊机冷却水水源压力应为 0.2MPa；焊机必须可靠接地；焊机不得受潮；焊机在工作时，应及时清除钳口之间的飞溅焊渣；焊机在调整级数开关时，必须停止焊接；焊机的检修应在切断电源时进行。

4. 焊接质量

（1）质量标准

1）闪光对焊接头的质量检验，应分批进行外观检查和力学性能试验，并应按下列规定抽取试件：

① 在同一台班内，由同一焊工完成的 300 个同级别、同直径钢筋焊接接头应作为一批。当同一台班内焊接的接头数量较少，可在一周之内累计计算；累计仍不足 300 个接头，应按一批计算；

② 异径钢筋接头可只做拉伸试验；

③ 力学性能试验时，应从每批接头中随机切取 6 个试件，其中 3 个做拉伸试验，3 个做弯曲试验。

2）闪光对焊接头外观检查结果，应符合下列要求：

① 对焊接头表面应呈圆滑、带毛刺状，不得有肉眼可见的

裂纹；

②　与电极接触处的钢筋表面不得有明显烧伤；

③　接头处的弯折角不得大于2°；

④　接头处的轴线偏移，不得大于钢筋直径的1/10，且不得大于1mm。

外观检查结果，当有1个接头不符合要求时，应对全部接头进行检查，剔出不合格接头，切除热影响区后重新焊接。

3）闪光对焊接头拉伸试验结果应符合下列要求：

①　每个热轧钢筋接头试件的抗拉强度均不得小于该级别钢筋规定的抗拉强度；余热处理Ⅲ级钢筋接头试件的抗拉强度均不得小于热轧Ⅲ级钢筋抗拉强度570MPa；

②　应至少有2个试件断于焊缝之外，并呈延性断裂。

③　当试验结果有1个试件的抗拉强度小于上述规定值，或有2个试件在焊缝或热影响区发生脆性断裂时，应再取6个试件进行复验。复验结果，当仍有1个试件的抗拉强度小于规定值时，或有3个试件断于焊缝或热影响区，呈脆性断裂，应确认该批接头为不合格品。

④　预应力钢筋与螺丝端杆闪光对焊接头拉伸试验结果，3个试件应全部断于焊缝之外，呈延性断裂。

当试验结果，有1个试件在焊缝或热影响区发生脆性断裂时，应从成品中再切取3个试件进行复验。复验结果，当仍有1个试件在焊缝或热影响区发生脆性断裂时，应确认该批接头为不合格品。

⑤　模拟试件的试验结果不符合要求时，应从成品中再切取试件进行复验，其数量和要求应与初始试验时相同。

⑥　闪光对焊接头弯曲试验时，应将受压面的金属毛刺和镦粗变形部分消除，且与母材的外表齐平。

弯曲试验可在万能试验机、手动或电动液压弯曲试验器上进行，焊缝应处于弯曲中心点，弯心直径和弯曲角应符合表8-12的规定，当弯至90°，至少有2个试件不得发生破断。

闪光对焊接头弯曲试验指标表　　　　表 8-12

钢筋级别	弯心直径	弯曲角（°）
Ⅰ级	2d	90
Ⅱ级	4d	90
Ⅲ级	5d	90
Ⅳ级	7d	90

注：1. d 为钢筋直径（mm）；

　　2. 直径大于 25mm 的钢筋对焊接头，弯曲试验时弯心直径应增加 1 倍钢筋直径。

当试验结果为有 2 个试件发生破断时，应再取 6 个试件进行复验。复验结果仍为有 3 个试件发生破断，应确认该批接头为不合格品。

（2）应注意的质量问题

在钢筋对焊生产中，应重视焊接全过程中的任何一个环节，以确保焊接质量，若出现异常现象，应参照钢筋对焊异常现象、焊接缺陷及防止措施表查找原因，及时消除。

钢筋对焊异常现象、焊接缺陷及防止措施　　　　表 8-13

项次	异常现象和缺陷种类	防止措施
1	烧化过分剧烈，并产生强烈的爆炸声	1. 降低变压器级数； 2. 减慢烧化速度
2	闪光不稳定	1. 消除电极底部和表面的氧化物； 2. 提高变压器级数； 3. 加快烧化速度
3	接头中有氧化膜、未焊透或夹渣	1. 增加预热程度； 2. 加快临近顶锻时的烧化速度； 3. 确保带电顶锻过程； 4. 加快顶锻速度； 5. 增大顶锻压力
4	接头中有缩孔	1. 降低变压器级数； 2. 避免烧化过分强烈； 3. 适当增大顶锻留量及顶锻压力

项次	异常现象和缺陷种类	防止措施
5	焊缝金属过烧或热影响区过热	1. 减小预热程度； 2. 加快烧化速度，缩短焊接时间； 3. 避免过多带电顶锻
6	接头区域裂纹	1. 检验钢筋的碳、硫、磷含量；若不符合规定时，应更换钢筋； 2. 采取低频预热方法，增加预热程度
7	钢筋表面微熔及烧伤	1. 清除钢筋被夹紧部位的铁锈和油污； 2. 清除电极内表面的氧化物； 3. 改进电极槽口形状，增大接触面积； 4. 夹紧钢筋
8	接头弯折或轴线偏移	1. 正确调整电极位置； 2. 修整电极钳口或更换已变形的电极； 3. 切除或矫直钢筋的弯头

冷拉钢筋的焊接应在冷拉之前进行。冷拉过程中，若在接头部位发生断裂时，可在切除热影响区（离焊缝中心约为 0.7 倍钢筋直径）后再焊再拉，但不得多于两次。同时，其冷拉工艺与要求应符合《混凝土结构工程施工质量验收规范》GB 50204—2015 的规定

5. 安全环保措施

（1）施工作业区要确保用电安全，焊机必须接地，电闸箱必须挂牌上锁，做到"一机一闸一漏电保护器"，且有防雨措施；电线布置必须合理，不得暴露在地面上。

（2）施工前，应详细检查所用电线有无破损漏电现象，漏电保护器状态是否良好，严禁电线破损和漏电保护器性能不符合要求投入使用。

（3）对接时火花四射，焊工必须穿戴防护衣具，禁止其他人员停留在闪光范围内，以防火花烫伤。焊机工作范围内严禁堆放

易燃、易爆物品，以免引起火灾。

（4）对焊时，必须开放冷却水；焊机出水温度不得超过40℃，排水量应符合要求。

（5）焊工必须持证上岗，施焊过程中，应保证施焊人员的稳定性，不得随意更换。

第七节　施工现场安全用电知识

1. 用电管理制度

（1）检查验收制度

施工单位应制定施工现场临时用电安全检查和验收制度，明确工程项目施工用电管理人员、电气工程技术人员和各分单位的电气负责人。

1）对临时用电工程应进行定期检查，工程项目每月至少进行一次，施工单位每季至少进行一次。

2）施工现场临时用电工程竣工后，必须经总包单位、分包单位、监理单位共同检查验收达标合格后，方可投入使用。

3）工程项目应对所有用电设备和配电设备的绝缘电阻、接地电阻，以及漏电保护器漏电动作参数进行测试，每月至少进行一次，漏电保护器宜每周一次。

4）新购置的设备、搁置已久和经维修后重新投入使用的设备必须进行绝缘电阻测试，合格后方可使用。

（2）安全防护用具和检测仪器管理制度

1）施工单位必须为电工作业人员配备合格的绝缘鞋（靴）、绝缘手套等个人安全防护用品。

2）施工现场应配备万用表、兆欧表、接地电阻测试仪和漏电保护器测试仪等电工检测仪器。

3）对安全防护用具和检测仪器必须进行定期检查、检验，凡不符合技术标准要求的，不得使用。

4）电工作业人员应根据工作条件选用适当的安全用具，不得用其他工具代替安全防护用具；每次使用前必须进行检查，凡不合格的，不得使用。

5）安全防护用具和电工检测仪器使用完毕，应擦拭干净，妥善保管，防止受潮、脏污和损坏。

（3）电工巡视制度

施工现场的电工应每天对施工现场的用电设备、配电设备和配电线路进行巡视，巡视的工作内容包括：外电线路的防护是否符合规定要求；电气设备的调试及接零保护、接地电阻、绝缘电阻和漏电保护器参数符合性；大型机械设备的防雷保护、电缆线路的短路保护和过载保护、室内配线的符合性；配电箱、开关箱使用的符合性；电气防火措施是否到位等。对施工现场巡视查看中存在的隐患应及时进行处理，对损毁的电气设备和线路进行维修，并将作业和巡视情况记入"电工安装、巡检、维修、拆除工作记录"。

2. 电工安全操作规程

（1）工作前，应对所有绝缘用具、检测仪表、安全装置和工具进行检查，禁止使用破损、失效的工具。

（2）作业时，正确使用安全帽、绝缘手套和绝缘鞋等安全防护用品。

（3）严禁酒后作业。

（4）安装用电设备、配电装置、敷设线路，应按照施工组织设计及有关电气安全技术规程安装和架设，且必须符合规范、规程要求。

（5）使用电工工具和检测仪器时，必须严格遵守其操作规程。

（6）线路上禁止带负荷接电或断电，并禁止带电操作。

（7）检修用电设备或配电装置时避免带电作业，作业时先断开电源，并在刀闸处挂上"有人工作，禁止合闸"的警示牌。

（8）确需带电工作时应采取以下安全防护措施：

1）由两人以上进行，由专人负责监护。

2）操作人员应穿长袖工作服，扣紧袖口。

3）工作时穿好绝缘鞋并站在绝缘垫或绝缘台上，使用合格的有绝缘柄的工具。

4）带电工作，禁止使用刀子、锉刀及金属尺等。

（9）高空作业时，必须系好安全带。登高作业，须有专人负责扶持梯子，工具、材料应使用绳索传递，禁止投掷；工具要妥善放置和保管，以免落下伤人。工作时，不允许其他人员在工作现场通行和逗留。

（10）在易燃易爆场所作业时，禁止使用明火，动火需要事先申请，经批准后方可动火。

（11）雷雨时严禁在室外进行作业和架空线路上作业。

（12）特别潮湿或危场所严禁带电作业。

（13）配电箱、开关箱内不得放置工具等杂物。遇有临时停电或停工时，必须拉闸断电，锁好箱门。

（14）安装照明线路时，不得直接在板条天棚或隔声板上行走或堆放材料。因作业需要行走时，必须在大楞上铺设脚手架，顶棚内照明应采用36V低压电源。

（15）漏电保护开关不得随意拆卸和调换零部件，以免改变原有技术参数；应经常检查试验，发现异常，必须立即查明原因并修复。

（16）熔断器的熔体更换时，严禁使用不符合原规格的熔体或钢丝、铜丝、铁钉等金属体代替。

（17）在未确定电线是否带电的情况下，严禁用钢丝钳或其他工具同时切断两根及以上电线。

（18）严禁带电移动高于人体安全电压的设备；严禁手持高于人体安全电压的照明设备。

（19）移动式配电装置迁移位置时；必须先将其前一级电源隔离开关分闸断电，严禁带电搬运。

（20）手持式电动工具使用前必须做绝缘检查和空载检查，在绝缘合格、空载运转正常后方可使用；使用时，必须按规定穿戴绝缘防护用品。

（21）工作中所有拆除的电线要处理好，不立即使用的裸露线头包好，以防发生触电。

（22）在巡视检查时如发现有故障或隐患，应立即报告项目负责人，然后采取全部停电或部分停电及其他临时性安全措施进行处理，避免事故扩大。

（23）电工必须熟练掌握触电急救方法，有人触电应立即切断电源，并按照触电急救方案实施抢救。

（24）正确使用消防器材，用电设备着火应立即将有关电源切断，然后视装置、设备及着火性质情况使用适合的灭火器或干砂灭火，严禁使用泡沫灭火器。

（25）所有绝缘，检验工具，应妥善保管，严禁它用，并应定期检查、检验。

（26）工作完成后，必须收好工具，清理工作场地，做好卫生。

（27）建筑工程竣工后，临时用电工程拆除，应按顺序先断电源，后拆除，不得留有隐患。

3. 安全用电措施

（1）安全用电组织措施

1）建立临时用电组织设计的编制、审查、批准制度及相应的档案，以保障用电工程的安全可靠。

2）建立安全技术交底制度及相应的档案，通过技术交底提高各类人员安全用电意识和水平。

3）建立电气安全检测制度。主要是检测接地电阻、电气设备绝缘电阻和漏电保护器额定漏电动作参数，并建立相应的档案。

4）建立电气巡检、维修、拆除制度。对巡检、维修、拆除工作要记录时间、地点、内容、技术措施、处理结果、相关人员（工作人员及验收人员或认可人员）等，并建立相应的档案。

5）建立用电安全教育培训制度，教育培训要记录教育时间、地点、人员、内容、效果等。通过教育培训提高各类相关人员安全用电基础素质。

6）建立安全检查评估制度。通过定期检查发现和处理隐患；对安全用电状况作出量化科学评估，并建立相应的档案。

7）建立安全用电责任制，对用电工程各部位的操作、监护、检查、维修、迁移、拆除等分层次落实到人，并辅以必要的奖惩。

（2）安全用电技术措施

1）所有进现场的变、配电装置，配电线、缆，用电设备，必须预先经过检验、测试，合格后方可使用；不得采用残缺、破损等不合格产品。

2）用电系统所有电气设备外露可导电部分必须与 PE 线做可靠电气连接。

3）用电系统接地装置的设置和接地电阻值，必须符合规定。

4）用电系统必须按规定设置短路、过载、漏电保护。

5）配电装置必须装设端正、牢固、不得拖地放置；周围不得有杂物；进线端必须做固定连接，不得用插座、插头做活动连接；进出线上严禁搭、挂、压其他物体。

6）配电线路不得明设于地面，严禁行人踩踏和车辆辗压；线缆接头必须连接牢固，并做防水绝缘包扎，严禁裸露带电线头，严禁徒手触摸和在钢筋、地面上拖拉带电线路。

7）用电设备严禁溅水和浸水，已经溅水或浸水的用电设备必须停电处理；未断电时，严禁徒手触摸和打捞。

8）用电设备移位时，必须首先将其电源隔离开关分闸断电，严禁带电搬运；搬运时严禁拖拉其负荷线。

9）照明灯具的形式和电源电压必须符合相关规范关于使用场所环境条件的要求，严禁将 220V 碘钨灯作行灯使用。

10）停电作业必须采取以下措施：

① 需要停电作业的设备或线路必须在其前一级配电装置中将相应电源隔离开关分闸断电，并悬挂醒目的停电标志牌，必要

时还可加挂接地线；

② 停、送电指令必须由同一人下达；

③ 送电前必须先行拆除加挂的接地线；

④ 停、送电操作必须有两人进行，一人操作，一人监护，并应穿戴绝缘防护用品；

⑤ 使用电工绝缘工具。

4. 电气防火措施

（1）电气防火组织措施

1）建立易燃易爆物和腐蚀介质管理制度。

2）建立电气防火责任制，加强电气防火重点场所烟火管制，并设置禁止烟火标志。

3）建立电气防火教育制度，定期进行电气防火知识宣传教育，提高各类人员电气防火意识和电气防火知识水平。

4）建立电气防火检查制度，发现问题及时处理，不留任何隐患。

5）建立电气火警预报制，做到防患于未然。

6）建立电气防火领导体系及电气防火队伍，并掌握扑灭电气火灾的方法。

7）制定电气防火措施，电气防火措施可与一般防火措施一并编制。

（2）电气防火技术措施

1）合理配置用电系统的短路、过载、漏电保护电器。

2）确保 PE 线连接点的电气连接可靠。

3）在电气设备和线路周围不堆放并清除易燃易爆物和腐蚀介质或做好阻燃隔离防护。

4）不在电气设备周围使用火源，特别在变压器、发电机等场所严禁烟火。

5）在电气设备相对集中场所，如变电所、配电室、发电机室等场所配置可扑灭电气火灾的灭火器材。

6）按规定设置防雷装置。

第八节　消防器材的选择和使用

1. 消防器材分类

消防器材主要分为灭火类和报警类。

（1）灭火类

灭火类消防器材主要有灭火器、消火栓和破拆工具。

1）灭火器

具体包含干粉灭火器、二氧化碳灭火器、家用灭火器、车用灭火器、水系灭火器、悬挂灭火器、枪式灭火器、灭火器箱、灭火器挂架等。

2）消火栓

主要包括室内消火栓系统和室外消火栓系统。室内消火栓系统包括室内消火栓、水带、水枪。室外消火栓包括地上和地下两大类，室外消火栓在大型石化消防设施中用的比较广泛，由于地区的安装条件、使用场地不同，受到不同限制，石化消防水系统已多数采用稳高压水系统，消火栓也由普通型渐渐转化为可调压型消火栓。

3）破拆工具

主要包括消防斧、切割工具等。其他的都属于消防系统，如火灾自动报警系统、自动喷水灭火系统、防排烟系统、防火分隔系统、消防广播系统、气体灭火系统、应急疏散系统等。

（2）报警类

报警类消防器材主要有火灾探测器、报警按钮、报警器、火灾报警控制器

1）火灾探测器

火灾探测器具体包括感温火灾探测器、感烟火灾探测器、复合式感烟感温火灾探测器、紫外火焰火灾探测器、可燃气体火灾探测器、红外对射火灾探测器。

2）报警按钮

报警按钮包括手动火灾报警按钮、消火栓按钮。

3）报警器

报警器包括火灾声报警器、火灾光报警器、火灾声光报警器。

4）火灾报警控制器

火灾报警控制器包括报警主机、CRT 显示器、直接控制盘、总线制操作盘、电源盘、消防电话总机、消防应急广播系统。

2. 消防器材的选择

（1）扑救 A 类火灾即固体燃烧的火灾应选用水型、泡沫、磷酸铵盐干粉、卤代烷型灭火器。

（2）扑救 B 类即液体火灾和可熔化的固体物质火灾应选用干粉、泡沫、卤代烷、二氧化碳型灭火器（这里值得注意的是，化学泡沫灭火器不能灭 B 类极性溶性溶剂火灾，因为化学泡沫与有机溶剂按触，泡沫会迅速被吸收，使泡沫很快消失，这样就不能起到灭火的作用，醇、醛、酮、醚、酯等都属于极性溶剂）。

（3）扑救 C 类火灾即气体燃烧的火灾应选用干粉、卤代烷、二氧化碳型灭火器。

（4）扑救带电火灾应选用卤代烷、二氧化碳、干粉型灭火器。

（5）对 D 类火灾即金属燃烧的火灾，我国目前还没有定型的灭火器产品。国外灭 D 类的灭火器主要有粉装石墨灭火器和灭金属火灾专用干粉灭火器。在国内尚未定型生产灭火器和灭火剂珠情况下可采用干砂或铸铁沫灭火。

灭火器是一种可由人力移动的轻便灭火器具，它能在其内部压力作用下，将所充装的灭火剂喷出，用来扑救火灾。灭火器在繁多，其适用范围也有所不同，只有正确选择灭火器的类型，才能有效地扑救不同种类的火灾，达到预期的效果。我国现行的国家标准将灭火器分为手提式灭火器（图 8-7）和车推式灭火器（图 8-8）。下面就人们经常见到和接触到手提式干粉灭火器和二氧化碳灭火器的使用方法作简要的介绍。

图 8-7　手提式 ABC
型号 MFZL4 射程 4M

图 8-8　推车式 ABC
型号 MFTZL35 射程 8M

（1）手提式干粉灭火器

手提式干粉灭火器的使用方法可以分为上、摇、拔、瞄、压、扫等几步。

上—站在火场上风口；

摇—上下摇动三、四次；

拔—拔出保险销；

瞄—瞄准火灾根部；

压—压下灭火器压把；

扫—左右扫射。

步骤一：拔出保险销，压下灭火器把，如图 8-9 所示。

步骤二：瞄准火焰根部，左右扫射，如图 8-10 所示。

注意正确的操作方法，如图 8-11 所示。

（2）二氧化碳灭火器

二氧化碳在灭火时主要起窒息作用。当二氧化碳进入燃烧区后使空间的氧气含量减少，当氧气的含量低于 12％或二氧化碳

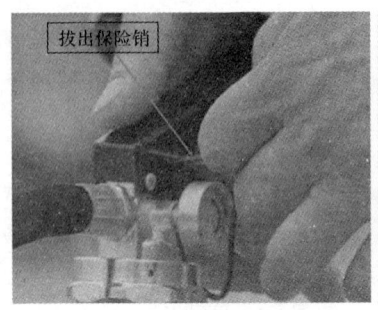

图 8-9　步骤一

图 8-10　步骤二

图 8-11　操作方法对比

浓度达到 30％～35％时，绝大多数燃烧都会熄灭。

　　二氧化碳灭火后不留痕迹，因此可适于扑救贵重仪器设备、档案资料、计算机室内火灾。因为它不导电，因此可扑救带电的低压电器和油类火灾，不适于金属火灾。

　　二氧化碳灭火器的使用方法如图 8-12 所示。

　　（3）防毒自救面具使用方法

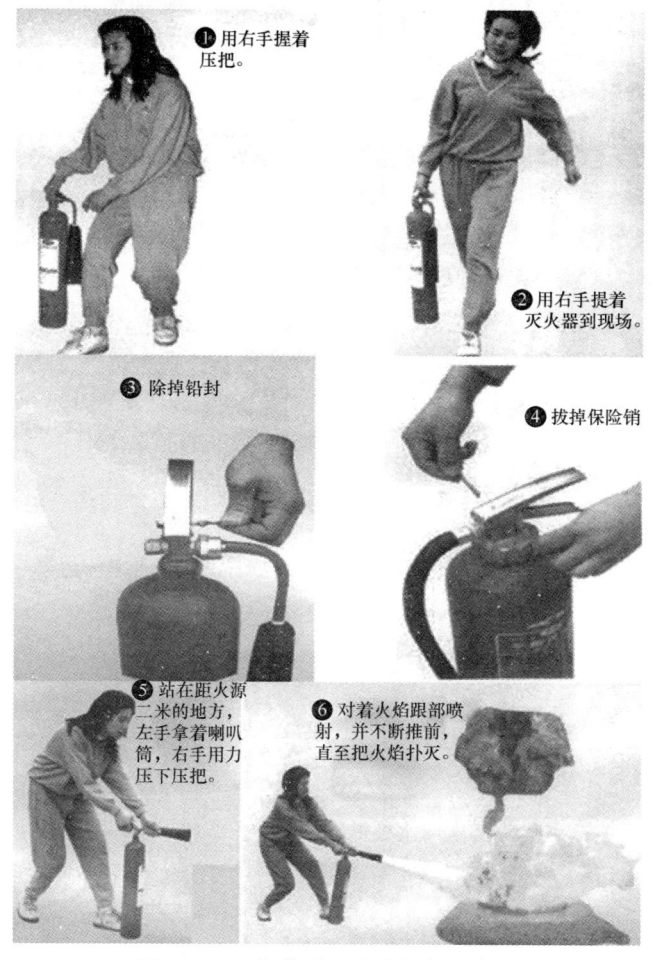

❶用右手握着压把。

❷用右手提着灭火器到现场。

❸除掉铅封

❹拔掉保险销

❺站在距火源二米的地方，左手拿着喇叭筒，右手用力压下压把。

❻对着火焰跟部喷射，并不断推前，直至把火焰扑灭。

图 8-12　二氧化碳灭火器的使用方法

打开包装，拔掉过滤罐内外两侧的胶塞，戴在头上拉紧面罩带，选择就近的消防通道迅速逃生。自救面具有效使用时间大约 40min。

防毒自救面具使用步骤如图 8-13 所示。

 ❶不必惊慌保持冷静，打开包装盒并取出呼吸器头罩。

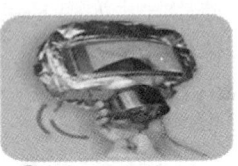 ❷拔掉滤毒罐前孔和后孔的两个红色橡胶塞。

 ❸将头罩戴进头部，向下拉至颈部，滤毒罐应置于鼻子的前面。

 ❹拉紧头带，以妥当地包住头部。平静地深呼吸，并选择最安全通往紧急出口的路线出逃，若走不出就等待救援，站在窗前，使自己易于被人发现。

图 8-13　防毒自救面具使用步骤